Klaus Naumann
FRIEDEN – der noch nicht erfüllte Auftrag

平和はまだ達成されていない

ナウマン大将回顧録

元ドイツ連邦軍総監・NATO軍事委員会議長
クラウス・ナウマン 著
日本クラウゼヴィッツ学会 訳

芙蓉書房出版

日本語版への序文

この序文の冒頭で、私は、川村教授と翻訳チームに、私の本を日本語に翻訳するというアイデアと膨大な作業に対して感謝の言葉を捧げたい。

ある知人の薦めに従ってこの本を書き始めたとき、私は、ただ冷戦の末期と移行過程において一六ヵ国の旧NATO諸国に所属する数千人の軍人が果たした貢献を書きとめ、公表することだけを意図していた。というのは、私には、ヨーロッパの和解に果たした彼らの偉大な貢献が、まったく知られていないように思われたからである。四〇年以上におよぶ敵対関係にあり、お互いに戦いに備え、ワルシャワ条約機構の諸国では西側の体制に対する憎しみさえ抱いていた人々が、一〇年に満たない信じられないほどの短期間に協力相手となり、一部は同盟国にさえなったことは、本当に驚くべきことである。

この奇跡は、戦争や対立が絶えなかったヨーロッパで、また七〇年以上にわたって続いたソ連が世界帝国となった後で、静かに、平和的に歴史の舞台から消え去った世紀の最後の一〇年間に起こった。

私は、一九五六年のハンガリー動乱がソ連によって無残に鎮圧されたことを知って、軍人になることを決心した。そして、その三〇年後に、連邦軍総監として、一九四五年のポツダム会談で決定された一つの不幸である旧東ドイツの国家人民軍を解体し、一万人以上の職業軍人を連邦軍に編入するという任務を遂行するとは思ってもいなかった。それと同時に、ドイツから遠く隔たった地域の武力紛争に参加して貢献できるように連邦軍を改編することと、かつての敵を友人や協力相手とするための方法を見出すという任務が与えられた。これが、約五年にわたった連邦軍総監としての私の任務だったのである。

最後に挙げた四〇年にわたる対立関係を協力関係に転換させるという任務は、私の軍人としての最終の配置に結びついた。私は、一九九六年にＮＡＴＯ軍事委員会議長に任命され、それによって世界でもっとも強力な軍事同盟の最高位の軍人となった。この配置は、一九九九年のコソボ紛争で終った。これは、ＮＡＴＯが初めて遂行した戦争であり、各国が完全に協力的だったわけではなかったが、かつての敵との協力関係を推進する結果をもたらした。また、ポーランド、チェコとハンガリーがＮＡＴＯに加盟し、ＮＡＴＯの拡大が実現されるという私の経歴上でもっとも輝かしい成果がもたらされた。特に、ハンガリーの自由主義運動が一九五六年に旧ソ連軍によって鎮圧されたことが、四一年前に私が軍人としての道を歩み始めるきっかけとなったのである。

対立関係を解消する上で果たした軍人の貢献を紹介することが、この本を書くことになった動機の一つであり、ドイツにおける安全保障政策に貢献することがもう一つの動機である。この本は第一部と第二部から構成されており、この二つの部は、これらの二つの動機に対応している。そして、この本がドイツで出版されてから過去五年間に世界は劇的に変化したので、ヨーロッパ・大西洋の視点で書かれている第二部を部分的にのみ翻訳するという川村教授の選択は、賢明なものと考える。

私は、ここで、私が過去五年間の世界的な変化の代表的なものと考える二つの観点についてのみ言及したい。その一つは中東情勢である。中東は、世界の関心の中心であり、アメリカ、中国、ロシア、インド、日本やヨーロッパのすべての主要国が二一世紀においても引き続き関心を抱いている。中でも、ロシアには注意が必要である。しかしながら、中東とロシアにおける変化について述べる前に、まずいくつかの世界的な潮流について簡潔に述べておきたい。われわれは、歴史的な転換点に生きている。冷戦時代の固定的な世界は失われたが、これに代わる新たな世界秩序はまだ形成されていない。

アメリカは現在唯一の世界的な行動能力を有する大国であるが、二〇〇一年九月一一日の悲劇的な事件以来、その信頼性を失っている。アメリカは、脆弱であるどころか、攻撃の目標となり得るのである。アメリカは、もはや輝かしい模範ではなく、世界中の主として若者のあこがれではなくなった。そして、みずからに向けられた反米主義を克服するためには、長期間を要するであろう。

その一方で、若干の大国主義者がよく主張するような多極世界はまだ存在していない。そして、このような多極世界で、どのようにすれば安定を達成できるのかを誰も知らないのである。

このような状況の中で、今もなお超大国のアメリカは、ある問題の解決にあたって友人や同盟国を必要としていることを理解するように忠告されている。これは、ある問題の解決に際して、他国を共同の決定に参加させることを前提としている。この世界で、単独で解決できる問題はなく、軍事的手段だけで解決できる問題はない。アメリカは世界のいかなる国でも軍事力をもって征服できるが、戦争後の問題解決には、彼らといえどもＥＵ、ロシア、中国さらにはインドや日本が必要なのである。すなわち、多国間主義以外の代替案はないのである。

この世界の問題は、もはや自由主義と全体主義の対立から生起するわけではない。また、これらの問題において、もはや軍事的な均衡や不均衡が問われることはない。もちろん、未解決の民族・領土問題、あらゆる種類の資源の獲得や宗教をめぐって、今後も従来のような紛争や戦争は起こるであろう。しかしながら、これに加えて、われわれのグローバル化社会においては、次のような理由から問題が生起する。すなわち、世界を結ぶ秒単位の速度の通信組織、劇的な人口動態の変化、あるいはその結果生存に不可欠な資源、中でも水の不足、完全に止めることは困難であるとされる世界的な気候変動、これと結びついた地政学への回帰や引き続き急激な技術の進歩があり、これは貧富の差を減少させるのではなく、拡大させ、しかもこの格差は世界的な通信によって目の前に提示されるのである。このような格差は、国家による暴力の独占の崩壊によって、より深刻化している。非国家主体は、ますますあらゆる種類の兵器を保有するようになり、これを何の妨害もなく国家に対して使用している。そして、国家は、近代化されればされるほどより脆弱になるのである。われわれは、世界秩序の存在しない世界に生きている。

ヨーロッパ、北アメリカ、あるいはアジアの数ヵ国は、過去五〇年間の確固とした秩序に慣れてしまった。それどころか、一部には、このような秩序を固定化し、さらに精密なものにできるという幻想が生み出された。いまや、民主主義世界は、東西対立から生まれた秩序体制がむしろ歴史上の例外であったと気が付き始めている。それによって、もちろん一歩一歩ではあるが、状況の進展を予測する可能性が生まれ、あるいはそれによってまさに安全が失われていく。すなわち、安全保障は、共同の社会の存在なくしては機能しないのである。したがって、国家社会は、無秩序を克服すると同時に、安全を回復するために新たな秩序を見出すという試練に直面している。また、平和に生きることに慣れた社会では、「外部の」荒々しい世界に目を閉ざしがちである。というのは、ここでは、その内部の問題が社会を崩壊させるほどに逼迫しているからである。

このような趨勢によって、ますます多くの危機や紛争が生み出され、それぞれのできごとが多かれ少なかれ平和なヨーロッパに強い影響を及ぼすのである。すなわち、もっとも穏やかな場合は避難民の流入であり、もっとも困難な場合は、危険を遠方で阻止し、死活的に重要な利益を防護するために、軍事的な介入という極端な手段が必要となる。

これに対して、ヨーロッパにおける戦争は、まったく起こらないであろう。これは、良いニュースであり、二〇世紀と比較すれば劇的な変化であるが、ヨーロッパ内の、あるいはヨーロッパにとっての不安定は今後も引き続き存在する。あらゆる種類のテロリズムが引き続き生起し、将来はヨーロッパ、アメリカあるいは他の友好国や同盟国の兵士が参加する武力紛争も起こり得る。このような作戦は、政治が決定すれば、故郷や市民から遠く隔たった地域で行われ、犠牲や無実の兵士の生命を必要とするかもしれないのである。

このような地域として、中東、より適切には拡大された中東を挙げることができる。中東は、もっとも危険な世界の紛争地域である。この地域は、ヨーロッパとアジアの玄関にあたる。この地域は、西側ではエジプトとトルコから東側ではインドの国境までの広がりをもっている。ここでは、古くからの、あるいは新しいあらゆる種類の脅威が存在し、他の地域では見られないほど不安定で、しかもすべての国際政治上の主体が競合的な利害関係を有している。この地域では、核兵器を使用する国家間の戦争でさえ起こり得る。また、国家とヒズボラまたはハマスのような非国家主体との間の紛争も考えられる。そして、未解決の民族的、宗教的あるいは領土的な問題の存在を考えれば、イラクで毎日見られるように、競合する非国家主体間の紛争も起こり得るのである。この地域では、トルコを除いて安定している国家は一つもなく、イスラエルとトルコを除いて民主主義が機能している国家は一つもない。

これに加えて、この地域は、その巨大な天然ガスと石油の産出によって、おそらく世界の大国の利害の焦点となるであろう。アメリカは、そのエネルギーの供給を第一にこの地域の安定に依存しているわけではない。しかし、この地域からの安定したエネルギーの供給がなければ、ヨーロッパ、中国、日本やインドなどの国々は、経済成長どころか、その経済を安定的に維持できない。アメリカとヨーロッパは、これに加えて別の問題を抱えている。彼らは、この地域におけるユダヤ人国家としてのイスラエルの生存権を保障しようとしている。しかしこれは、人口動態だけをみても、年々困難になるであろう。アラブ諸国では信じられないほどの人口増加率なのに対して、イスラエルでは――ヨーロッパと同様に――そのユダヤ人口が低下し、しかも高齢化している。ユダヤ国家として生き残るという要求は、すでにここ一〇年以内に危険にさらされるであろう。それだけではない。大部分のアラブ諸国と北アフリカ諸国の住民は、まもなくその半数以上が二五歳以下の若者によって占められ、しかも彼らはそれぞれの祖国も将来に何の希望も見いだせない。このため、彼らは、ヨーロッパやロシアに殺到するのである。

この地域では、過去五年間に以下のような劇的な変化が起こった。

一　アメリカがまずアフガニスタンのタリバン政権を打倒し、その後イランの不倶戴天の敵だったサダム・フセインを打倒したことによって、この地域に存在していた均衡が揺らいでいる。

二　この新しいイランの地位とイラクにおいて、圧倒的なシーア派の存在によって、スンニ派によって数世紀にわたって抑えつけられてきたシーア派に、今こそ最終的に支配権を確立すべきであるという欲望が生まれた。場合によっては、この考えが、少なくとも二重の意味を持っているイランの核開発の背景にあるのかもしれない。このような考えは新しいものではなく、ましてホメイニ師の遺産でもないが、彼らはこれを利用して湾岸地域における優位を獲得することを意図している。

三　アメリカがイラクで泥沼に陥り、アフガニスタンの一部でタリバンが復帰していることは、中東で少なくとも大規模な地域紛争を阻止してきたパックス・アメリカーナの崩壊を示している。さらに、9・11事件によってアメリカの脆弱性が明らかになり、自らの言い訳のできない失敗によってアメリカの信頼性が損なわれると、この地域から西洋人を追い出すことができるのではないかという考えが浮上した。また、「ジハード」の概念も引き続き行き渡っている。

四　イスラエル軍の不敗神話の抑止効果は、二〇〇六年夏の今世紀初の代理戦争においてヒズボラの戦士を撃滅できなかったことから、大きく傷ついた。イスラエルは、いまだにこの地域最強の軍事力を有しているが、イランによって支持され、あるいは操縦されているヒズボラは、イスラエルの民兵を軍事的に阻止し、政治的には敗北寸前にまで追い込むことができることを示した。

最近もたらされたヒズボラの再軍備は、イスラエルとパレスティナの紛争に平和的な解決の見通しが立たないにもかかわらず、新たに戦争が起こり得ることを予想させるものである。

五　パレスティナの選挙戦におけるハマスの勝利によって、政治的な情勢が劇的に変化した。西側はこれを自由な選挙とは認めず、ハマスの勝利を認めることを拒否したが、それによって西側の信頼が大きく損なわれ、民主主義の思想でさえも信用を失った。

六　二〇〇二年のイラク危機に際して露呈されたヨーロッパの不統一によって、ヨーロッパは、この地域で重要な地位を占めることができなくなった。中東問題の解決は、アメリカの力の低下にもかかわらず、アメリカのみにまかされている。しかし、このような問題の解決は、ヨーロッパの支援によってのみ、解決することができるのである。

このような新しい情勢の変化から、まさに驚くべき結論が導き出される。すなわち、中東で中心となるのは、もはやイスラエルとパレスティナの紛争ではなく、その規模がずっと大きいスンニ派とシーア派の間の紛争となるのである。また、イランが核兵器を保有することになれば、核兵器不拡散条約が無効化されるばかりでなく、紛争は地域的なものから地球規模のものとなるかもしれない。したがって、この地域のすべての紛争はお互いに関連性があり、ある紛争がきっかけとなって別の紛争が生起するのである。このため、この地域の複雑な状況は、三つの盤の上で同時に進行しているチェスのゲームと見ることができる。これは、チェスの名人にとって、本当の意味の挑戦とはいえない。というのは、中東のチェスは、ある盤面の一手が他の二つの盤面を同時に変化させるので、チェスの名人でも読み切れないのである。

その一方で、安全保障理事会の常任理事国であるというだけでも、中東におけるいかなる解決策もロシアの協力を必要とする。しかし、ロシアは、もはや二〇〇二年時点のロシアではなく、私の本がドイツで出版されたときの状況から大きく変化している。

ロシアは、世界第二の大国でありたいという願望を一度も放棄していない。また、ロシアの多くの人々は、ヨーロッパにおけるロシアの前方地域とともにソ連が崩壊したことを信じていない。九〇年代の平和的な革命とともにロシアがその前方地域を失ったことは本当であるが、これは西側の過ちではないのである。ポーランド、チェコ、ハンガリーその他がＮＡＴＯやＥＵの加盟国になることを望んでいるのは、崩壊したソ連の体制に魅力がないことと、圧力と恐怖によって影響地域を維持しようという長期的には失敗したと判断される試みに起因している。このことから、モスクワは、ただ恐れさせるだけよりも、友人となろうとする方が長期的には有益なことを学ぶべきではないだろうか。もちろん、ロシアは、単純に無視し得る存在ではなく、天然ガス、石油その他の天然資源と並んで兵器の輸出国でもある。このことは、相手を恐れさせるのに十分であろうが、尊敬や友情を獲得するにはそれだけでは不十分である。

いまや、ロシアの人々の多くは、ソ連崩壊後の弱点の故に、この国が西側特に米国から欺かれたと信じている。そして、一九九〇／九一年にソ連が崩壊することを予想した人が誰もいなかったように、NATOがドイツのさらに東側に拡大されることに賛成する人は誰もいない。また、統一ドイツが全体としてNATOに帰属することにロシアが同意していたので、旧東ドイツ地域にNATOの部隊が駐屯しないという保障は行われなかった。したがって、旧東ドイツに駐屯していた連邦軍の一部は、ソ連がドイツから撤退した一九九四年以降にNATOに所属することになったのである。

また、NATOによる安全保障は、九〇年代の後半も維持された。私は、一九九七年に最初のNATO―ロシア協定の交渉が行われたとき、軍事委員会議長であった。私は、モスクワのロシア外務省やロシア参謀本部で述べたことをよく覚えている。また私は、NATOが何に合意し、何に合意しなかったかをよく覚えており、この合意は守られている。中でも、ロシアは、常に実現不可能な願望を抱いていた。それは、――あらゆるNATOの決定に対する――一方的な拒否権である。これに対しても、私は、ロシア側が最初から明確にこれが不可能なことを告げられていたということができる。というのは、ロシアは、ロシアの安全保障問題についてNATOに共同決定権を与えるつもりがなかったからである。協力関係とは、常に相互主義を意味しており、これを放棄すれば、もはや協力関係ではなく、相手への屈従となる。

その一方で、この問題は、ヨーロッパにおける弾道ミサイルと軍縮をめぐる現在の対立の核心へと導くものである。プーチン大統領は、二〇〇七年一二月と二〇〇八年三月の選挙戦を通じて、彼がロシアを新たに正当な世界のナンバー2の地位にするという印象をロシア人に与えようとしている。それゆえ、彼は、ロシアの前方地域であるヨーロッパの安全保障問題はロシアの同意によってのみ交渉が可能になるという古くて新しい要求を掲げたのである。また、それゆえにプーチン大統領は、一〇基のミサイルと一ヵ所のレーダ基地を非難したのである。しかし、いまやロシアは学ばねばならない。ロシアは、あらゆる相違にもかかわらず団結しているNATOとEUの加盟国の決定に対して、何の影響も及ぼすことができないのである。そして、東欧諸国は、再びロシアの圧政下に入ろうとは決して思っていない。

しかし、このことは、ロシアを抜きにして思いのままに決定できることを意味しているわけではない。過去一〇年間を振り返れば、いくつかの場合で、もっとうまく、中でも両方の側の利益となるような方法をとることができたはずである。その一方で、ロシアとの関係悪化の責任をNATOに単独で、一方的に負わせるのは誤りである。また、以前とは違って今度は、SS—20ミサイルや過大な軍事力なしに優越した地位を獲得しようというロシアの試みを見逃すことも、同様に誤りである。ロシアは、ヨーロッパで支配的な地位を得るために、ヨーロッパのエネルギー依存、EUの国際政治における控えめな態度や残念ながらヨーロッパで増大している反米主義を利用すべき一つのチャンスであると考えている。これは、プーチン大統領がミュンヘンで表明したように、大きな賭けである。それに成功すれば、ロシアは、世界的な舞台へ復帰することになり、その政策がワシントンで真剣に受け止められる機会を得ることになるであろう。プーチン大統領は、二〇〇七年のミュンヘンとそれ以降に、アメリカに対する直接的な挑戦を開始した。これは、新たな対立あるいは新たな冷戦という意味ではない。というのは、彼は、ロシアが新しい対決に勝てないことを賢明にもよく知っているからである。そうではなくて、彼は、たとえばウクライナのＮＡＴＯ加盟のような、ロシアの戦略的な選択肢により大きな影響を与えるかもしれない将来の先制攻撃を阻止しようとしているのである。私は、これがミサイル紛争の本当の狙いであると考えている。一〇基のミサイルとレーダ基地は、このチェスゲームにおいて最初に突き出される歩兵にすぎない。両方の陣営は、この歩兵を失うことを容認している。しかしながら、チェスと同様に、最初の一手から次に指すべき手を考えておかなければならない。

したがって、ヨーロッパとアメリカにとっては、ロシアとの対話をめぐって厳しい時代が続くであろう。われわれは、国家は友情ではなく、ただ利益のみを追求する存在であるという事実を冷静に認めなければならない。そして、西側の民主主義者は、ロシアとの関係に関する次の二つの議論を思い起こす必要がある。第一は、かつてソ連時代に軍事力によって西側に影響を与えようと試み、それが失敗に終わったことである。第二は、ロシアは資源の供給国として必要であるが、そのロシアは二重の意味でヨーロッパを必要としていることである。すなわち、ヨーロッパは、資源輸出の顧客であるばかりでなく、最新技術の供給国なのである。これに加えて、ヨーロッパとモスクワが冷静に認めるべき一つの要因がある。それは、明らかにヨーロッパの大多数がアメリカとの緊密で永続的な関係を結ぶことを決定したことである。その理由は、われわれヨーロッパ人は、われわれの同盟の基盤が民族的なものであることに価値を見出すからである。また、われわれは、アメリカとの同盟にある一定の利益を見出すからである。さらに、アメリカは、世界で唯一の国際政治における主役だからである。このようにして、ヨーロッパの方針は決定された。したがって、ヨーロッパは、団結しなければならない。というのは、一致して発言する場合にのみ、聞き入れられるからである。これは、ワシントン、モスクワや北京、あるいは東京でもそうであろう。

さて、これまで述べてきたことは、ロシアとの対決を意味しているのであろうか。もちろん違う。また、モスクワにも、行動する前にベルリンその他の都市でヨーロッパの地位に関する発言を聞くべきであると主張があることにも関係がない。ロシアは、ヨーロッパにとってアメリカと同様に多くの問題に関して協力すべきパートナーであるが、一つのパートナーの意見よりも同盟の意見のほうが重要なのである。したがって、ヨーロッパの国々にとって、「ロシア第一」の選択はなく、あってはならない。そして、いま提言されているのは、必然的にアメリカとヨーロッパを含むことになるロシアとの協力のための新しい政策の推進である。このような提言に、膝を屈してはならない。また、その後のロシア政府と交渉するために、このような提言には、二〇〇九年以降のアメリカ政府との合意が必要である。ヨーロッパがこのように行動すれば、時間の余裕を獲得することができる。この時間の余裕は、ゲームに静かさをもたらすために使用されなければならない。そうすれば、たとえば一〇基のミサイルとレーダ基地のような、現在の対立点の真の次元を把握することが容易になる。そして、モスクワは、西側がこのゲームを読み切っており、脅しに屈することはなく、協力相手を欲しているが、誰も支配者とは認めないことにすぐに気がつくであろう。

これは、私が見たところ、ヨーロッパの安定にとってもっとも良い、確実な道のように思われる。

ヨーロッパは、アメリカなし進むことはできず、ロシアとの協力を必要としているのである。

ここに述べた中東とロシアをめぐる情勢の変化やアメリカの信頼性の低下によって、第二部で翻訳された二つの章では、まったく異なる結論に到達することになるのであろうか。それは、否である。場合によっては、個々の内容についておそらく強調点が変化するかもしれない。しかし、私がこの二つの章で書こうとした一般方向に変化はない。その一方で、私は、この二つの章が大西洋の両岸の世界に存在する条件を背景として読まれるべきであると指摘したい。

日本の読者にとって、これらの内容は、アジアではまだ回答が得られていない問題、すなわち二一世紀のアジア・太平洋地域の安全保障機構に関する議論を呼び起こすことになるかもしれない。川村教授とそのチームによる私の本の翻訳が、これに小さな貢献を果たすことがあれば、私にとって大きな名誉と喜びである。また、彼らにとっては、その労苦に対する素晴らしい報酬であり、ドイツと日本の、中でも両国のクラウゼヴィッツ学会の実り多い関係の証明である。

クラウス・ナウマン

序　文

軍人としての勤務経歴の最後の一〇年間に、私は、ヨーロッパにおける大規模な変化を目撃した。この変化は、世界的な意味を持っている。私は、国防省軍事政策部長として、連邦軍総監として、またＮＡＴＯ軍事委員会議長としてこの変化に対応し、もちろん小さな範囲ではあるがこれに関与することができた。

この間、ヨーロッパの新しい情勢への適応過程が大きく推進されたので、新しい千年紀を迎える今日では、ヨーロッパの支配をめぐる戦争を再び繰り返すことは考えられないように見える。ヨーロッパ内あるいはその周辺での三つの大戦争、すなわち第一次、第二次世界大戦と冷戦は、二〇世紀のヨーロッパにおける大きな悲劇であった。これらの戦争は、ヨーロッパにおける優位をめぐる戦いであったが、ドイツが東西のいずれの陣営に属するかをめぐるものでもあった。この問題は、ドイツの統一とＮＡＴＯ・ＥＵへの帰属によって、ますます緊密化するヨーロッパの統合の中で最終的に解決された。ドイツは、西ヨーロッパの一部である。アメリカで出版された二冊の本の題名は、多くの言葉よりも明確にこれを言い表している。その一つは、コンドリーザ・ライスとフィリップ・ツエリコフが書いたドイツ統一に関する優れた著作の『ドイツの統一とヨーロッパの変革』である。もう一つは、ブッシュ元大統領と彼の安全保障担当補佐官のブレント・スコウクロフトが書いた『変動する世界』である。二〇世紀最後の一〇年間における世界の変動は、息を呑むような速度で進展したが、われわれの世界の問題点を何も解決しなかった。しかし、それは、われわれの世界をより良いものに改善するための基盤を提供した。

軍人は、多くはその実行者として、またしばしば犠牲者として、あるいは多くは紛争後の持続的な和解に達するための信頼できる親善大使としてこの変革の過程に参加した。軍人の新しい役割が誕生し、成長したのはこの嵐のような一九九〇年代であり、われわれの社会は、軍人という職業におけるこのような変化にまだ十分気が付いていない。防衛によって国民を守り、介入によって市民を保護することに加えて、かつての敵と和解するための橋を建設する任務が付け加えられた。この本の第一部では、ヨーロッパと北アメリカの多くの国々の無数の兵士が果たしたこのような役割と能力について取り上げる。これは混乱した九〇年代の思い出ではなく、世界の数千人の軍人が平和を確立するために果たした貢献に対する評価である。というのは、彼らは、彼らの国土とＮＡＴＯの条約地域を守るために戦う用意ができていたのであり、軍人として平和の維持に貢献したと評価できるからである。

平和をより確実なものにするという任務は、まだ達成されていない。私は、本書の第二部でこのことを取り上げ、私の二〇〇二年初頭の情勢判断によってこの結論を理由付けている。これは、もちろん和解の一〇年間であった一九九〇年代の末期、すなわち二〇〇〇年当時のものと比べればずっと厳しいものである。しかし、和解のための活動は、無駄ではなかった。このような活動によって、さらなる和解のための橋を建設するための基盤が生まれ、ヨーロッパの各国がこれを容認したのである。

その目標は、一九四九年のＮＡＴＯ創設に際して宣言された、自由で一体となったヨーロッパを創り出すことである。

この目標に向かって、私は、安全保障政策と軍隊の発展のために、刺激と衝撃を与え続けたい。本書は、政治のあらゆる分野で行動することのできる強力な欧州連合を望んでいるが、同時に、見通しうる将来にわたって、アメリカ合衆国・カナダとヨーロッパの確固たる同盟であるＮＡＴＯなしには、ヨーロッパにおける、ヨーロッパのための安全保障はあり得ないと深く確信する一人のヨーロッパ人によって書かれた。

平和はまだ達成されていない――ナウマン大将回顧録●目次

第Ⅱ部 不確実な世界における平和への道

第Ⅰ部　ヨーロッパの和解と軍人の貢献

1 かつての敵が友人となる

一九五五年一二月一二日、連邦軍の創立された日は、シャルンホルストの生誕二〇周年にあたり、第二次世界大戦から一〇年が過ぎていた。

この日任命された将軍たちは、第二次世界大戦において連合国の将校たちと戦ったが、今や彼らはNATOにおける同僚あるいは上官なのである。このような状況は、克服されるべきものであったばかりでなく、平和時における同盟に新しいドイツの軍隊を統合するというこれまで経験したことのない事実にも、対応しなければならなかった。これまで、ドイツの兵士が平和時に外国人の指揮下で作戦を行うことなど一度もなかったので、参考にできる経験はまったくなかった。これまで、ドイツ防衛の責任を外国人に委ねることを承認したドイツ政府はまったくなかった。同盟国の人々は、ドイツ人を初めて目にしたときに何を考えたであろうか。われわれはこれを正確には知らないが、想像することはできる。一九三九年生まれの私自身、連邦軍の将軍として、すなわち一九八六年とそれ以降、三〇年間にわたってドイツ連邦共和国とドイツ連邦軍の信頼性を証明してきたにもかかわらず、その他の多くの要因があったにしても、二つの大戦の原因となったドイツがヨーロッパを支配する野心を本当に放棄したのかという同盟国の疑念を耳にした。

同盟国と最初に接触したドイツ軍人は、戦争中における彼らの軍事的能力のゆえに、尊敬をもって受け入れられた。彼らは、その専門職業上の能力によってただちに注目された。彼らは、外国やドイツにおける同盟国の軍隊では、ドイツの国内においてよりも通常高く評価された。ドイツ人は、第三帝国とその許されざる犯罪に対して責任があるという広く行き渡った偏見にさらされていた。この影は、不当にも連邦軍の中でも消え去ったことはない。無差別の全体的評価は、ドイツ国民の一部の態度であり、これは、ドイツ国防軍の生き残った兵士の多くを今日でもなお深く傷つけている。私は、常にこのような偏見と戦ってきたが、一九四四年の七月二〇日事件の五〇周年と第二次世界大戦の終戦に際して連邦軍総監として発表した二つの書簡の内容をここで繰り返そうとは思わない。しかし、これは、この問題に関するドイツ人のコンセンサスの形成に寄与すると考えている。

個性と能力によって勝ち得られた尊敬は、まもなく信頼に変わった。そして、この信頼は、ドイツ人全体にも重ね合わされた。これは次第に強固なものになり、ドイツの若い民主主義は、より信頼性があり、確実で安定したものになっていった。私は、連邦軍の兵士のどれくらいが同盟国となった第二次世界大戦の時の敵との和解に貢献したかを量的に評価することはできないが、非常に大きな貢献を果たしたことは疑いないと考えている。このような和解に貢献したのは、当初はかつてのドイツ国防軍の兵士であり、その後は五〇年代に兵士となった戦争に参加していない世代である。かつての敵は、今や友人となったのである。

つまり、連邦軍の数十万の職業軍人、任期制軍人、兵役義務軍人や予備役軍人が、このために貢献したのである。彼らのすべては、わが国にとって大きな、われわれの国民にはほとんど知られても、気付かれてもいない任務を遂行した。しかしながら、証明された信頼性、ドイツの政策の健全性、ドイツの国際社会への一体化に対する意欲にもかかわらず、東西ドイツの統一を目の前にした時に、われわれの同盟国は、われわれが非常に安全と考えていた氷が驚くほど薄いものだったことをかつて示したのである。

私の耳には、一九八九年のブリュッセルにおけるＮＡＴＯ首脳会談で、ドイツの統一に反対した当時のイタリアのアンドレオッティ大統領とイギリスのサッチャー首相の厳しい発言が、まだ今日のように残っている。続いて行われたコール首相によるこの留保に対する同様に明確で厳しい反論は、同席していた多くの外交官の不意を突く大きな驚きだったろうし、私は、ただ単にすばらしいと感じたといわざるをえない。私は、ドイツ人として、米国とトルコの大統領並びにスペイン首相が、コール首相を支援するばかりでなく、彼に理解以上のものを表明したことを大きな感謝とともに聞いた。このとき、私は、国家は友情ではなくただ利益だけを知っているというヘンリー・キッシンジャーの言葉を思い出していた。

しかしながら、ここで発言したドイツの友人たちは、その後すべてのＮＡＴＯ諸国が彼らに従ったのだが、ドイツが常に西側に自身の地位を見いだしてきたことを知っており、信頼していた。彼らは、ドイツを西側に結び付けておくというコンラート・アデナウアーの決定を確信していた。そして、この決定は、ドイツの統一を放棄するという犠牲を払うことなく、ヨーロッパの中にその地位を占めさせるというドイツの努力を成功させ、それによって二〇世紀前半のヨーロッパにおける戦争の原因が最終的に除去されたのである。

この信頼の一部は、三〇年間にわたる同盟国との信頼感、安心感の確立と協力、中でもＮＡＴＯへの軍事的統合を通じて、連邦軍の兵士たちによって達成されたのである。

隣国のフランスは、残念ながら一九六〇年代にNATOから離脱し、一九九八年に復帰する機会をすんでのところで逃したのだが、この軍事的統合は、ほとんどすべての加盟国の若い将校から将軍や提督にいたるまで、連日、時には昼夜を問わず協力することを強制した。同一のスパルタ的な飾り気のない部屋で過ごし、同一の言語、すなわち英語で数時間、あるいは数日にわたって働き、考え、議論することによって、強固な団結が生まれた。その中から、一生変わらぬ信頼と、しばしば友情がはぐくまれた。同盟内でこのことを経験した者は、数千、数万人に及んだ。それによって、信頼の基礎が長い年月のなかで次第に拡大され、それが家族にさえ伝わり、さらに絆を深めることになった。ドイツ統一までの三〇年以上にわたって、われわれの同盟国には、連邦軍の兵士たち、したがってドイツ人は忠実で信頼できる同盟者であるという確信が強まった。同盟国は、この新しいドイツの軍隊が侵略戦争のために使用されることはないと気付いていた。また、民主主義的なドイツはその憲法の規定を一貫して守るであろうという確信も強まった。分裂ドイツの統一を前にして、特に新しい「大ドイツ主義」の危険が壁に描かれたときにも、このような悪質な落書きは、笑って見捨てられただけであった。

この信頼が生まれる決定的な転換点では、ドイツ国防軍やドイツ共和国軍、それどころか幾人かは第一次世界大戦にも従軍した連邦軍の兵士たちが大きな役割を果たした。彼らの大部分は、犯罪的な政府の犠牲者となったのであり、場合によってはその犯人になったかもしれない。彼らは、服従の義務と良心の葛藤の苦悩を経験しているのである。

このような良心と義務の葛藤が私の兵士として最後の年月を特徴付けていることは、興味ある挿話になるかもしれない。私が、コソボ紛争において、コソボのために正しい解決策を見いだすために寄与する任務を与えられたときのことである。われわれＮＡＴＯの責任者は、より大きな犯罪を防止するために、セルビア人とコソボ人の両方の犯罪に対して厳しい態度をとる必要があり、しかも弱者を助ける立場にあったからである。

ホイジンガーやシュパイデルあるいはドゥ・メジエールやシュタインホーフのような創設期の軍人たちは、民主的なドイツの初めての兵役義務制軍隊を平和時に民主国家の同盟と共通の命令系統に結び付けるという歴史的な成果を達成した。これは、われわれこれに続く世代の軍人がドイツに対する信頼を強化することができた基礎であり、道標であった。そして、これは、すべての近隣諸国との和解によるドイツの統一を可能にし、ポツダム協定に規定されたドイツの主権の制限を減少させることになった。なぜならば、かつての敵は、今や友人になったからである。

連邦軍が築いた初期の三〇年間の遺産はその後の一〇年間に受け継がれ、今世紀全体よりも大きくヨーロッパの政治的地図を平和的な手段で変更することになるとは、誰も想像していなかった。また、ベルリンの壁が崩壊したときに、分割されたヨーロッパの再統一に兵士たちがどのような役割を果たすであろうかを誰も予想しなかったし、それは今日でもあまり知られていない。私は、この知られていない歴史をこの本の第一部で紹介したい。

2

友好関係の試練

ドイツと同盟国の兵士たちは、その中にはわれわれの同盟国の多くの兵役義務兵士が含まれるが、平和時のヨーロッパではかつて見られなかったような敵軍隊の集中に対して、三〇年以上にわたって協力して任務を遂行した。ワルシャワ条約軍は少なくとも一九八八年まではヨーロッパ全体の征服を目指す明らかに攻撃的な計画を持っていた。これに対して、彼らは即応体制にあったのである。その基盤がどれほど堅固だったかは、冷戦の末期、米国の化学兵器を一九九〇年秋までに、その後数千発の戦術核兵器を九〇年代前半にドイツから完全に撤去する際に初めて明らかになった。

ドイツ側では「リンドブルム作戦」と呼ばれ、米側では「ゴールデンパイソン作戦」と呼ばれた化学兵器の撤去作戦は、ドイツと米国が共同してドイツで実行したものの中で、まさにもっとも規模が大きく、複雑な作戦であった。また、この作戦は、無限の相互信頼と、細部の手続きや管理に立ち入らない「長い手綱」、すなわち政治的統制のすばらしい見本であった。

私は、国防省軍事政策部長として、この作戦の指揮を命ぜられた。同時に、私は、連邦外務大臣によって、ドイツを代表して米国政府の関係機関との協定に調印することを委任されたが、これは私の知る限りでは連邦軍の歴史の中で前例のないことであった。

化学兵器は、四〇年代後半から五〇年代前半にかけてドイツに搬入され、ツヴァイブリュッケン近郊のクラウゼンに集積されたが、これまで公表されたことはなかった。世論は化学兵器がラインラント・プファルツ州に集積されていることを推測したものの、集積場所は一度も明らかにされなかった。その結果、集積に反対するデモは、常に誤った場所で行われた。このため、集積場所の公表によって、まず怒りが巻き起こった。そして、このことから第一の問題が生起した。高度な防護態勢が必要な作戦に関する公開の、広範な情報提供の下で作戦を遂行するというわれわれの目標は、当初の段階では放棄されることはなかった。しかし、人々はわれわれを信用せず、この作戦は再び秘密を保持して実行されると考えたのである。

第二の問題は、搬入の場合とまったく違って、撤去は、完全な世論の監視の下で、しかもドイツへ弾薬を搬入する場合よりもずっと厳しい安全規則の下で、また四〇年代や五〇年代とはまったく異なるテロリズムの現象を考慮した国内の安全を確保しつつ実行されねばならなかったことである。このことから膨大な調整業務が必要となり、私は、連邦制度のあらゆる利点と欠点を学ばされることになった。

第三の問題は、われわれは占領時代から残る連合国の法律に規定された優先権に基づくできるだけ公表せずに実行したいという米国の態度をドイツのような自由な国家の条件と調和させなければならなかったことである。多くの市民は、自由とは、責任はいっさいとることができなくても、すべてを知る権利があることを意味すると信じていた。

これらに加えて、この事業——作戦とは敵による危険の下での軍事行動に関する概念なので、私はこれを今では作戦と呼ぶのは適切ではないと考えている――は、常に揺れ動く情勢の下で規定された環境保護法制を考慮に入れるとともに、非常に厳しい時間的な制約の中で実行されなければならなかった。本来、コール首相が一九八九年の東京サミットの際にブッシュ大統領と合意に達したときには、撤去の完了は一九九一年末とされていた。ところが、一九九〇年一月には、撤去を一九九〇年秋までに終了することが決定されたのである。このことは、われわれにとって九月までに終了することを意味していたが、それは多くの報道関係者が想像したように連邦議会選挙があるからではなくて、集積・廃棄施設のあるジョンストン環礁への輸送を、これに支障がある南大西洋と太平洋の冬の悪天候を避けて一〇月初旬には始める必要があったからである。このような時間的な制約の下では、われわれが連邦と州、連邦軍と警察、ドイツと米国の間の調整を通常の官僚機構を通じて行ったとしたら、リンドブルム作戦はまったく不可能だったであろう。

米国の側では、当時在欧米軍司令部の部長であったジョン・M・シャリカシュビリ中将が、私と共同してこの任務にあたった。彼のドイツに対する愛情と柔軟性のおかげで、われわれは、多くの障害を克服することができた。米国人がジョン・シャリと呼ぶ彼は、アメリカ的な夢を実現した一人である。グルジア人の彼の父親は、ロシア帝国陸軍の少尉になり、その後白軍の側で赤軍と戦った。さらに、彼はポーランド軍に入り、一九三九年のドイツのポーランド侵攻に遭遇した。ドイツがソ連に侵攻したとき、グルジアの解放を期待して武装ＳＳに入り、ドイツの側で戦った。戦後、彼はバイエルンのポッペンハイムに住み、ジョン・シャリはそこで成長し、一九五三年に一家が米国に移住するまで学校へ通った。移民の息子は、四〇年後、世界最強国の参謀総長になったのである。シャリは、もの静かな、熟慮の、議論好きな男である。彼は、どこかにヨーロッパ人としての内面を深く残している。彼は、ヨーロッパを理解し、ヨーロッパの多様性は弱さであるばかりでなく、強さでもあり得ることを知っている。

われわれは、私が旅団長のときに知り合ったが、この数ヵ月間の共通の仕事を通じてお互いに信頼でき、遠慮のない関係になれることを知った。この経験は、その後彼が欧州連合軍最高司令官と参謀総長（統合参謀本部議長）として、また私が連邦軍総監とＮＡＴＯ軍事委員会議長として協力することになった時にも、大いに役立った。われわれ二人は、われわれの伴侶のジョアニーとバーバラを含めて親しい友人となり、これは現在も続いている。

米国側には、撤去の全過程においてかなりの柔軟性があったが、これは、米国の政府機関との関係において普通考えられないことだった。私は、このことにドイツの友人を助けようとする米国の政治的意志と、全力を尽くすことを約束した統合参謀本部議長のコリン・パウエル大将、当時の在欧米陸軍司令官のセイント大将や中でもシャリカシュビリ将軍の決意を感じた。

われわれは、撤去計画における二つの危機的な状況の中で、このことを特に経験した。最初の予期しない摩擦は、米国の環境担当機関がコンテナの規格を変更したことによって生じた。致死性の充填物を有する化学弾は、その容器によってドイツ国内と公海上を輸送しなければならないのである。米国の規定によれば、新型のコンテナの試験が終了するまでは米国の予算でこのコンテナを製造することは禁止されており、外国の資金を製造にあてることも許されなかった。シャリがそれを私に告げたとき、われわれ二人は、一九九〇年中の撤去は不可能になったと考えた。解決策は、試験が成功のうちに実施され、何らの規格の変更も要しないことを期待して、コンテナをドイツの責任と予算で製造することであった。われわれは幸運だった。

第二の障害は、米国政府が上院に対して、ジョンストン環礁の廃棄施設が数週間のある一定期間無事に稼働したことを証明しなければならないことであった。われわれは、ワシントンの友人たちに圧力をかけ、期間に関する規定を取り払うことを上院に通知し、許可をえるように計らった。彼らは、特にコリン・パウエルのおかげで、これを実現させた。われわれは、またしても幸運だった。上院の同意のたった数日後、廃棄施設は技術的な検査に合格した。もしわれわれの上院に対する働きかけがたった数日間遅れたとしたら、一九九〇年内の撤去は不可能だったであろう。しかし、われわれの側でも、予想しなかったような柔軟性が示された。たとえば、当時のラインラント・プファルツ州内務大臣ルディ・ガイルのすばらしい協力姿勢、担当を命ぜられた連邦と州警察並びに米軍と連邦鉄道各機関との協力によって連邦国境警備隊の集積所から連邦軍が行った国内での作戦の特異な法的な枠組み、あるいは建設中のツヴァイブリュッケン～カイザースラウテルン間の高速道路を輸送のために開放してくれたことなどである。これらのすべては、これまで決して見られなかった方法だった。そして、これらは、「リンドブルム作戦」を期間内に終了させるために決定的な要因となった。

それは、数ヵ月間にわたる重労働、国内法の及ぶ境界までの危険に対する完全な即応体勢と全体の成功に向けた数ヵ月間にわたる強力な意志であった。私が米国のヴァーノン・ワルタース大使と列車、第三帝国の遺産で占領軍に移管された中欧軍集団の指揮車に乗り込んだときは、まだ有名な政治家や記者たちが同席していた。最後には、記者たちが去り、ワルタースと私だけがブレーマーハーフェンで下車した。ワルタースは、彼の著書『統一は予見できた』にこの旅行について詳しく、適切に書いている。私には、それに何も付け加えることはない。

数日後、化学兵器を積んだ二隻の米国の貨物船は、ドイツの領海を離れた。シュトルテンベルク国防大臣は、一九九〇年九月二一日、クラウゼンで開かれた軍の集会において、ドイツと米国の円滑な協力関係の典型的な一例としてこれに感謝を表明した。

ドイツは、今や化学兵器から解放され、戦後の重荷がもう一つ解消された。

壁が崩壊したこの最初の一年間に、約四〇年間にわたってドイツと三ヵ国の西側占領国との間で育成されてきた友好関係は、まさに試練にさらされていることが明らかになった。この試練は、始まったばかりの統一ドイツの自立の過程と、それに伴う完全な独立国としての責任の自覚によってもたらされた。

この自立のための試練の過程は、ＷＩＮＴＥＸ演習の終結を経て、ＮＡＴＯの新しい戦略構想の策定と米国の戦術核兵器のドイツからの撤去に結びついた。

パーシングⅡと巡航ミサイルのドイツへの配備をめぐる八〇年代初期の核兵器に関する激しい議論によって、安全保障の基本政策に関して政府と野党との間に合意が存在するというドイツの信頼性に関する貴重な要素は破壊されてしまった。また、国民の間には、すべての核問題に対する新しい関心と疑念が生じた。ＮＡＴＯの柔軟反応戦略が平和の維持に決定的な貢献を果たしたことは、多くの人々に受け入れられていた。それにもかかわらず、中距離核戦力（ＩＮＦ）の配備は、戦略核兵器以下の核軍備管理の方向に反するばかりでなく、より重要なことに、ソ連を過剰軍備による破滅的な安全保障政策に回帰させる危険があることがいっそう明らかになったのである。さらに、極端な場合にはＮＡＴＯの核兵器をＮＡＴＯの領域、特にドイツの国土で使用することを辞さない戦略は、もはや保守・自由主義陣営でも、社会民主主義陣営でも支持することはできなかった。

このようなドイツ国内政治の関心の中で、一九八九年の最後のＷＩＮＴＥＸ／ＣＩＭＥＸ演習が行われた。私は、演習参加者ではなかったが、連邦軍総監部第Ⅲ部長として演習経過を見守っていた。というのは、非常に心配していたのだが、また私の総監部への着任前に決められていてもはや変更が不可能だったのだが、この演習では、核兵器の最初の使用ばかりでなく、その後の連続的な使用も行われることになっていたからである。

私の副部長ハンス・フランク海軍少将は、有能で落ち着いた性格の忠実な将校であり、当時は連合軍司令部第Ⅲ部長としてアールタールの政府地下指揮所にいた。フランクと私は、七年以上にわたっていろいろな部署で緊密に協力して任務を遂行した。彼は、最終的には海軍中将として、連邦軍総監の私の補佐者である副総監を務めた。私は、彼以上に忠実で有能な同僚を知らない。

演習の環境は、具合の悪いものではないはずであった。ドイツでは、連邦軍が保有する短距離ミサイルのランスを更新することを一九八九年内に決定するというランス後継ミサイル（フォロウ・オン・トゥ・ランス：ＦＯＴＬ）問題が議論されていた。そのための政府部内の合意形成はほとんど進まず、ゲンシャー外務大臣とショルツ国防大臣の対立が、世論の前に明らかになった。ゲンシャー外相の構想は、これが本当の目的なのだが、配備の決定を一九九二年まで延ばすばかりでなく、新たな軍備管理交渉によってミサイルの配備を阻止することであった。そして、この構想は、大きな射程の新型ミサイルの導入によって短距離の戦術核兵器を廃棄するという国防省の案よりも人気があった。加えて、外相には、判りやすい表現で人々の感情に訴える優れた能力があり、外務省はゲンシャー外相の立場をメディアに流し、彼らを味方に付ける手腕を持っていた。国防省は、長い間これに対抗できなかった。したがって、九〇年代を通じてメディアにおける国防省の立場を大幅に改善したのは、ゲンシャー外相の成果を見て学んだリューエ国防大臣の功績である。

しかしながら、われわれは、FOTLの議論が最高潮に達する中で、「新しいミサイル陣地はいらない」のような実際には空虚な、しかし強力なスローガンに対して、なすすべがなかった。われわれは、ゲンシャー外相の構想が同盟においてわれわれを孤立させ、米英に大きな不快感を引き起こすことを知っていた。われわれは、中でも、この問題が時間とともに解決できるであろうことも知っていたが、FOTL交渉が決裂したあとで米国が戦術核兵器を撤去する方向に動くかどうかは確信が持てなかった。私にとっては、これこそがドイツのもっとも重要な国益であった。というのは、射程二〇km以下のこれらの核兵器は、東西を問わずいずれにしてもドイツの国土に落とされるからである。さらに、戦争に際してソ連が核兵器の使用権限をどのように取り扱うかという不確実性があった。というのは、ソ連政府が、ドイツ駐留ソ連軍のレベルの自由な使用を認めることを否定し得なかったからである。このような理由から、われわれ国防省は、戦術核兵器に関する軍備管理を推進しようとしたのである。また、私は、初めて参加した一九八九年二月一五日と一六日にブリュッセルで開催されたNATOのハイレベルグループ会議においても同様のことを試みたが、ロン・レーマンを代表とする米国の代表団と合意することはできなかった。

このようにして、WINTEX89演習は、シミュレーションされた戦争において、核兵器の使用に関するドイツと米国の構想がぶつかり合う「戦場」となった。ドイツの理念は、一貫して戦争を開始した国にできる限り近くで、可能な場合はソ連の領土内で核兵器を使用し、早期の戦争終結をもたらすというものであった。同盟国米国は、この構想を論理的であるとも、効果的な使用の機会であるとも認めることができず、それによって必然的に米国本土に対するソ連の全面的な核反撃を引き起こすような状況だけは回避しようとしていた。さらに、軍事的に必要な目標に対してのみ核攻撃を行うことが、ほぼ一致した原則であった。

ＷＩＮＴＥＸ演習で核兵器が使用されたとき、状況はわれわれにとってまだ非常に有利なように思われた。というのは、ソ連軍の戦略的な第二梯隊はまだソ連の領土内にあり、これに対する核兵器の使用は、戦争終結の目的に沿うものだったからである。しかしながら、続いて第二次核攻撃の協議の段階に至ると、ＮＡＴＯ軍事委員会は、この第二梯隊の大部分の戦力がいわゆる一晩ですでに東ドイツに進出したという状況を示した。したがって、核攻撃は、大部分がドイツの領土内で行われるのである。ＦＯＴＬの議論を背景として、演習を現実の政治から切り離すことは、もはや不可能であった。演習から、真の危機が発生した。この演習は、ＦＯＴＬの反対の火に油を注ぐ結果になった。

フランク海軍少将は、一九八九年三月四日の早朝、すぐにアールタールの政府地下指揮所に来てもらいたいと私に電話した。ＮＡＴＯの意図した状況は、一連の戦術核攻撃がベルリンの南方と東ドイツ南部の地域の軍事目標に対して行われ、統制できなくなるおそれがあったからである。

私は、三時少し過ぎに指揮所に到着し、演習で国防大臣となっていたヴィンマー国防次官と数分間言葉を交わした。彼は、状況をよく理解しておらず、反米的な態度でも有名だった。私は、この行き詰まりを打開するためには、核大国の米国に働きかけ、彼らの計画を変更させるしかないと考えた。私は、当時まだ性能が低く聞き取りにくい電話であちこちに連絡をとり、その中には米国の演習責任者で、当時統合参謀本部議長だったクロウ海軍大将との直接の話し合いも含まれていた。私は、これらの電話による話し合いの中で、この状況が単なる演習だけにとどまらず、ドイツにおけるＦＯＴＬの議論に重大な影響を与えかねないことを強調した。しかし、私は、米国に対してその基本的な立場を全面的に変更させることはできなかった。私にできたことは、核兵器の使用をできるだけソ連との国境付近に予定し、東ドイツの中では大都市から離れた地域の軍事目標に対してなるべく少ない数の核兵器を使用するという妥協案であった。一方、このような了解にもかかわらず、米国は、基本的に異なる決定を行うことはなかった。というのは、われわれが望んでいた東西ドイツ以外の地域には、軍事的な目標はまったく存在していなかったからである。これは、NATO軍司令部とNATO理事会の指導部が付与した、信じがたいまったく非現実的なソ連の戦車師団の移動速度によるものである。そのような速度は、空中輸送でしか実現できないものであり、それが、われわれを袋小路に追い込んだのである。

結末を手短に話そう。連邦政府は、米国の示した妥協案を受け入れるつもりはなく、WINTEX演習から脱退すると通告した。国防省内で、われわれは、その痛手があまりにも大きいので、これをなんとかくい止めるために努力し、NATO理事会の決定によって早期に、第二次核攻撃の協議に入る前にこの演習を終了させるという妥協案を提出した。これは、一九八九年三月八日に実現した。私には、この日すでに、このような形式によるWINTEX演習はこれでその意義を失い、FOTL問題に関する国防省の構想は今後さらに厳しい批判にさらされ、決定的な敗北に終わるであろうことが明らかだった。ゲンシャー元外相の回顧録を読んだものは、彼がFOTLに反対する議論のためにこの演習の状況を利用した証拠をそこに見いだすであろう。

議論は、最初から非常に感情的だったので、軍事戦略に基づいた冷静な議論ではもはや軌道を修正することは不可能だった。連立内閣の中での議論は四月中旬まで続き、その後、キリスト教民主同盟／キリスト教社会同盟（CDU／CSU）は最終的に外相の主張する方向に転換した。ゲンシャー外相は、いつものように非常に巧妙な戦術をとり、国防大臣がショルツからシュトルテンベルクに替わることを知りつつこれを利用し、もちろんＣＤＵ／ＣＳＵ党首のドレッガーが支持する地上配備の戦域・戦術核兵器の完全廃棄を都合のよい時期に提案したからである。国防省計画局長のイェルク・シェーンボーム中将と私は、連立内閣の閣議の直前、指名されてはいたがまだ着任していないシュトルテンベルク国防大臣を彼のもとの部屋、すなわち財務大臣室に訪ね、国防省の方針を説明した。シュトルテンベルクは、同盟政策上の議論を知り、ＦＯＴＬミサイルの導入によって戦術核が撤去できる利点もよく承知したが、尻尾が犬を振り回す連立内閣の現実についてもよく理解した。国会議員のリューエも、一九八九年四月二〇日の一七時頃、おそらく閣議の準備のためと思われるが、私との面談を求めて同様の説明を聞き、国防省の立場に理解を示した。一九八九年四月二〇日夜、ＦＯＴＬ導入決定の延期と新たな軍備管理交渉の提案を柱とする連立内閣の合意が成立し、翌日の一九八九年四月二一日朝、同盟国、中でも米・英との十分な調整なしにこれが公表された。われわれは、国防省内で、これを敗北と感じ、連立内閣における主力政党の分裂と受け止めた。われわれの大部分の同盟国、中でも米国は、この決定を戦略的論理にまったく反するとし、面子を失わせるものだと受け止めた。さらに問題を難しくしたのは、ドイツ代表団が一九八九年四月二〇日のパリにおける独仏首脳会談でも、一九八九年四月一九日のブリュッセルにおける核計画委員会の大臣会議でも、同盟国に対して少なくとも事前の予告ができなかったことである。国防大臣の身近な補佐者として事前に知っていた私は別として、同盟国の誰でも、これほど大幅な基本方針の変更が一晩のうちに行われるとは信じられなかったであろう。私が作業レベルで聞き知った反応は、明らかに非常に望ましくないものであった。人々はわれわれをもはや信用できないと感じ、われわれが本当に何も知らなかったのかどうかという疑いが言葉の端々ににじんでいた。私は、連邦首相もこのような反応を予想していなかったと推測している。そうでなければ、一九八九年四月二一日、シュトルテンベルク大臣の就任の日に、外相と国防相を一九八九年四月二四日にワシントンに派遣するという決定が行われたことが説明できない。シュトルテンベルク大臣は、一九八九年四月二一日金曜日の午後、彼の就任記念レセプションの場で私にこのことを伝え、日曜日の午後にボンの彼の自宅で準備のための会談を私に依頼した。この会談で、私は、シュトルテンベルク大臣が連立内閣に対する彼の忠誠心からではあるが、反論から始めたことに最初は対応を慎重にすべきだと感じた。しかし、私は、総合的な理解力がシュトルテンベルク大臣を優れた政治家にしたことにも気が付いた。彼は、ものごとを非常に幅広い関係に位置づけることを知っており、中でも、米国との良好な関係が引き続きドイツにとって緊要なことを知っていた。彼は、ワシントンで最初は何の積極的な役割を果たさないが、二人がともに財務担当大臣だったときに築かれたベイカー国務長官との良好な個人的な関係を役立てたいと考えていた。

私は、新しい米国大使としてボンに着任したヴァーノン・ワルタースが開いた夕食会に、上機嫌で出かける気分ではなかった。私は、一九七五年にまだＣＩＡ長官だったワルタース大使と知り合った。ワルタースは、国際的経験が豊富な数ヵ国語を話す男で、世界中に多数の友人を持ち、ドイツの戦後の復興に驚いていた。この夜、ドイツ政府の決定に対するワルタース大使の落ち着いた反応は、米国大使として在任中に東西ドイツの統一を目にするであろうという彼の発言とともに私を驚かせた。私は、この反応を彼のドイツ人に対する信頼と、われわれが誤解したり、時には反発したりしても、必ず正しい道に復帰してきたということから生まれた信念によってのみ説明することができる。

そして、月曜日、米国での二四時間が始まった。国務省での会談の様子は、米国の大きな不快感を表していた。まず、二人の大臣に率いられたドイツの代表団は、米国側の適切な人物による挨拶もなしに、まる一時間もベイカー長官とチェイニー長官を待たなければならなかった。その後会談が始まると、会談はベイカー長官によって氷のような冷たい雰囲気に包まれ、ゲンシャー外相の言葉数は多いが内容の乏しい論証は、まったく議論の対象とはならなかった。シュトルテンベルクは、長い間のためらいの後に半ば私に強制されて彼の静かな思慮深い言葉で発言し、それによって会談に一定の落ち着きがもたらされた。特に、ベイカー長官は、昼食の時間に危機を打開する方法を少人数のグループで模索することを提案した。シュトルテンベルク大臣は、この会談を国務省のバルコニーでのベイカー長官との一対一の会談に結び付けた。その結果、ベイカー長官が信頼するシュトルテンベルク大臣は、両国政府はさらに協議を続けて解決策を探すとともに、報道に対して対立が沈静化したことを明らかにするという合意に達した。国際政治においては、個人的な接触と相互の信頼以上に重要なものはないことが、再び示された。

四月二四日、まだわれわれは何も具体的な内容について合意したわけではないが、シュトルテンベルク大臣のおかげで、決裂は避けられた。この日の国務省での会談では、決裂の可能性がなかったとはいえないのである。再び、ドイツと米国の間の友好関係によって、一つの問題の解決が可能になった。

五月末に行われるブリュッセルでのNATO首脳会談では、軍縮と軍備管理にかんするNATOの全体構想が決定されることになっていた。それまでの数週間、米国の同僚と、ドイツ側では四人組として知られるようになったテルチク、カストルップ、ホリクとナウマンの四人が、解決策を求めて同様に熱心に作業を進めた。われわれは、国防省において、一九八九年五月一七日のシュトルテンベルク大臣のワシントン訪問が突破口を見いだすチャンスと見ていたが、それはまだ早すぎた。この訪問に際して、私は、五月一八日、ホワイトハウスでスコウクロフト国家安全保障顧問の補佐官で、ヨーロッパ担当部長のボブ・ブラックウィルと会談する機会を得た。一対一の会談で、私は、核兵器の軍備管理構想を通常兵器の軍備管理の提案に結び付けるが、核兵器を近代化する可能性は残しておくという国防省の構想をブラックウィルに説明した。一方、彼は、首脳会談後のドイツ訪問における大統領の演説における中心テーマである「パートナーシップ・イン・リーダーシップ」について、私の反応を確かめた。ボブは、容易に支持を取りつけることができないタフな交渉相手であったが、私は彼と安全保障関連の会議で知り合っていた。そうでなければ、私は、ホワイトハウスに対するチャンネルを開くことは不可能だったであろう。このワシントンでの五月の朝、われわれは、われわれの個人的な関係をさらに深める基礎を築くことができ、これは、その後のドイツ統一の過程で大いに役立った。

将来の核兵器の近代化の可能性を排除せず、ＮＡＴＯ首脳会談において包括的な軍備管理構想を決定するために、ドイツ側の「四人組」と米国の作業レベルとの緊密で信頼に支えられた開放的な協力が行われ、それによって妥協への道が開かれた。一九八九年五月二四日、連邦首相にあてた私信の中で、米国大統領はこのことを認めた。一九八九年五月二五日、われわれ「四人組」は、首相の別荘でその返事の手紙を起案することになったが、このときすでにＮＡＴＯ首脳会談は救われたことを知った。その後、まだ協定案をまとめる困難な交渉があったのだが、それでもドイツに起因する決裂は回避された。

イギリスの抵抗に困惑していたコール首相は、首脳会談中にあるアイデアを抱いた。彼は、ＮＡＴＯ事務総長、つまりマンフレット・ヴェルナーに妥協に基づく協定案を策定するために外相による作業グループを設置することを提案した。マンフレット・ヴェルナーは、その日これと同様にすばらしいアイデアを出し、作業グループの議長にオランダ外相のファン・デン・ブレックを指名した。会議は朝の三時過ぎまで続いたが、ファン・デン・ブレック外相のすばらしい司会によって結論をまとめることができた。この夜得られた妥協によって、一九八九年五月二九日、NATOの全体構想の決定が可能になった。誰もが、この決定を、数週間続いた厳しい、時にはあからさまな対立の後でNATOの結束を強化するものと認めた。

われわれドイツにとっても、この成果は、以下のように多くの観点からさらに望ましいものであった。

——これは、その後のブッシュ大統領のドイツ訪問と、彼がマインツでの演説でドイツとの「パートナーシップ・イン・リーダーシップ」を提案するための良い出発点となった。しかし、わが国は当時これを満足させる状況にはなく、残念ながら現在も満足させる状況にはない。

——これによって、七月に予定されているゴルバチョフ大統領の訪問が確実になった。

——これは、戦術核兵器を撤去し、長距離の戦域核兵器、つまり航空機搭載の核兵器を引き続き保有し、必要な場合にはランスミサイルを近代化する機会を与えるような軍備管理協定のための扉を開いた。これらの措置は、西側がミサイルの近代化を放棄する代わりに、西側の八八基のランスミサイルに対して東側の一三八五基の同様のミサイルを廃棄するという軍備管理提案をソ連が受け入れない場合にとられるものである。

この協定案に関する調整過程はさらに一九九〇年まで続いたが、その結果、ヨーロッパに配備されている数千の米国の、また若干の英国の短距離核兵器の完全撤去という一九八九年以来最大の重大な成果がもたらされた。

また、WINTEX演習を一九九〇年の初めに廃止することで米国との間で合意が成立した。というのは、東西対立のシナリオが、もはや現実の世界に適合しなくなったからである。ここでも、公開された相互の信頼関係がわれわれに成果をもたらした。私は、一九九〇年一月にウィーン近郊のグリンツィングで行われたCSCEドクトリンセミナーにおける夕食会で、当時ペンタゴンの第五部長だった友人のリー・バトラー中将に、演習を今後危機管理セミナーに変えるわれわれの提案とその理由を説明した。バトラーは、非常に知的で鋭い理解力を持ち、フランスで教育を受けたことからヨーロッパをよく知っており、ただちにこの案に賛成した。その後まもなく、われわれは会談の内容を協定にまとめることができた。

われわれは、障害を克服する上で、数十年にわたって築きあげられた信頼関係によって何度も助けられた。一九九四年の夏の日、私は、連邦軍総監として、在欧米陸軍司令官のセイント大将と米国の短距離核兵器を搭載した最後の航空機がラムシュタイン空軍基地を飛び立つのを見送った。このとき、私の頭の中には、これに先立つ長い歴史が去来した。私は、重荷が取り払われた開放感と、この過程が国防省の主導性と米国の友人たちの協力によるものであるという満足感でいっぱいだった。米陸軍は彼らの核兵器に関する役割を放棄することになる戦術核兵器の撤去にはまったく不本意だったにもかかわらず、協定を履行するために労をいとわなかった。そして、この日は、ドイツのもう一つの特別な役割が終了した日でもあった。

それにもかかわらず、われわれの同盟国との友好関係に水をさすようなできごとが続いて起こった。サダム・フセインが隣国のクウェートを侵略したことから、冷戦の終結によってすべての不確実性が永遠に取り除かれたというヨーロッパに満ち溢れていた幻想が打ち砕かれたのである。

クウェート侵攻は、夏季休暇中だったヨーロッパにとってまったく不意打ちとなり、中でも統一を目前にして困難な問題を抱えていたドイツにとっては完全な奇襲であった。これに加えて、ドイツでは、八〇年代の初めから著名な国際法学者によって基本法の解釈をめぐって激しい議論が行われ、国民は、ドイツ政府、中でも外務大臣によって、基本法はドイツ国外でのドイツ軍の作戦を許容せず、ましてやＮＡＴＯ域外ではまったく不可能であるという印象を与えられていた。ドイツの平和維持活動への参加に対する国連の期待も、このような解釈によって、抑え付けられてきた。これは、ドイツの参加によって、国連の活動の中で西ドイツの兵士と東ドイツの兵士に遭遇することになるかもしれず、そうすればソ連との代理戦争がそこで始まりかねないので、一つの利点でもあった。しかし、このいわゆる憲法上の禁止規定は、連邦軍の多くの職業軍人にも広まっていた。彼らにとって、単純にドイツ防衛の作戦以外の活動に参加することは考えられないことだった。ＮＡＴＯ条約の域内における同盟国の防衛への参加でさえ、連邦軍の多くの兵士にとって、彼らの兵士としての宣誓には含まれていないように思われた。私がこのような疑念が多くの兵士たちにどれほど深く根付いているかを知ったのは、連邦軍総監として、外国での作戦をドイツ人兵士の普通の任務とすることを含む新しい、大きく拡大された任務に連邦軍を適合させるという使命を任されたときのことである。

しかし、今この一九九〇年夏の具体的な状況下では、イラクに対する軍事的対応にドイツの積極的参加をもたらすような政治的決定は、不可能だろうということが私には判っていた。それは、統一を目前にして膨大なきわめて複雑な問題ととり組んでいた政治にとって、単純にあまりに多すぎたのである。また、国民の多数の賛成を得ることは、不可能だったであろう。というのは、統一ドイツの西側ではこのような作戦が憲法違反であると考えられており、新しくドイツに統一される部分、すなわち東ドイツの住民にとってはＮＡＴＯを敵とみなし、米国の介入は「帝国主義的な侵略」であると教えられてきたからである。

参加は、軍事的な理由からも純粋に不可能だった。というのは、連邦軍は、ドイツ以外での戦闘任務に対してまったく用意ができていなかったからである。軍事的に実行可能と思われたことは、封鎖あるいは機雷除去のために海軍の艦艇を派遣することであった。

われわれの作業レベルでの米国との接触によって、ブッシュ大統領がイラクによる主権国家の侵略を見過ごすことはできないと固く決心していることがすぐに明らかになった。ブッシュ政権は、議会の承認を得ることが難しいと知っていたが、そのためにあらゆる努力を払う決意であった。この接触の中で、米国政府はドイツが「パートナーシップ・イン・リーダーシップ」を発揮することを期待していることも明らかになった。米独関係における新たな負担が浮かび上がった。

私は、一九九〇年八月初旬から、ＮＡＴＯ司令部に勤務するドイツ軍人の大部分と同様に、ドイツがより大きな責任を果たすべきことの必要性の理解を得る過程は、一晩では達成不可能であり、時間、おそらく長い時間が必要であると、あらゆる機会をとらえて米国の軍人たちを繰り返し説得した。その一方で、私は、同時にドイツはこの過程の最終段階では完全に責任を果たし得る信頼すべき同盟国の一員となるであろうが、軍事行動は常に最終的な手段、すなわち政治の最後の手段と認識していることを繰り返し述べた。私は、同盟における協力と影響力は連帯とリスクを共有する用意とに不可分に結びついていることを確信し、この一九九〇年夏の日以来私が退役するまで、国際的な司令部に勤務する数千の軍人たちとともに、ドイツが信頼に足る同盟国とみなされるように、あらゆる努力を払った。私は、これが連邦首相と国防大臣の目標に合致していることを知っていた。

したがって、ドイツのトルネード戦闘機がコソボ紛争において初めて本当の戦闘任務を経験したことは、私にとって長かった、しかし非常に短かった準備期間がある程度成功のうちに終わったことを意味していた。成功とは、私がこのことを喜んだことを意味しているわけではない。戦闘任務に就くことを喜ぶ兵士は誰もいない。というのは、兵士の目標は、過去も現在も、可能な場合にはいつも、戦闘への即応態勢によって潜在的な敵が武力を行使することを抑止し、それによって平和を維持することだからである。しかし、成功というのは、他の同盟国と同じように危険と重荷を平等に負担する用意があることをこの一歩をもって示したことである。また、このことは、かつての敵と永遠に和解するための決定的な、あるいはおそらく最後の貢献であった。

再び一九九〇年夏に話を戻そう。

国防省内では、米国がドイツに対して積極的な軍事的貢献や戦争に際しての上空飛行と駐留権の行使を要求し、われわれと対立するであろうことが予想されていた。私の部の提案は、海軍の艦艇を派遣する準備を行うことと、米軍が湾岸地域に移動する場合の兵站支援を行う用意があると声明することであり、陸・海・空の各総監と大臣の了解を得ていた。

テルチック局長がイラクのクウェート侵攻の直後に首相府での会議に出席するように要請したとき、私は、明確な意見を言える立場にあった。これは、唯一の建設的な貢献であったが、外務省の代表者のカストルップに容認できないとして拒否された。私の意見は、一隻の艦艇を派遣することは、イラクのわずかな海軍力を考えれば、戦闘を引き起こすリスクはほとんどなく、その一方でわれわれに今後の危機管理における協力の見返りを与え、おそらくもっとも安価で、中でもクウェートの復興にともなうドイツの産業の参加が有利になるので、だれも反論できないものであった。それにもかかわらず、外務省は、非常に疑問の多い基本法の解釈の方針を変えようとはしなかった。私は、それによって外務大臣があくまでも連立政権内の主導権争いを貫徹しようとしていることも知った。

私は、シュトルテンベルク大臣と連邦軍総監ヴェラースホフ海軍大将への説明のあとで、米国での私のカウンターパートであるリー・バトラー将軍にも説明し、われわれの置かれている状況への理解を求めるとともに、パウエル大将とチェイニー国防長官にこれを伝えてくれるように頼んだ。大臣もチェイニー長官に同じことを行ったので、われわれに対する圧力を低下させ、新しい重荷を背負うことは避けられた。しかし、われわれは、外務省が広めた紛争の平和的解決の機会があるかのような実態のない希望を抱く世論を変えることはできなかった。

ドイツは、この実態のない希望による幻想に満ちた判断によって、湾岸戦争という厳しい現実に何の準備もなく直面することになった。ドイツでは、国民はいまだに統一の幸福にひたっており、与党の敗北に終わった一九九〇年一二月の連邦議会選挙の後の連立交渉で小党派の立場が強化されたことから、政治的にはまったく無力をさらけだした。

このような状況の中で、一九九〇年のクリスマスの直前、イラクに対する軍事制裁を目前にして、NATO機動部隊（アライド・モービル・フォース：AMF）に指定されているアルファ・ジェット飛行隊の一部をトルコの空軍基地からも出撃させ、場合によってはイラクのトルコに対する攻撃を抑止するために防空部隊をトルコに移駐させるべきかどうかという同盟にかかわる議論が巻き起こった。

国防省のわれわれにとって、たとえこれが戦闘行為に発展するリスクと結びついたものであろうとも、この貢献を果たすべきことに何の疑問もなかった。われわれは、これがイラクの侵略に対する対応のための行動にほかならないことから、法的にはまったく問題がないと考えていた。しかし、われわれは、ドイツ空軍が限定された移動能力しか保有していないので、これが非常に困難であることも知っていた。私が非常に驚いたことは、計算高いドイツが同盟に降り掛かった問題に対して非常にばかげた考え方を取り、それによって困難に陥ったトルコを再び辱めたばかりでなく、同盟の意志決定過程を妨害したというブリュッセルのNATO本部からのうわさを聞いたことである。

ドイツは、トルコがイラクの軍事行動に関していわゆる報告書を提出して同盟国に紛争の発生を明らかにし、それによって同盟としての対応を訴えることができるという態度を表明していた。しかし、これはNATO条約第五条の規定には該当せず、なんの参加の義務も生じない。このような行動は、明らかにドイツのNATO大使の個人的な行動ではないが、政府の統一的な見解を代表しているものでもなかった。外務省のこのような行動の国内政治的な目標は、まさにドイツ国外での連邦軍の作戦を阻止し、それによってますます大きな議論となるような憲法解釈の拡大を防止することにあった。しかし、それによってドイツは、同盟内にドイツの信頼性に対する大きな疑問を芽生えさせた。シュトルテンベルク大臣は、クリスマス直前にベルリンで行われた連立政権内の会談で、次のようなドイツの貢献に対して合意を得ることに成功し、私はもはや克服しがたい抵抗と戦うことを免れた。私は、一九九一年の新年、風邪で四〇度の熱があったが、AMFのアルファ・ジェット飛行隊をとりあえずトルコ東部に派遣する案を外務省の指揮センターで外務省と首相府の代表者たちと聞いた。これは、一九九一年一月二日に正式に決定された。

一九九一年一月五日の日曜日、オルデンブルク空軍基地から最初のアルファ・ジェットが飛び立った。残念なことに、連邦軍が初めて武力戦に参加するかもしれないこの歴史的なできごとに際して、軍事指導部の誰の姿も滑走路には見られなかった。私は、今でもこれを統率上の誤りであると思っている。

その後、知られているように、さらに対空ミサイル部隊もディヤバキルに移駐した。NATO部隊の一つとして戦闘に巻き込まれたものはなく、脅威を受けている地域に対する予防的な軍隊の配備による抑止の平和維持効果が、完全に証明された。

その一方で、米国は、ほとんど日の当たることのない連邦軍の一部が果たした貢献を決して忘れることはないであろう。ドイツの地域陸軍、特に交通統制組織が、予備役をも招集し、シュトゥットガルトに駐留する米第Ⅶ軍団の兵士と装備を、ドイツ国内を横切って積載港まで移動させたのである。NATO演習でわれわれが何百回も訓練してきたことが、ここで役に立った。このとき、われわれの同盟国であるアメリカの軍人は、ドイツの軍人と大多数の、しかし残念ながらほとんど発言することのないドイツ国民が、反米のデモを行っている側にではなく、彼らの側に立っていることに気が付いたであろう。少数派である反米の世論は、メディアの大きな支援によって、ドイツ人の大部分は湾岸戦争に反対しているという誤った印象を外国に与えた。真実はこれとはまったく違い、中でもドイツに駐留する同盟国の軍人とその家族は、ドイツ人による援助と支援活動を経験したのである。

この時期、私が失望したのは、ドイツ政府の公的な反応である。ドイツを防衛するために三五年以上にわたって即応態勢にあり、徴兵の兵士さえもこれに従事させていた同盟国が戦争に赴こうとしているときに、連邦政府の声明の趣旨は、彼らを支持するものではなくて、戦争にいたったことを遺憾とするものであった。それに加えて、トルコへの空軍の派遣問題に対して、政権政党は、非常に消極的な態度をとった。この二つの事例は、ドイツは、ヨーロッパでほとんど唯一の現実離れした国家であることをはっきり示している。ドイツの前提は、近代以降の外交関係において、政治の道具として暴力を行使することにいかなる場合でも反対なのである。いまやヨーロッパ最大のＮＡＴＯ国家となったドイツの政治的な未成熟が、世界の前に明らかにされた。

私は、このような態度を理解することができず、一九九一年一月二一日、シュトルテンベルク国防大臣に宛てて手紙を書いた。以下は、手紙の中からの引用であり、一九九一年初頭におけるわれわれ軍人の認識を示している。

私は、ドイツの政策の中心となる柱について、同盟内でこれまで次のように説明してきた。ドイツに対する攻撃はもちろん、ＮＡＴＯ条約地域内の同盟国の一つに対する攻撃に際しても軍事力を行使する政治的な用意があること、そのために使用可能なドイツの軍事力を維持すること。……この二つによって、ドイツの立場が同盟の利益に反する場合であっても、ドイツの立場を押し通し、しかも信頼を得ることに何度も成功してきた。……

しかし、過去数週間の議論や言明を見ると、これらの柱は、明らかにもはや全面的には適用されないように思われる。……

これらの柱が国内政治の日和見主義によって変更されれば、……ドイツは、われわれとともに一つのヨーロッパを形成しようとしている同盟国からもはや真剣な仲間とはみなされないであろう。このような場合、われわれの同盟国は、ドイツと運命をともにするリスクを負わなければならないので、ドイツを信用することはできないと断定せざるを得ないからである。また、彼らは、ドイツが政策の手段として防衛のために正当に軍事力を行使することを放棄し、政治的にまったく無為の平和主義に陥ったと判断するであろう。ドイツの態度は、NATOにおいて、米英ばかりでなくその他の多くの国々でも、三五年間にわたって苦労して築き上げてきたものを破壊してしまった。このような協力関係の衰退は、人命の喪失の増大をもたらし、われわれの同盟国は最終的にこれをドイツの責に帰するであろう。同盟国トルコへの攻撃に際しても、われわれが共同防衛を拒否すれば、……溝はおそらく修復不可能であり、その影響は……破滅的であろう。……

同盟における連帯は、われわれ軍人にとって職業上の常識である。……われわれは、ドイツ政府がドイツに対してはもちろん、同盟国の一つに対する攻撃でも、連邦軍を使用するであろうと信じている。しかし、戦闘行為への参加はいかなる代償をもっても避けるべきであるという考えが強まっている。……

これは、危機に際してわが国あるいは同盟国を防衛するために、戦争状態であっても連邦軍が投入されるというすべての軍人にとって常識となっている考えに内的な葛藤をもたらし、これは非常に大きな努力をもってしか克服することができない。

私は、ドイツとその政府が戦っている困難な問題について理解を得るために、米・英やフランスばかりでなく、他の同盟国の人々と接触するあらゆる機会を利用した。私には、わが国を民主主義国の仲間に回帰させるために、私のできる限りのあらゆることをすべきだという信念があった。ここでいう民主主義国とは、独裁者や基本的人権を踏みにじる行為に対して、政策のための例外的な手段として、必要な場合は軍事力を行使することをも辞さない国々を意味する。

私は、多くのドイツ人が誤ったあるいは不十分な情報しか与えられなかったのだが、彼らの多くが湾岸戦争に際してとった態度を平和への願望に過ぎないと考えている。私は、この当時ドイツが世界に示した現実逃避の姿勢と利己主義を非常に恥じた。

統一ドイツにとって、湾岸戦争はあまりに早く起こってしまった。それにもかかわらず、ドイツの消極性と社会の一部の活動家による無差別の反米主義は、米国との関係ばかりでなく、NATO同盟との関係にも悪影響を与えた。ドイツの態度は、ドイツの信頼性に対する疑念を生み出した。イスラエルに対してイラクが攻撃した後、政府の方針と世論が揺れ動いたことから、実務レベルでの接触や湾岸戦争中とその後の重要な物的援助が制約を受けた。しかし、連邦軍の兵士や予備役とその家族の態度は、あらゆる政治的な声明よりも同盟国を信頼させるものであった。同盟国は、残念ながら沈黙したままではあるがもう一つのドイツがあることを理解し、紛争に際して、危険に対する不安や利己主義よりも友好国との連帯や支持を重要と考えていることに感謝した。人々は、われわれからこれを読み取った。

ここでも、冷戦時代に築かれた同盟国との絆に助けられて、障害を克服し、友好関係を維持することができた。

次第に成長してきたこの信頼関係によって、ドイツの同盟国との関係の中で、ヨーロッパの将来にとってまさに重要な意味を持ち得る一歩を踏み出すための確固とした基盤が形成された。すなわち、われわれは、ヨーロッパ統合の進展にとって重要な最初の一歩として、多国籍の軍団を創設することから始めたのである。最初の常設多国籍軍として、NATO常設艦隊（STANAVFORLAN

T）が挙げられるが、ここでは、平和時から編成されている部隊の創設を意味している。この方向を目指した第一歩は、八〇年代末に産声をあげた独仏旅団である。この最初の試みは、大きな期待を集めた。この旅団が実際の作戦においても効果を発揮するためには、まずその前提条件を明らかにすることが必要であった。このテーマは、一九八八年にパリに設置された独仏安全保障・防衛委員会の支援と設立準備のための小さい幕僚組織の中で検討された。私は、委員会の事務局に配置され、それによってこの幕僚組織の参謀長となった。このようにして、私はパリに二番目の事務所を持つことになった。アンバリッドに設けられたこの小さい幕僚組織の中で、旅団を有効に作戦させる前提条件を与えるために、一九九〇年末から一九九一年初めにかけて、独仏合同軍団の構想が生まれた。一九九一年三月、私は、挨拶のためにエリゼー宮を訪問したとき、フランス大統領の軍事顧問団の代表者であるジャック・ランサード提督とこの構想について話し合った。ジャック・ランサードは、その後フランスの統合参謀本部議長になるが、ミッテラン大統領とのチャンネルを有し、独仏両国の協力からヨーロッパの利益となる成果を生み出したいと考えていた。彼は、米国のヨーロッパにおける役割を今後も長期にわたって不可欠であると考えていたが、秤の均衡をとる何かを持っている場合にのみ米国に影響を与え得ることも知っていた。彼の同意を勝ち取ることは容易なことではなかったが、ひとたび同意すれば、それが彼自身の考えであったかのようにその実現のために戦った。彼は、彼の考えを法皇の前でさえも堂々と主張する信頼できる、勇気のある男であった。われわれは、妻のバーバラと非常に活発で魅力的なルイーゼとともに、その後関係を保ち、友人となった。ランサードは、ドイツとフランスの既存の一個師団からなる独仏合同軍団を設立し、独仏合同旅団をその中の独立部隊として編入するという構想を非常に高く評価した。われわれには、ドイツの師団がＮＡＴＯ軍にとどまり、フランスの師団がNATO軍の指揮をまったく受けないという問題点に対する解決策を見いだすことが容易ではないことが明らかだったが、解決策を見いだせるという確信があった。

エリゼー宮でのこの午前中の会談は、今日では欧州軍団と呼ばれている部隊が誕生した瞬間であった。そして、軍団は、スペインの将軍の指揮下で、コソボにおいてその最初の作戦を遂行したのである。公式の発足は、一九九一年一〇月のラ・ロシェルにおける独仏首脳会談であった。軍団の創設の通告は、同盟国やNATOともっとうまく調整する必要があったかもしれない。それによって、コップの中の嵐が起こったのである。その理由は、われわれの目標が、NATOの結束を弱めることではなく、反対にこの軍団を通じてフランスをNATOに近づけることにあると理解されなかったからである。私は、連邦軍総監に就任したばかりのとき、タオルミナでの核計画委員会の会議と就任後初めてのワシントン訪問に際して、アメリカ人とイギリス人のあからさまな不信感を強く感じた。私が覚えている国務省での会談は、あわれな白人の移住者が西部の荒野でインディアンにとらえられ、柱に縛り付けられて彼らにトマホークを投げつけられている状況に似ていた。私は、国務省で、いつも信頼し、静かな反応を示すコリン・パウエルに対してと同様に、われわれはNATOを害することは何もしないので信じてもらいたいと確約した。パウエルは、米国もこれを認めるであろうことを疑わなかったが、同時に彼が私を信頼し、私の約束を信じていることを明らかにした。われわれは問題を解決し、ランサード、その後欧州連合軍最高司令官となったシャリカシュビリと私が交渉し、NATO理事会の承認を得ることによって、われわれの約束を条約の形で実現させせた。われわれの相互の信頼と、より大きなヨーロッパの貢献によって大西洋間の結束を強化するという共通の目標設定は、問題の解決をもたらした。欧州軍団には、設立の母体となった独仏のほかに、ベルギー、ルクセンブルクとスペインも参加した。これは、使用される言語の複雑さという弱点もあったが、若い欧州を共通の任務のために一つの屋根の下に結集させる手段でもあった。そして、この小さな試みは、新しいヨーロッパを生み出す原動力となった。私の連邦軍総監としての最後の時期に、シュトラスブールで最初の軍団長であるドイツ人のヴィルマン中将からフランス人の後任者への指揮権の引き継ぎが行われた。これは、私にとって非常に感動的な瞬間であった。一人のドイツ人がシュトラスブールで軍団の指揮権をフランス人に引き継ぐことを、誰がこれまで想像できたであろうか。これは、ともに発展するヨーロッパを象徴するできごとでもあった。

独仏協力のこの方式は、われわれドイツ側がミュンスターの第I軍団とオランダのアッペルドルンのオランダ第I軍団から独蘭合同軍を編成することを提案したときの手本ともなった。この場合、誕生の地は、ファン・デア・ヴリエス将軍と私が定期的な会談のために立ち寄ったハーグ近郊のオランダ海軍航空基地であった。われわれが合意した目標は、フランスとのものよりも意欲的だった。すなわち、われわれは、もし可能な場合には、どちらか指揮官を出している国に本当の指揮権を委譲することを含む実際に深化した統合の実現を望んだのである。われわれは、これがオランダ人にとって何を意味するかをよく知っていた。実際には、ドイツ人が軍司令官となった場合、オランダ陸軍の大部分がドイツ人の指揮下に置かれることになり、その勤務期間は緊張したものになるかもしれない。これは、今日では両国の軍隊にとってもはや普通のことであるが、一つの劇的な変化であった。この第一歩は成功し、九〇年代の中期からドイツとオランダの兵士がミュンスターの町で同一の部隊で一緒に勤務している。すなわち、ミュンスターは、一六四八年にオランダが国家の独立を達成した町である。これは、それぞれの国家が独自性を保ちながら共存するが、その国家主権の一部はEUのような国際機関によって行使されるという統一ヨーロッパに向けた兵士たちの小さな貢献である。

ＮＡＴＯや多国籍軍への統合には、ドイツ・アメリカに加えてドイツ・オランダ・ポーランドの合同軍も含まれ、それによって築かれた人間とさまざまな国家の連帯は、個々の国家の誤った行動やゆがめられた報道あるいは国家間の利害の不一致に起因する障害を克服するのに十分な強さをもっている。

連邦軍の兵士たち、あるいはしばしばその家族も、ドイツ統一がもたらした非常に強固な基盤に立って、中・東欧諸国との架け橋を築くために大きな貢献を果たした。この橋はヨーロッパに平和をもたらし、その建設には、ＮＡＴＯ諸国とかつてのワルシャワ条約諸国の兵士たちも同様に貢献したのである。

3

ドイツの統一——国家人民軍の解体と吸収

われわれは、ドイツの国家的な統一をもたらしたあらゆる措置に平行して、東側への架け橋の構築を行った。それによって、われわれには特別な任務が与えられた。その一つとして、われわれは、ワルシャワ条約軍でおそらく最大の軍隊を解体し、一方でその一部の人員を連邦軍に吸収しなければならなかった。これは、歴史上まったく例のないことであった。われわれは、ドイツを分断する数十年にわたる対立の後で、敵対していた兵士をわれわれの軍隊に受け入れることになった。しかも、その軍隊は、西ドイツと西ベルリンを攻撃し、占領するために、この数十年間にわたって計画的に、ドイツ的な周到さをもって準備していた。そして、東ドイツの国家人民軍は党の軍隊に変えられ、その多くの兵士が「階級の敵」であるわれわれに対する憎しみを植え付けられていた。

われわれは、困難さの一方で、その意義をよく理解していた。われわれは、われわれの努力がわれわれの統一された祖国の内部の安全と安定を大きく左右するばかりでなく、元のワルシャワ条約諸国の一員だった新しい仲間に信頼感を与えることも知っていた。われわれが国家人民軍を完全に解体し、その職業軍人たちを社会から追放したとすれば、オーデル・ナイセ河の東側の軍隊すべてに存在に対する危機感を与え、州ごとに大きく異なる民主化の過程を困難にし、あるいはおそらく停止させてしまうであろう。非常に重要と考えられたのは、ドイツの統一過程の成否は、東側の住民がこの変化を希望と感ずるか、あるいはあきらめの運命論として受け止めるかによって決まり、これは小さいながら軍隊にも当てはまることである。これは非常に多面的で困難な任務であり、われわれは国防省でほとんど休む間もなかった。また、その準備のために与えられた期間は、数ヵ月ではなく、たった数週間に過ぎなかった。

これに加えて、われわれは、東ドイツの内情を詳しくは知らないのである。もちろん、われわれは、その編成・装備・配置は知っていた。また、われわれは、国家人民軍の戦闘能力についてかなり正確に評価する手がかりを得ていたが、その内部の実情については、東ドイツ全体のもろさと同様にほとんど知らなかった。

私は、一九七三年、当時の連邦軍副総監カール・シュネル中将を案内し、ドイツ人のテロリストに殺害されたドイツの国防武官ミルバッハ中佐の葬儀に参加した時、ストックフォルム近郊のブロンマ空軍基地で最初に国家人民軍の軍人を見た。われわれ二人の間には挨拶以上の交流はなかったが、この東ドイツの大佐が他の弔問客から明らかに距離をとり、冷ややかに弔問したことを覚えている。彼は、ソ連の国防武官が心からその死を悼むのとは反対に、その態度を変えなかった。

私は、一九八九年一一月、コットブスで二回目に東ドイツの軍人と出会った。私は、一九八九年一一月一七日、ウィーンでの軍縮会議にドイツ代表団とともに参加していたが、一九八九年一一月二二日に、国家人民軍将校、東ドイツの野党議員とザールラント州首相のオスカー・ラ・フォンテーヌによるZDF放送局のテレビ討論に参加するよう命ぜられた。私は、政治的な議論に巻き込まれることを恐れて最初からラ・フォンテーヌに主導権を渡してしまう危険を感じたので、シュトルテンベルク大臣に考え直すように頼んだ。大臣はその問題に気が付いたが、あえて私に放送に出演することを命じた。また、別の解決すべき問題があった。ＺＤＦ放送局、国防省と東ドイツ政府の間の調整で、討論は、コットブスの人民軍兵舎で私服を着て行われることになっていた。私には、国家人民軍の代表者が彼らの領域で私服を着てくるとは信じられなかった。数日前にも、東ドイツ代表団に属する人民軍将校は、ザールラント州の招待でザールブリュッケンの町を訪問した際、国際的に通常必要とされる許可なしに、堂々と東ドイツの制服を着ていた。私は、大臣にコットブスで制服を着用することの許可を求めた。というのは、人民軍の参加者が、別に驚くべきことではないが、調整に反して制服を着用すると予想されるからである。また、私は、大臣に対して、もし必要な場合には制服の着用について東ドイツ政府の公式の了解を求め、了承を得ることを確約した。おそらく最大の障害は、私のウィーンからボンまでの公用パスポートに東ドイツのビザを獲得し、これをベルリンへ出発するまでに間に合わせることであったが、私の忠実な秘書のヴァルトラウト・シュルターはこの短時間に問題を解決した。雨が降っていて寒い夕方、私は祈りと懺悔の日の一九八九年一一月二二日にベルリンに着き、そこからＺＤＦの車両でコットブスに向かうことになっていた。驚いたことに、ＺＤＦの運転手は、われわれがブランデンブルク州のある村の東ドイツ駐留ソ連軍の司令部に近いクリスティネンドルフに寄り、そこの牧師の家でシュテファン・ライヒェという若い野党の政治家を便乗させるというのである。彼は、東ドイツの地図以外には詳しい情報を持っていなかった。われわれがドライリンデンの二重の検問所を緊張とともに通過するとき、最初の検問所でパスポートを渡し、そこからベルトコンベアで約一〇〇ｍ離れた次の検問所に運ばれ、そこで返却されることになっていた。私は、東ドイツ国境警備隊の曹長がぎごちない態度ながら大きな声で「ドイツ民主主義共和国へようこそ、同志将軍閣下」と挨拶し、パスポートを返してくれたとき、苦笑を禁じ得なかった。それから、われわれは、本当に真っ暗な中を走っていき、ベルリンの市街を離れるとさらにその暗さに驚かされた。この国は、わが西側に比べると非常に暗く、村の通りにはほとんど照明がなく、明かりの点いた店のショーウインドウはどこにもなかった。そのうち、雪が降り出した。ソ連の軍用車両と二、三回すれ違った後で、われわれはクリスティネンドルフに着いた。そこには通りの名前を書いた標識もなく、真っ暗で、あいにくの天気のために通りに人影はなかった。私は、しばしば教会がある村の中心部向かうように運転手に言い、彼が左、私が右を見ながら教会をめざして進んだ。また、牧師の家も普通その近くにあると考えたからである。案の定、私が暗闇の中を教会の右側の大きな家に向かっていくと、その家の二階には明かりが点いていた。驚いたことに、その家のドアは開いていて、声が聞こえてきた。私がドアのところに着いたとき、ドアの後ろでは誰かが議論している様子であった。ドアが開き、私の前にドイツではよく知られているベルリンのジャーナリストのロータ―・レーヴェが立っていた。彼は、背後の光で私を認めた。私は、「ナウマンさん、あなたですか。皆さんようやく到着したのですね」という彼の言葉を今でも覚えている。彼らは、この一一月の寒空の中で、われわれの西ドイツの現実から遠く離れた東ドイツにおいて、同様に不安を感じていたのだった。われわれは、東ドイツでの出来事を大きな緊張と関心をもって観察していたのだが、何か干渉を受けるのではないかとはまったく考えなかった。シュテファン・ライヒェは、どう見ても野党議員にはふさわしくない若い男だった。私たちは、天候を考えて数分の後にはコットブスに向けて出発した。ライヒェと私は、二つの分裂ドイツの状況について移動の間に懇談した。私は、ライヒェがわが国のコール政権の時代がまもなく終わるであろうと予想したことを覚えている。

われわれがコットブスに着いたとき、私が予想していたとおりだった。私は、制服を着た国家人民軍の将校の一団から挨拶を受けた。その代表者は、私の討論相手であるドレスデンのフリートリヒ・エンゲルス軍事アカデミーのレーマン少将で、彼はその教授で博士でもあった。彼らは、物珍しげに、しかし全体としては友好的に挨拶した。

私が放送は私服を着て行うという事前の調整に関して発言すると、彼らはこれをまったく知らず、驚きを隠さなかった。誰もその用意をしていたものはなく、私はレーマンに東ドイツの領土内でドイツ連邦軍の制服を着用する許可を東ドイツ国防省から得ることを頼んだ。彼の即座の反応は、「それは私が許可することができる」というものだった。私は、なぜそれが必要なのかを彼に説明し、その直後に東ドイツ国防省の側に異存はないことを知らされた。

私は二階の会議室で着替えをし、人民軍の兵舎の大きな部屋に行った。そこは、主としてここに駐屯している国家人民軍ヘリ連隊の制服を着た兵士でいっぱいであったが、その大勢の人々の中には、民間人の客も混じっていた。私はこの時何を考えたか覚えていないが、好奇心と緊張を抑えることで一杯だった。

ディルク・ザーガーの編集による番組は、いわゆる技術的な欠陥によって、生放送ができなかった。私がこの番組を翌日の夕方に見たとき、真実と放送された内容には大きな相違があるとすぐに感じた。それぞれの場面は、明らかに東ドイツとラ・フォンテーヌに好意的ではなかった。特に、レーマン少将は、この番組で困難な立場に立たされた。たとえば、なぜ、国家人民軍はこれまで高度の即応態勢をとってきたのかという質問が彼に向けられた。彼は、公式見解に沿って、これは内的に脆弱な体制にある東ドイツに必要な措置であり、それによって予想される西側の「階級の敵」の干渉を抑止するためのものだと答えた。このまさに東ベルリン側特有の論理から発した回答は、大多数の人民軍兵士の爆笑をもたらした。兵士が彼らの将軍の一人を撮影中のカメラの前で嘲笑するというこの緊要な場面は、政権の弱点の現れであり、それは「フリートリッヒ・フォン・シル」の称号を持つヘリ連隊の兵士たちの笑い声に象徴されている。

収録の後で、私は長い間人民軍の兵士に取り囲まれ、さまざまな質問に答え、あるいは提案を受けた。若く、低い階級の彼らは、非政治的な普通のドイツ人兵士であり、ましてやドイツ社会主義統一党の軍隊の代表者でもなかった。レーマン少将と東ドイツ国防省報道官との懇談も、人民軍兵舎の集会場でビールを飲みながら夜遅くまで続き、私にとってこのもう一つのドイツ軍をもっとよく理解する上で役に立った。私にとって、この夜は二つの発見があった。その一つは、彼らが置かれた生活条件の下で、さまざまな理由から、あるいはわれわれと基本的に同じ理由から兵士となることを決心したある世代に対して、どれほど早く理解や同情の気持ちを抱くことができるかである。この場合、彼らは、少なくとも自覚して党と思想への忠誠をやむを得ないものとして受け入れ、また彼らの多くは、東ドイツ政権が彼らをみずからにつなぎ止めるために用意した特権を享受してきた。しかも、彼らの多くは、不正義の政権のために奉仕し、あるいはこれに悪用されてきたことをよく知っていたのである。もう一つ、この晩私にとって明らかになったことがある。それは、二〇世紀のドイツで、兵士の一世代が独裁的なある政権政党によって悪用されたことが二回目になるということである。

犠牲者として長い期間を過ごすほど、犠牲者へのより深い理解、あるいは同情を感じるようになる。私は、もとのワルシャワ条約諸国の兵士たちとの懇談を通じて、何度もこのような気持ちを抱いた。

これは、人質となった者が時間とともにその犯人に対してある種の好意を抱くようになるといういわゆるストックホルム・シンドロームに比較できる。

ドイツの統一過程における私の三回目の国家人民軍との出会いは、一九九〇年一月のウィーンでのCSCEドクトリンセミナーでのことであった。

私は、東西対立を解消させるために重要な役割を果たしたものとして、ウィーンのホーフブルクで開催されたこのドクトリンセミナーを高く評価している。CSCEは、ヨーロッパにおける二つのブロック間の対立を解消させるために決定的な役割を果たした機関といわれる一方で、しばしば過小評価されてきた。CSCEは、もともとソ連の支配領域を固定化するために提案されたもので、それゆえ西側は当初これを拒否したのだが、その後正しい情報によって共産主義思想の無力化をもたらす機構に発展してきた。これは、私の見方では、旧ソ連の重大な誤りだったといえる。

私は、当初連邦軍総監の代表団の一員として、その後週の後半は国防省の代表者としてこの会議に参加した。ここでは、東西ドイツの最高位の軍人、連邦軍総監のディーター・ヴェラースホフ海軍大将と国家人民軍参謀総長のグレーツ中将が会談した。アルファベット順に着席し、彼らは隣り合って座った。

しかし、会議そのものよりも、多数の二国間対話のほうが重要であった。東ドイツ代表団との会談はわれわれにとって初めての経験であり、われわれは緊張していた。

グレーツは、社交的ではあるが東ドイツ軍隊の主体性を維持する必要性を確信している将軍であり、この会談ではドイツの国家的な統一というあらゆるアイデアに、今世紀中には実現不可能な考えとして反対した。彼の提案は、東西ドイツの連邦国家ならば数年以内に可能であろうが、その場合でも一つの国家にそれぞれ別の同盟に属する二つの軍隊を保有すべきだというものであった。二つの軍隊がどのように協力すべきなのか、中でも異なった同盟に所属する問題をどのように解決するのかについては、もちろん結論は出なかった。

われわれの側でも、東ドイツ代表団に対してドイツ統一の考えを表明する権限は与えられていなかった。実際、「2＋4」会談はまだ始まっていなかった。われわれは当時すでに何らかの変化があれば統一に向けて動き出すだろうと信じていたが、それにはたった一〇ヵ月ではなく、まだ数年は要すると考えていた。われわれは、東ドイツ代表団に対して、われわれの長期的な目標が単一の軍隊を持ったドイツの統一であり、統一されたドイツがＮＡＴＯに属すべきであることを繰り返し明らかにした。しかし、われわれはさらに深くはこの問題に立ち入らなかった。

われわれは、どのように協力を推進すべきかの道筋を探り、連邦軍と国家人民軍の間の接触が少なくとも相互理解にとって有効な手段であると認めた国防省に対する報告書の作成について合意した。

これは、思想から自由な、敵対感情によってゆがめられていない両国軍人の間の冷静で具体的な会談であった。この会談によって、私はこれに参加できなかったのだが、二つのドイツの代表団はその後二週間のセミナー期間中にかなり親密な関係を築くことができたが、共通の歴史と言語にもかかわらず、それ以上の成果は望めなかった。そして、合意された接触が実現されたのは、やっと一九九〇年三月の東ドイツにおける総選挙の後であり、それが私の第四回目の国家人民軍将校との出会いをもたらした。

ドゥ・メジエール政権の誕生をもたらした東ドイツ国民議会選挙の数日後、ベルリン近郊のシュトラウスベルクで、最初で最後の東西ドイツの参謀長会議が開催された。出会いの場所は、現在は連邦軍通信・情報学校になっている東ドイツ国防省の会議場であった。

　われわれの側の目標は、軍隊や軍備管理のような国際問題に関する意見交換であり、ドイツの軍隊を統合するための交渉ではなかった。このテーマは、当時はまだタブーであった。というのは、一連の複雑な、同時並行的に行われている政治的会談がまだ決着からほど遠い状態にあったからである。「2＋4」会談での安全保障関連問題の見通しがより明確にならない限り、また、軍備管理交渉においてドイツの軍事力の大枠に関してどのように合意されるかを知らずに、あるいはドイツ駐留ソ連軍の撤退問題に関する解答が出されない限り、統一ドイツの軍隊のあり方に関するどんな考察も、何の役にも立たなかったであろう。連邦政府の立場を確立するための会談は、国防省と外務省の間で二月に開催された。この会談では、共通の見解に到達することが非常に困難な次のような二つの問題点が比較的早期に明らかにされた。それは、国家人民軍の将来と将来ドイツの各州となる領域の安全保障上の地位である。

　外務大臣の方針は、国家人民軍全体の解体と、編入される領域の非軍事化あるいはドイツのみによる非常に限定された勢力の軍隊の駐留のいずれかで、どちらにしても旧西ドイツの領域とは異なった地位に置かれるというものであった。われわれ国防省にとっては、このいずれの立場も容認できないものであり、われわれはこれらの案をドイツの安全保障の利益とまったく一致しないと考えた。国家人民軍の取り扱いに関しては、国防省においても非常に異なった各種の意見が存在していたが、その完全な解体が議論されたことは一度もなかった。その理由の一つは、われわれは東ドイツの武装勢力の引き継ぎに際して国家人民軍の一部の協力が必要だと考えていたので、西ドイツの事情による解体は目的に合わないからである。もう一つの理由は、われわれの誰もが国家人民軍の兵士であり得たし、彼らのような道を歩み、場合によっては罪を犯したかもしれないことを解っていたので、われわれは国家人民軍の兵士にまとめて死刑の判決を下す意図はなかったからである。われわれが第二次世界大戦後の東西ドイツの分割に際して西ドイツで成長したことは、偶然に過ぎないのである。しかし、解体と一部の編入の間には、非常に幅の広い様々な意見が存在した。私は、最初のうち国家人民軍の若干の比較的若い将校だけを編入するという意見であった。私は、連邦軍に大きな負担を与えたものではあったが、最終的に決定された案よりもこの立場のほうが、おそらくドイツ統一の過程に大きな損失をもたらしたであろうことを告白せざるをえない。

シュトゥットガルト近郊のフェルバッハで開催された司令官会議において、このような大規模な連邦軍の司令官会議に先だって行われることが恒例になっている講演の中で、私は、司令官と連邦軍総監に対してこの問題について解説した。私は、非常に正確に組み立てられたこの講演の中で、国家人民軍の各部隊を解体し、少佐以上の階級のすべての将校を退役させ、比較的若い年代の将校団の一部を連邦軍に編入するという提案を行った。もちろん、その上限は、軍備管理合意の結果われわれに科せられる範囲内になる。この提案は、賛成と反対がほぼ均衡する中で、活発な議論を呼び起こした。また、これは、ゲンシャー外相の基本方向に従うのか、あるいはもっと多くの国家人民軍将校を受け入れるのかという疑問に応える必要があった。その後の過程で、私は、私の提案を実現するのではなく、新たな解決策を見出すことができて喜んでいる。それは、もともとの提案と同様に大佐の大部分とすべての将官を退役させるものであったが、それでも国家人民軍の「斬首」という神話を生み出す恐れはなかった。

政治的により困難だったのは、東ドイツの地位の問題であった。私は、三月初めにこの問題に関する話し合いのために、シュトルテンベルク国防大臣を外務省に案内した。外務省の側では、外務大臣、事務次官、政治局長のカストルップと軍縮代表のホリックが参加した。時として意見がまったく対立したこの会談の過程で、シュトルテンベルク大臣は、統一ドイツは、すべてのドイツ人に対して同等な安全を意味することを明確にした。したがって、東ドイツ地域の住民が西ドイツ地域の住民よりも少ない安全しか保障されないような提案には同意できず、拒否されなければならない。外務大臣は、おそらく「2＋4」会談における行動の自由を確保するためであろうが、シュトルテンベルク大臣の方針に反対もしない代わりに態度を明確にもしなかった。「すべてのドイツ人に同等な安全」の原則はすべての参加者に受け入れられたが、それが具体的に何を意味するのかという細部の規定はなされなかった。それによって、NATOの防衛地域を全ドイツに拡大するというわれわれの目標を達成するまでに、なお遠い道のりが残されていることが明らかになった。また、それによって、外務省が「2＋4」会談においてNATO条約地域を東ドイツ地域にまで拡大する問題を十分な明確さをもって、しかも早期に明らかにするかどうかわれわれには確信できないという不安が生じたのである。外務省とのこの会談では、これまで何度も繰り返されてきたのだが、国防省の正式な参加なしにではなく、合意のための正式な機関として「2＋4」会談に国防省から代表者を参加させることが目標とされていた。そうすることによって、われわれは、国防大臣の目標を達成するために、常に意思決定の最高の地位に立ち、同盟国との関係を活用すべきであると考えていた。

シュトルテンベルク大臣は、統一ドイツの地位に関する問題について、一九九〇年三月一六日金曜日の定例記者会見で発表しようとした。彼とわれわれは、自らの立場を公の場で明らかにすることが良いことで必要なことであるとよく知っていたが、われわれは、外務大臣が容認しないかもしれない立場を表明するリスクを冒すことができなかった。このような配慮によって、大臣の最初の記者会見内容は、慎重に、しかしながら明確なものとして準備された。さらに、われわれの外交・防衛問題に関する「専門用語」で、これがすべてのドイツ人にとって平等の安全を意味すると疑問の余地がないように表現されていなければならない。外務省における会談の結果を前提とすれば、われわれは、この中で何の保障も得ていなかった。もっと驚いたことは、記者会見の後の土曜日には既に、外務大臣が非常に厳しい、すでに見出されていたはずの合意を否定するような二つの省の間の争いの存在を認めた新聞記事を発表したことである。一九九〇年三月一九日、月曜日に召集された首相官邸での会議において、首相が国防大臣と同様に統一ドイツが無条件でＮＡＴＯ条約地域に属することを希望したものの、ゲンシャー外務大臣は、彼の指針を暫定的に首相のものとすることに成功した。シュトルテンベルク大臣は、彼の意に反する声明文に署名をしなければならなかった。われわれは、この不安定な時期におけるドイツの安全保障をめぐる「戦い」に敗れた。その中で、われわれは、ドイツの安全と同盟内の地位に関する問題を国防大臣の意図する方向で解決する最終的な可能性は、同盟国の支援の中にあることを理解したのである。

われわれが国家人民軍の代表団とシュトラウスベルクの東ドイツ国防省で会談したとき、すべては過去のことであるか、あるいはまだ流動的な状態であった。会談の雰囲気は実務的であり、われわれはすべての情報を得ることができた。われわれは、シュトラウスベルクで見たことが国家人民軍の真の姿であると感じた。すなわち、非常によく組織され、目的に沿って訓練され、彼らの任務達成に適合し、同盟国のソ連にとって忠実で信頼し得ることをみずからめざした軍隊である。特に目を引いたのは国家人民軍の階級構成であり、定員一六万人の軍隊に対して、四九万五、〇〇〇人の連邦軍と同数の将校がいた。もう一つ目を引いたのは、将校の自立性が低いことである。たとえば、シュトラウスベルクの国家人民軍の大佐が保有している権限は、ボンの大佐と比較して明確に制限されている。さらに印象的だったのは、おそらく願望から出たものであろうが、ドイツの独自性を発展させるのではなく、ソ連をコピーするために努力が注がれていたことである。このことは、もちろん階級によって違うが、冷蔵庫の中味にいたるまで同様であり、私がモスクワで体験したとおりである。

この晩、われわれは、ふたたびシュトラウスベルクでザクセン白ワインを飲みながら、二つのドイツの軍隊における生活やお互いの観察結果について遅くまで語り合った。国家人民軍は、全体として連邦軍について現実的な姿を描いていたが、彼らは、公表されている姿を真実であるとは信じなかった。たとえば、国家人民軍の将校は、われわれの非常に緩やかな週末の即応態勢規則を特定の目的をもったごまかしであるとし、それによって彼らのまったく不合理な高い即応性を正当化していたのである。さらに感じられたのは、上級者と下級者の関係はわれわれの場合よりもずっと厳しく、軍隊の権威と階級の階層制によって特徴付けられていることであった。このような体制は、戦時の過酷な状況には耐えられなかったであろう。これに加えて、相互監視体制によって構成されている全員による全員の統制がある。これがどれほど特異な制度だったかは、われわれが大きな驚きをもってこれを認めざるを得なかったことに現れている。たとえば、シュトラウスベルクの国防省に勤務する将校は、自分の部屋を出るとき、それがどんなに短い時間でもカギをかけた。しかも、そのフロアには国家人民軍の要員しか立ち入れないのである。このような相互隔離と狭い専門領域に限定された知識は、その後の国家人民軍の連邦軍への統合に際して、非常に大きな困難となるおそれがあった。また、これらは、大きな政治的な結果をもたらす可能性があった。このようにして、たとえば、一九九〇年末には、戦車や装甲車のような主要装備品の実際の状況が、東ドイツが公式に認めてきた数を部分的には大幅に上回ることになったのである。

ウィーンの軍縮交渉において、東ドイツは、たとえば二、〇〇〇両を若干上回る装甲車を現状として報告した。しかし、一九九〇年一〇月三日以降われわれが実際に把握した装甲車の数は、八、〇〇〇両であり、これを約四倍も上回っていた。私は、この相違について、これが東ドイツ関係機関の意図的なごまかしであったとは一度も考えたことはない。私は、彼らが実際に本当の数を知らず、相互隔離と統制の制度の下では、知っていてはならなかったと考えている。しかし、このことは、東ドイツがごまかしを試みたことがないことを意味しているわけではない。というのは、東ドイツ指導部の頂点にいる誰かが、本当の数を知っていなければならないからである。しかし、このことは、相互隔離と統制のシステムに完全に対応している。いうまでもなく、国防省は、内務省、あるいは行政諸機関に所属する部隊がどのような装備を保有しているか知らないのである。さらに、私は、当時のソ連指導部が本当の数を知っていたと確信している。現状の数を意図的に低く報告することによって、軍縮交渉において合意された削減数は、報告されていない数の装備で容易に埋め合わせることができる。通常兵器の軍備管理交渉で意図的に検証を困難にするこのような行動に対して、ドイツの違反者がいたのか、あるいはワルシャワ条約諸国の一般的な行動指針だったのかは、前世紀の一九八〇年代末と一九九〇年代初めの軍備管理過程に関する今後の歴史の記述において明らかにされるべきである。

統一を前にした私の最後の国家人民軍将校との会合は、一九九〇年八月末であった。この時点では、統一に関する担当部局は、連邦軍幕僚部の編成部で私が課長だった国際関係課から国防省計画部に移されてから長い期間が経っていた。もちろん、私はその後の変化を観察していたが、一九九〇年一〇月三日以降のシュトラウスベルクにおける期限付の連邦軍東部司令部の設置や、その司令官として連邦軍副総監のシュトルベック中将が就任したことの背景の細部についてここで述べることはできない。その後、私は、私の長い間の仲間で友人のヨルク・シェーンボーム中将を、コブレンツの第Ⅲ軍団司令官にではなく、東部軍司令官にするという国防大臣の決定を喜びとともに聞いた。私は、それによって、異例の任務に適切な人間が見出されたと感じた。彼は、ドイツの現代史に通じていた。そして、彼は、東ドイツ出身の兵士たちと深い内的な関係を確立するであろう。彼にとって、このことは、失われた、しかし決して忘れることのなかった故郷のブランデンブルクへの帰還を意味していた。私は、彼が、その特徴としている厳しさと思いやりの精神によって、東ドイツ出身軍人の心を捉えるであろうと考えた。

この時点までに、当時の東ドイツ国防大臣エッペルマンがこの夏まで長い間主張してきた「一つの国家、二つの軍隊」という方針が承認されないであろうことが最終的に明らかになった。国家人民軍は、統一とともに解体され、その一部の要員は連邦軍に引き継がれる。唯一の冷静な解決策である「一つの国家、一つの軍隊」への到達は、長い、苦労の多い道筋だった。われわれ連邦軍幕僚部の要員は、しばしば時間との戦いに勝てるのかどうかという疑問にさらされた。しかし、それは、このような複雑な問題の解決を放棄することであった。東ドイツの武装勢力を何の問題もなく引き継ぐために、その計画と準備に全部で四ヵ月間以下しかないことは、国家機関の一つとして、あるいは軍隊組織として不十分なことは明らかだった。また、相手の善意に期待する政治的な動機があったとしても、東ドイツの政治家は彼らの任務に圧倒されていたので、必ずしも明確ではないみずからの連立政権、東ドイツの政治家や国防省内部の問題点の中で、シュトルテンベルク大臣の用心深い戦術は、この時期には事実上さらに縮小していった。

このような状況の中で行われた国家人民軍の吸収の準備は、決してドイツ参謀本部の栄光ある業務とはいえなかった。それでも、その後吸収が達成されたのは、旧連邦軍兵士たちのこの作戦に対する大きな意欲と柔軟性、東ドイツに送られた将校の指揮能力や国家人民軍の素晴らしい協力精神のおかげである。チームとしてこの任務を最初に引き受けた旧連邦軍の兵士達は、真の意味で愛国者であった。

一九九〇年八月に行われた私の統一前の会談は、カール次官の指示によるもので、統一条約交渉への短期間の参加であった。この中で、われわれは、国家人民軍兵士に対する最小限の退職金の支払いという他の省庁による抵抗と遭遇した。われわれは、国家人民軍がどのような精神によって指揮されて、われわれと対抗してきたのかを忘れてはならないが、われわれは、その兵士たちの多くがある政権の犠牲者であり、非人間的な扱いを受けてきたことをよく知っているのである。さらに、われわれは、東西がともに協力し合う雰囲気を創り出す必要がある。この際、新しい傷を負わせることは、その反対の効果をもつであろう。

われわれは、大きな抵抗に打克ってわれわれの方針を実現することができた。そして、それは良い結果をもたらした。というのは、私のシュトラウスベルクにおける、中でも国家人民軍総司令部の参謀長グレーツ中将との最後の会談で、彼は、われわれはワルシャワ条約軍の「勝利」に際して、このような思いやりも緩和措置も期待できないことを私に教えてくれたからである。

作戦部長のダイム少将との会談に際して、国家人民軍とは何だったのか、何のために備えていたのかについて記録を作成させるという考えが浮かんだ。われわれは、この問題について満足できるような解答をまだ得ていない。私の書いた『国家人民軍　その建前と実際』という著書も、これに一部しか答えていない。この命題の完全な解明は、将来に残されている。

一九九〇年八月のこの会談は、私にとって、その後連邦軍総監として統一軍隊を創設する過程を目標に適合させるのに非常に役立ったと感じている。というのは、常に関係者と会って直接その意見を聞き、意思決定過程に反映させることが必要であり、民間と軍人の意志決定権者を密接に結び付けておくことが必要だったからである。われわれは、これをその後いわゆる軍事指導委員会東方会議（ＭＦＲ）に改編した。この会議には、連邦軍の各軍総監や何人かの国防省の文官局長ばかりでなく、東ドイツ地域の連邦軍の各軍司令官も連邦軍総監を議長として参加した。われわれは、可能な場合にはいつでも、司令官の参加と同意によって、また直ちに実行できるような解決策を求めて会合した。

国家人民軍将校との会談を通じて、私は、連邦軍が以下のような特別な挑戦に直面していることをますます強く感じた。

一　われわれは、軍隊を軽蔑し、欠陥組織とみなしてきた住民に対して、民主主義の軍隊は国家人民軍とはまったく違うことを示さなければならない。このことは、古い国家人民軍の指導部では不可能である。したがって、すべての将軍や提督、あるいは政治将校と大部分の大佐を退役させるという決定は、正しいものであり、回避できないものであった。

二　その一方で、われわれは、たとえそれがわれわれ連邦軍の兵士を早期に退職させることになるとしても、国家人民軍の人員を引き受けざるを得なかった。このことは、ドイツ統一の目標が、共通に必要なものを共同で創造するのであり、東ドイツを併合するのではないことを明確にするために必要であった。

三　われわれは、われわれにとって今後何年にもわたる使命を課すことになる一つの事業を始めるのである。つまり、連邦軍に勤務する仲間たちに対して、軍隊を民主主義的に指揮するというわれわれの価値体系や方針が正しいことを理解させるために、ともに歩むのである。

この過程は、一九九〇年一〇月三日の統一の日に始まった。私が連邦軍総監を辞めたとき、この過程はまだ完了していなかったが、大きく進展していた。この発展は、個人の努力というよりは、連邦軍全体による共同の成果である。ここで忘れてならないのは、最初にこの問題に取り組んだ人々の愛国心と犠牲的精神である。彼らの能力と、軍隊のこの事業に統一を与えたリューエ国防大臣の無限の支援によって、大きな成果がもたらされた。

一二年後の今日、私は、主要な業務を現場で支えたこのような努力と、軍隊を実際に統一するために元の国家人民軍兵士たちの軍人らしい態度が大きな役割を果たしたことに敬意を表するとともに、連邦軍がこのような困難の中で成長したことを感じている。

連邦軍は、われわれの社会の一部として、ドイツの統一を経験し、これを達成した。連邦軍は、東西ドイツが協力して発展してゆくために、大きな貢献を果たした。われわれ連邦軍兵士は、それによって再び対立を除去するための一歩を進め、改めて和解の架け橋の建築者となった。

ドイツ統一のためのこのような貢献は、内的にばかりでなく、外的にも効果を発揮する。連邦軍は、それによって、元のワルシャワ条約諸国の新たな協力相手に、和解と協力の手を差し伸べていることを示したのである。

4

ロシア人は来て、そして去った——ソ連軍の撤退

　ロシア人が来た。これは、第二次世界大戦の最後の数ヵ月間に起こったドイツ人の悪夢のような恐怖を表す言葉である。この出来事は、確かに名誉あるロシアの、あるいはソ連の軍隊にふさわしいものではない。これらの出来事は、「敗者の痛み」という言葉で呼ばれるのではなく、戦争犯罪と呼ばれるべきであり、ドイツ軍兵士が旧ソ連領土内で犯した多くの行為は、有罪の判決を受けているのである。しかし、以前に同様の犯罪があったことをもって、その後の犯罪が正当化されることは決してない。このことは、ドイツ人に対する戦後の犯罪に対しても当てはまる。ソ連の残虐行為に根ざすトラウマは、旧東ドイツのソ連占領軍によっても解消されることはなかった。上からのあらゆる友好関係の強制にもかかわらず、占領軍はよそ者のままであった。ソ連軍は、一度も国家人民軍の心をとらえたことはなく、その国家人民軍も、国民のではなく、党の軍隊であった。国家人民軍では、多くが「ソ連人」を「友人」と考えることに疑問を抱き、その偽善を密かにあざ笑っていた。

　ロシア人に対する恐怖によって、冷戦時代における西ドイツの政策は、その広範な部分が決定された。しばしば衝撃を与えた暴力的なソ連の政策による反応は、ソ連が暴力に訴えることをためらわな

いという印象を与え、戦後の追放と占領当初の時期のドイツ人に対する犯罪を思い起こさせた。したがって、多数の兵士ができたばかりの連邦軍に志願したのは、ドイツ全体をその圧政下に置くかもしれないソ連に対する防衛が、おそらくその決定的な動機となったことは疑いない。私も、その例外ではない。しかしながら、ソ連の圧力に抵抗するという意志は、決してソ連の人々に対する憎しみ、あるいは復讐心に変わることはなかった。われわれは、量的にはるかに優勢な敵を前にして、圧倒的な物量と不断の装備の近代化に目を奪われ、ソ連とその衛星国の軍隊が、比較的簡単であるが効果的な技術的な改良によってその量的な優勢を質的な優勢に転化していくのをある種の驚きと恐れをもってながめていた。しかし、われわれは、ソ連軍の外的な印象に目を奪われて、ソ連帝国主義の影の部分を見落としていた。われわれは、ワルシャワ条約軍の人々が下からの自発性を認めない体制を強制されていることに気が付かなかった。というのは、このような自発性は、ある程度個人の自由があることを意味しており、これがなければ最新の技術を利用することはできないからである。われわれは、われわれの思想や指揮の原則をソ連の体制に投影していた。したがって、われわれは、ワルシャワ条約軍の能力を過大評価してきたのである。また、われわれは、ソ連に対する核兵器の使用に関するわれわれの思想を同様に相似的であると考えていた。これは、場合によっては悲劇的な誤りになったかもしれない。ソ連は、少なくとも八〇年代までは、最初から戦術核兵器を使用するつもりであったと推測し得る十分な証拠がある。しかし、中でも西側の人々は、ソ連とその衛星国がどんなに過剰軍備に陥っていたかを十分に認識できなかった。ソ連は、軍事力以外には何も持たず、しかも核戦争に拡大する危険を冒してでもこれを使用するほかなかったのである。このような認識は、まさにソ連の体制を内側から変えていこうとするゴルバチョフの試みの動機となった。彼は、このため、確かに軍備の重圧を軽減しようとしたが、ソ連の圧倒的な軍事力の優越は決して放棄しなかった。ゴルバチョフが首相だった時期に、生物兵器の生産が条約に反して秘密の中で継続されていたことは、その明らかな証拠である。ゴルバチョフ首相というソ連指導者の下で、彼自身は共産主義者のままであったが、これまでとはまったく違って、「ロシア人がやってくる」という危険は後退した。それどころか、非常に遠い将来には、ソ連人がいつかドイツから退去する機会が見えてきたのである。

一九八七／八八年の連邦首相の指示に基づいてボンの国防省がソ連との接触の制度化を開始したときには、撤退はまだ選択肢に含まれていなかった。これは、まず対立から協調への道を見出すことにあった。ソ連参謀本部と連邦軍総監部の代表者は、異なった陣営に所属しているにもかかわらず、いったいどのようにして、どのような分野で協力が可能なのかを見出すために、非常に厳格な秘密保持の下で会合した。最初の前提は、モスクワで首相を訪問するのは、国防大臣と少人数で構成されたドイツ代表団と決められていた。一九八八年一〇月のこの訪問を準備するのは、連邦軍総監部第Ⅲ部長に就任して一週間目の私の担当とされた。まさに、寝耳に水の驚きであった。われわれは、ショルツ国防大臣の訪問受け入れの準備に関して予想されるソ連側の議論を全部摘出するという、この前例のない訪問を準備した。われわれの目標は、ソ連側との軍事的関係の受け入れに相互に合意することであった。というのは、われわれは、ヨーロッパの永続的な安全は、ソ連との対立によってではなく、ソ連とともにのみ達成し得ると明確に考えていたからである。

モスクワに着陸し、モスクワの町を車で走るのは、独特な気分であった。おそらくこれは、私が一生の間に自由な人間としてソ連の国内に立ち入ることなど考えてもいなかったからであろう。われわれは、交渉の休憩中、夜間に目標のシベリア鉄道の駅までモスクワの地下鉄に乗り、強い印象を受けた。そこでは、ロシア人たちが切符を買い、列車を待っていた。このことは、誕生から死までの人間の一生の全体を鉄道の駅で見ることができたようなものであった。

世界第二の超大国であるが、実際には貧しく、搾取された国家であるソ連のこのような印象よりももっと重要なことは、ヤゾフ国防大臣との会談であった。この会談は、まず古くから知られている東西対立の方向に沿った非難の応酬で始まった。ヤゾフ国防相は、この中でショルツ国防大臣に何の贈り物も差し出さず、彼の側の落ち度になることもしなかった。会談は、何の成果もなく終わった。われわれ、ヨルク・シェーンボームと私は、ホテル・ロシアに帰り着いた後で、ショルツ大臣に、どんなことがあってもソ連側に提案した対話への合意を懇願することはしないように助言した。そして、われわれは、この会話が盗聴されていることを十分知りながら、翌日のゴルバチョフとの予備会談において、われわれが対話を提案したのに対してソ連側は何の反応も示さなかったこと淡々と報告することをショルツ大臣に提案した。われわれは、まさに翌日明らかになったように、この会談の議題に関して対立点はなく、予備会談においてソ連側の同意が得られるであろうと考えていたのである。

対話の実施については合意され、私は、まもなく一九八九年初頭にはスタルドゥボフ中将に率いられたソ連の代表団にボンの国防省で挨拶することになった。われわれは、この会談をまったく開放的に、誠実に実行した。そこでは、両方の側がどちらの陣営に属しているのかという疑問は一度も浮かばなかった。私は、この会談で、二〇世紀の悲劇的な歴史を知るわれわれドイツ人は、ソ連との間の平和と和解を追求してきたが、彼らは、理由のない過剰軍備によってわれわれに脅威を与えてきたことを繰り返し述べた。私は、スタルドゥボフ中将や他のソ連人、あるいはその後のロシア人の協力相手に対して、西側同盟への参加というわれわれドイツ人の決定が変更不可能であることを繰り返し明確に、また真剣に主張した。また、私は、われわれに対するソ連の攻撃に際して、西側の行う反撃をできる限り早期に、効果的にソ連の領土に対して指向することに、モスクワは決して幻想を抱いてはならないと常に厳しく主張していた。このような場合に、攻撃を実行した側に耐え難い打撃を加え、それによって妥協を強要することは、われわれのもっとも緊要な意図なのである。その一方で、私は、ＮＡＴＯはその兵器を決して最初には行使しないという西側の安全保障政策の基本について、繰り返し説明した。したがって、ＮＡＴＯの攻撃に対するソ連の恐怖には、まったく根拠がないことになる。ソ連の人々はわれわれを人間として信頼したのだが、ソ連的な思考では理解できない体制を信頼していなかったのだと私は思う。われわれのソ連の仲間は、みずからの体制をわれわれのものと重ね合わせ、表明された政策と現実の政策の間には相違があると想像したのである。

これに加えて、ソ連のような陸軍国がＮＡＴＯのような海洋国の同盟を理解することの困難性とソ連の劣等感があった。その結果、ソ連は、みずからが包囲されていると感じ、あるいはそう信じており、アメリカはソ連が弱体化するのを待って、これを攻撃に利用するであろうと考えていたのである。これは、私にとって、次のような事例ではっきりと示された。元参謀総長で現在は大統領顧問のアフロメイエフ元帥がゴルバチョフとボンを訪問したとき、連邦軍総監のヴェラースホフ提督と会談したことがあった。総監は、手書きの地図を持っていた。この地図には、ＮＡＴＯの最後のＷＩＮＴＥＸ演習におけるソ連の状況が再現されていた。この地図は完全なものではなかったが、悪くはないものであった。アフロメイエフは、それによって、ＮＡＴＯが実際にソ連に対する攻撃を計画しており、核兵器による国家の撃滅を意図しているという彼の理論を確認したのである。彼にとって、米海軍や同盟国の様々な作戦グループは、ソ連が包囲されていることの証拠であった。それに加えて、ソ連は、西側の既知の兵器システムの背後には、未知の巨大な破壊力をもった秘密兵器が存在すると予想していた。これは、またもやソ連の考え方を西側の行為に当てはめたものであり、みずからのやり方の知識から生まれ、自由で民主的な社会に対する不十分な知識によって強化されていた。このような社会では、実際にものごとを秘密にしておくことは、不可能なのである。私はアフロメイエフをまさしくロシアの愛国者であると認めたが、彼はわれわれの見方に同意しなかった。不信の壁はあまりにも高かったが、彼は少なくとも疑問を感ずるようになった。

理解を得るための前提条件として疑問を生じさせることは、最初の数年間における西側とソ連の、後にはロシアとの接触によってわれわれが達成した最大限の成果である。しかし、私は、すべてのNATO諸国の数千人ではないにしても数百人の将校が、東側が開放された最初の数年間に、誤解を取り除き、理解のための架け橋を造るために終わりのない対話を試み、これに成功したことを強調したい。彼らは、東西の軍事的対立に終止符を打った一九九〇／九一年に、一九八九年にはまだまったく不可能なように見えた多くのことがらを可能にする上で、大きな貢献を果たした。これらの接触や対話は、両方の側を変化させるように働いたが、現在の二〇〇二年夏の時点で、このような変化が後戻りせず、東西対立の再発が永久に阻止されたといえるかどうかはまだ確実ではない。達成されたのは、対立による交流の断絶が対話と相互に聞き合う関係に取って代わられたことである。これは、小さいが重要な第一歩である。また、安全が、対立によってではなく、常に相互の協力によってもたらされるという理解が両方の側で広まったことは、大きな成果である。

この過程で、われわれドイツ人は、アメリカ人とともに主要な役割を果たした。われわれがこのような役割を果たすことになったのは、二つの国家の二〇世紀における悲劇的な運命によるのか、ナポレオン戦争のような共通の試練に対するロマンチックな思い出によるのか、本質における同質性やドイツ人の優秀さに対する尊敬からなのかは、よくわからない。ソ連の、あるいはその後のロシアの軍人がドイツとの協力にどのような希望を抱いていたのかは、まもなく明らかになった。参謀本部の部長レベルであれ、あるいは参謀総長レベルであれ、すべての会談相手は、このことを明確に示した。そして、これは、和解を求めていたわれわれにとって、歓迎すべきことであった。その後、一九八九年の壁の崩壊後は、ドイツの統一が幻想から現実の問題となり、われわれは、信頼醸成に不可欠の要素としてこのような会談を必要とするようになった。

われわれは、われわれ二ヵ国の将校が会同し、明確に定義された、特に微妙な問題を含まない任務分野における協力を実現させる年間の、あるいは二年間の計画に合意した。もちろん、われわれは、同盟国やＮＡＴＯにもれなく通知し、中でも、われわれの同盟国がそのモスクワでの接触についてわれわれに知らせてくれる場合には、いっそう詳しく通知した。それによって、われわれは、ドイツ人だけが勝手に特別な道を歩むのではないことを証明したのである。一九九一年以降のこのような定期的な接触の成果は、ますます幅広い分野で信頼が強化され、若い世代のロシア軍将校がいっそう開放的になったことである。最初のうちは、ソ連側の何人かが、ドイツをＮＡＴＯ内で孤立させ、あるいは脱退させることを考えたかもしれないが、われわれは、この会談を通じて、連邦政府の方針を明らかにし、このような期待を早期に打ち消した。一九九〇年の初頭には、両陣営がどのような立場にあるかについてわれわれは共通の認識に達した。ロシア人たちは、ＮＡＴＯへの加盟はドイツにとって不可欠であり、それゆえ交渉不可能な問題であると知っていた。このことが、常に明確されていたので、最終的にはドイツの統一が不可避であるというモスクワの状況判断に寄与したのである。

ドイツ・ソ連の二国間対話のこのような過程は、米国、英国の、あるいはフランスの同様な努力に根ざしていた。特に、フランスは、エリゼー条約のまったく一方的な解釈であったが、軍事サイドでも、あるいは大臣レベルでも情報提供は一切なかった。これは、一九八九年秋に浮上したドイツ統一の機運にミッテラン大統領が反対したことを見れば、フランスにとっては一貫した態度だったのである。

このような兵士の間の対話によって、多数のＮＡＴＯ諸国の兵士たち、中でもドイツとアメリカの兵士たちは、話し相手であるソ連の兵士たちの頭にある西側の軍備に対する過大な推定ではなく、現実的な基盤を与えることに成功した。若手の大佐たちの多くは、われわれ西側の話し相手が、みずからの将軍たちよりも彼らと開放的で率直に話していることに気が付いたであろう。ソ連の将軍たちこそ、情報から遮断され、断片的な情報しか与えられなかった共産主義体制の犠牲者だったかもしれない。東西の兵士たちは、壁の崩壊とソ連の終焉までの年月に、西側はソ連の弱点をみずからのために利用することはないとソ連指導部に信じさせるような基盤を静かに、誰にも気付かれずに構築していたのである。

ドイツ統一を容易にし、あるいはソ連の終焉を受け入れさせることに関して、このような信頼関係がどのような意味を有するのかを最終的に評価するのは、時期尚早である。

私は、ソ連にとっては前方の緩衝地帯を放棄することを意味するので、これが意味のないことでは決してないと思っている。伝統的な大陸国家であるソ連は、西ヨーロッパからの再度の侵略に対して防衛するために緩衝地帯を必要であるとみなしてきた。一九八九／九〇年のできごとを評価するときに常にいわれるように、ドイツ統一を承認することは、ソ連にとってはロシアがかつて獲得した最大の安全保障を放棄することを意味している。ソ連は、そのドイツ統一の承認によって、二、〇〇〇㎞も西に広がっていた前方の緩衝地帯を失うのである。おそらく、この戦略的な問題よりもっと重要なのは、この問題の心理的な側面である。この緩衝地帯は数百万人の犠牲によって獲得されたものであり、ドイツの放棄は、ソ連軍のアイデンティティーである「大祖国戦争」の結果を否定することにつながるからである。したがって、ただ単に保障を与えるだけでなく、名誉あるドイツ駐留ソ連軍（GSTD）の撤退を可能にしなければならない。連邦軍の兵士たちは、GSTDが撤退する四年の間、決してこの視点を忘れたことはない。われわれは、ロシア人がドイツの主権を尊重し、客として振舞うように大きな注意を払った。このことは、ほぼ五〇年の間占領軍であった彼らにとって容易なことではなかったであろうが、われわれはそのために最大の努力をしたのである。このような精神的な支援の明確な姿は、一九九四年九月、ベルリンで行われた撤退の儀式で示された。ロシア人たちは東ドイツにおける約五〇年間におよぶ駐留の間に友好関係を結ぶために何の努力も払ってこなかったにもかかわらず、この儀式は大変荘厳なものであった。しかし、この別れは、われわれが行った多くの支援の結果でもある。このような支援には、帰還兵士のための大規模な住宅建設からソ連のGSTD最高司令官による連邦軍総監への表敬訪問を遠慮することなどが含まれている。さらに、GSTDの編成上の能力についても、述べておく必要があろう。

四五万人の兵士、一五万人の文民、数万両の戦車、装甲車、火砲、数千機の航空機と信じられないほど大量の弾薬を、四年足らずの間に大きな事故もなく撤退させたことは、素晴らしい実績である。ソ連の兵士たちは、まさにほとんどがドイツと一九九〇年までは敵とみなしていた連邦軍に対する良い想い出とともに彼らの故郷に帰っていった。一九九四年、私は、ハレ・ザーレ地区から撤退した第一二七自動車化狙撃師団の将校や彼らの妻たちからこのことを聞いた。彼らは、今日、カスピ海の北の荒涼とした村の粗末な住居に住み、ハレでの生活を天国のようだったと涙を浮かべて話していた。

われわれ兵士たちは、ロシアの兵士たちにわれわれが彼らを敵とはみなしていないことと、われわれが率直に理解と和解を求めていることを、この四年間にドイツの国土においてお互いに示すことに成功したと私は確信している。われわれは、当時苗を植え、それが一九九四年九月末に統一ドイツの首都であるベルリンをＧＳＴＤの最後の兵士を乗せた列車が出発するという大きな収穫をもたらした。

占領者から友人になることを理解しなかったロシア人はドイツから去り、われわれは彼らが再び来ることがないようにさまざまな手を打った。一九四五年の悪夢は消え去った。いや、それ以上に、われわれは、ドイツの国土における戦争も、二〇世紀の人質も過去のことになったと確信をもって言える状況に到達したのである。ドイツは統一され、ヨーロッパの分割は克服された。われわれ兵士たちは、ここでも過去の溝に橋を架け、永続的な平和をめざす活動に貢献することができた。二〇世紀の三つの大戦争が、信じられないような結末を迎えたのである。数日後、われわれの友人となった西側の占領国は、「今こそ皆神に感謝せよ」の賛美歌が鳴り響く中をベルリンのブランデンブルク門から出発した。そして、この歌声こそ、ドイツの兵士たちにとって、歓喜の歌声でもあった。

5

ポーランドを得てロシアを失う――ＮＡＴＯとロシア

一九九六年から一九九九年までのＮＡＴＯとロシアの関係を表面的に見れば、このように言い表せるかもしれない。この期間、私は、ＮＡＴＯ軍事委員会議長（ＣＭＣ）としてこの関係を共同で形成し、その発展を観察できる立場にあった。

私にとって、ＮＡＴＯ－ロシア関係は、ＣＭＣとしての三年間における個人的な四つの課題の一つであった。他の三つの課題は、フランスをできる限り緊密な軍事的統合の中につなぎ止めておくこと、ギリシャ－トルコ関係を改善することおよびＮＡＴＯ拡大の最初の段階でわれわれの隣国のポーランドとチェコを加盟させ、またハンガリーもその仲間に入れることであった。私は、ヨーロッパの分割を終結させるために、これらの国々が先導役を果たすことを期待した。

多くのＮＡＴＯ諸国の兵士、あるいはまさに連邦軍の兵士たちは、彼らの多様なロシアとの二国間関係において、ロシアとＮＡＴＯの間の協力的な関係のための望ましい基盤が形成されることを強く期待した。もちろん、これらの関係は、その性格においてさまざまであった。アメリカとロシアの関係は、遠く冷戦時代にさかのぼるので、まさにもっとも厳しく、もっとも長い過去をもっている。アメリカとロシアの両陣営は、相互の核兵器による破壊を制御可能なものとし、使用の可能性をより低下させることに努めているので、この関係に死活的な利害を有している。みずからの弱点をよく知っているロシアにとって、核兵器は、ソ連が争う余地のない世界「第二位」であったし、現在でもそうであるというフィクションを現実のものとするために役立ってきた。

イギリスとフランスも、同様に冷戦時代にさかのぼる関係を持っている。その根拠は、戦勝四ヵ国体制と核大国としての地位である。両国は、壁の崩壊後も、このような関係を維持するために、真剣な努力を払ってきた。彼らは、われわれが行ったようには、これに関してわれわれに包括的な情報を決して与えようとしなかったが、われわれの仲間であるロシアは、これを補完するための情報を十分与えてくれた。これは、冷静な「実務的な関係」であり、ロシア人は維持すべきであると信じているのだが、彼らは、アメリカとの関係とは反対に、われわれとの関係を死活的であるとは考えていなかった。その他のNATO諸国は、努力はしていたのだが、ロシアとの間で儀礼的なもの以上の関係を結ぶことはできなかった。

われわれの二国間関係については、私がすでに述べた通りである。私は、この際、彼らがわれわれに好意を持ち、ロシア人の側にはしばしば親しみと尊敬の入り交じった気持ちが現れていたということができる。ロシア人は、永続的な関係が二〇世紀の二度にわたる悲劇によってロシア民族とわれわれドイツ人に大きな犠牲がもたらされた過去を繰り返さないことに寄与すると考えていた。ロシア人は、統一ドイツの大きな能力を知っており、ドイツが狭い民族国家の枠を越えたヨーロッパにおける、ヨーロッパのための責任を引き受けざるを得ないことを理解していた。ロシア人は、責任があり、その責任を口にするが、同盟国に対する影響力によって方向を示すような責任を果たす用意ができていないわが国の多くの人々よりも、明確にこのことを知っていた。

私は、軍事レベルにおける二国間の国際的な接触を通じて、このドイツの責任を意識していたが、ドイツの側に遅れが生ずること、つまり軍事力にかかわることについてことさら自制的であることにも理解を求めた。私は、ロボフからコレスニコフとサムソノフを経てクワシニン上級大将にいたるロシアの参謀総長に対して、ロシアはかつての二極世界における第二位の地位を要求することはできないが、偉大なユーラシアの大国としての地位によって十分尊敬に値することを繰り返し述べた。私の試みは、特に、ソ連が以前行ったように恐怖と脅威によってではなく、信頼によって尊敬を獲得するほうが長期的には望ましいことをロシア人の交渉相手に理解させることであった。あまりに多くのロシア人が、過去の方式によって考えようとし、あるいは考えていた。しかし、一九九六年二月一四日、私がＣＭＣに就任したとき、信頼の基盤は築かれていた。この機関の重さと影響力は、欧州連合軍最高司令官（ＳＡＣＥＵＲ）の役割が過大評価されていたのとは反対に、ドイツでは米国と同様に過小評価されていた。

一九九六年のロシアでは、ワルシャワ条約機構の慣例を鏡に写った画像のようにＮＡＴＯにも適用していたので、これとは違っていた。彼らは、ＣＭＣは、アメリカの同意を得たならば、かつてソ連の参謀総長の言葉がワルシャワ条約機構の最終決定だったように、方針を定め、これに同盟国を従わせることができると考えていた。

ＣＭＣは、常に積極的に意見の形成に努力し、私自身もそれに成功してきたといえるが、彼は、そのために事前に各国がどのような立場にあるかを理解し、できれば彼が合意可能あるいは望ましいと考える見解を提案し、これに対するある国の支援を得ることに努力しなければならない。この提案は、自国のものではない方が望ましい。というのは、自国の立場を実現するためにいわゆる下働きとなるほど、CMCの立場を弱めることはないからである。これを試みる議長は、軍事委員会の中で直ちに孤立するであろうし、もっと悪いことに、NATO理事会における議長の影響力は最低になるであろう。理事会におけるCMCの役割は、本来彼の影響力の源泉である。それ以上に、議長は、NATO理事会では、ヨーロッパと大西洋における二人のアメリカ人の最高司令官が非常に愚かな場合、ある種の対決を招くことによって、屈服させることさえ可能である。そのために、彼は、アメリカを含むすべての参謀総長の留保を必要とする。私は、かつてNATO理事会でSACEURと顔をつきあわせて対立したことがある。しかし、これは避けるべき事態である。というのは、参謀総長、最高司令官とCMCの意見の一致によって、NATO理事会における軍事的意見の重みが増すからである。CMCは、理事会のすべての会議に参加する唯一の軍人である。その会議には、どの国をNATOに加盟させ、どの国を加盟させないかを政府又は国家の代表だけが決定する一九九八年のマドリード会議が含まれる。

その一方で、理事会の役割は、ロシアの軍人が最初は正しく理解できないものであった。彼らにとって、場合によっては軍人の意図に反する決定を行う政府機関は想像もできないものである。それ以上に、理事会がアメリカの意図に同意しない場合もあることは、彼らにとって信じがたいことであった。誤った推測を前提とした同盟関係の実現とこれをワルシャワ条約機構と対等に位置づけることは、これまでずっとロシア側の誤解の原因であったし、これからもそうである。

したがって、協力のための前提条件として信頼関係を築くことは、まず、ロシア人の協力相手に対して、同盟がどのように機能しているかを大きな透明性の中で明らかにすることを意味していた。それによって、かつてのワルシャワ条約機構の仕組みをＮＡＴＯにそのまま当てはめることを止めさせるためである。このため、情報公開によってＮＡＴＯに対する信頼を醸成することは、私にとって最初の一歩であり、これに第二段階として協力の可能性を探ることが続いた。しかも、信頼醸成段階では、われわれはすでに国家として大きな投資をしてきたのだが、ロシア側は、ＮＡＴＯとワルシャワ条約機構を同一視することによって理解が困難になったばかりでなく、大陸国としてのロシアは、ＮＡＴＯのような海洋国家間の同盟の思想を理解することが困難であったし、現在でも困難なのである。ロシアは、その長い歴史の中で常に大陸国としてのみ敵を経験し、これに備えてきた。しかし、突然有力な海洋国であるアメリカに率いられた海洋国家間の同盟のＮＡＴＯに直面し、ロシアは、核兵器の重要性が低下してゆく中で、ソ連の崩壊によってもたらされたロシアの弱点を西側によって利用されるのではないか、さらに隘路に追いやられるのではないか、あるいはソ連時代に感じていた包囲の恐怖が包囲シンドロームにまで強められるのではないかという不安を抱いている。このような色眼鏡を通して見た場合、あるいはそれ以上に自由主義諸国の調整・秘密保持能力を完全に過大評価している場合、西側特にアメリカのあらゆる行動は、ワシントンによって操縦されている基本計画に従って、ロシア自体をまず弱化させ、それから支配するために、ロシアにとって戦略的に重要な前方地域を奪い去ろうとしているように見えるであろう。

このような色眼鏡で見た場合、ポーランド、ハンガリーやチェコのＮＡＴＯ加盟を求めるドイツの圧力は、アメリカの明白な意図とコーカサスからキルギスタンにいたるまでのトルコの活動とともに、ロシアにとってもちろんワシントンによって統制された「衛星国」による旧ソ連の前方地域をＮＡＴＯへ吸収するための攻撃そのもののように見えた。ロシアの軍人は、ロシアの政治家のこのような包囲される不安をさらに強めた。というのは、彼らは、ロシア軍の衰退をその目で見ており、ロシア軍の大部分が劣悪な状態にあることを知っていたからである。彼らは、元のワルシャワ条約諸国からの撤退が、軍隊の主力にとってヤルタとポツダムでの協定の修正であり、大祖国戦争での犠牲者に対する裏切りであり、あるいは戦略的な敗北であると見なされていることをよく知っていた。このことと、市民の間における一般的な軍隊の低い評価によって、ロシア軍は心理的に大きな挫折を味わった。さらに、真の改革ができないことが追い打ちをかけた。というのは、費用の問題が第一であり、九〇年代の国防予算が実質的に減額となり、インフレが進行していたにもかかわらず、過剰な人員、特に多数の将官を抱えていたからである。しかし、徹底的な改革が行われず、お互いに独立した各種の武装組織がそのまま残されていたことから、ロシア軍の戦闘力は、年々低下していった。九〇年代における軍隊の日常生活は、本当にひどいものだったに違いない。私は、ロシア軍の状況は今でも変わらないと思っている。モスクワの参謀本部にとって、その結論は明らかである。ロシアは、NATOの攻撃を阻止できないであろう。ということは、ロシアの側で早い時期に核兵器が使用されることを意味している。NATO諸国の誰一人としてロシアを攻撃する者はいないことをモスクワでは知っていたにもかかわらず、二〇〇〇年初頭にプーチン大統領が承認した軍事ドクトリンには、このことが明確に示されている。

このような状況の中で、一九九四年のブリュッセルでのNATO首脳会談で決定されたNATOの拡大過程が開始されたのである。そして、NATOの拡大は、ソ連時代から引き続いてロシア外務省の指導的な地位の人々にとって、NATO拡大の年である一九九九年においても、脅威や屈辱として受け止められていた。また、NATO拡大の意図は、ドイツ統一前夜にアメリカのベーカー国務長官が当時のソ連に対して表明した約束を偽り、破るものであると見なされていた。

このような約束の存在は、西側によっていつも否定されてきた。一九九〇年、私は、軍事政策部長として、このような協定を当然知るべき地位にあったが、一度もこのような協定について知らされたことはなかった。また、興味深いことに、当時のソ連外務大臣で、現在はグルジア共和国大統領のシュワルナゼは、一九九八／九九年に、このような約束を知らないと公式に認めた。さらに注目すべきなのは、ゴルバチョフ元ロシア大統領が、一九九九年一一月にベルリンの壁崩壊一〇周年を記念した行事において、ブッシュ元大統領とコール元ドイツ首相との公式の会談に際して、そのような約束が存在したかどうかという直接的な質問に以下のように答えていることである。

「私は、ここでは二つのことが混同されていると思う。中でも、われわれが条約に調印する際に定めた――第5条3項には、旧東ドイツ地域には核兵器を一切配備しないことが示されている。その外に、NATO軍に属するドイツ軍部隊を含むNATO部隊を旧東ドイツ地域に配備してはならないことと、ソ連軍の撤退が完了して初めてドイツの主権を行使するためにドイツ軍を配備するが、その場合でもこの地域にNATOの兵器を配備してはならないことが合意された。そして、これらはすべて実行された。

私は、なぜコール氏やベーカー氏と条約を締結しなかったのかとしばしば質問される。しかし、それは不合理だし、無意味でさえある。当時、NATOが東に向けて進出するということは、ワルシャワ条約機構に向けて前進することを意味している。ワルシャワ条約は、当時まだ存在していた。そして、ワルシャワ条約は、一九九一年七月一日に初めて廃止されたのである。したがって、このことは、NATOが東欧諸国と戦争を始めることを意味していた。そして、私は、当時われわれはすべてを正しく決定したと思う。問題は、ソ連がもはや存在しないことにある。そして、それによって、すべてがいくらか不安定になった。それは、ヨーロッパだけでなく、全世界に及んだ」(『ヴェルト・アム・ゾンターク』四六号、Ⅲページ、一九九九年一一月一四日号)。

ブッシュ元大統領は、司会者のティモシー・ガートン・アッシュの「……これは神話、あるいは童話だろうか」という質問に対して、「そう、私は、実際に何も具体的なことは決定されなかったと思っている」と述べて、一九九四年の時点でソ連・ロシア外務省がなおも世論操作を試みていたことを証明している。

このような約束は、何も存在していなかったようである。同時代の証人として、私は、一九九〇年にはまだ存在していたソ連とワルシャワ条約機構を前提として、NATOの東方拡大を考えた人は誰もいないことを付け加えることができる。当時もっとも苦労したことは、ソ連軍が駐留している間は、ドイツを含むNATO軍部隊が旧東ドイツ地域に配備できないことであった。この合意は、ゴルバチョフが述べているように、正確に遵守された。このような理由から、旧東ドイツ地域のドイツ軍部隊は、一九九五年一月一日に初めてNATOの指揮下に入ることが承認されたのである。

それにもかかわらず、伝説は生きている。NATOが二〇〇二年に次の拡大を決定し、そこでは私が期待したようにバルト三国の加盟が話し合われるときに、ロシアのイワーノフ外務大臣のような過去の思想にとらわれた人物が、歴史の中から再び登場することを完全に排除することはできない。ロシアの合意のもとで決められたCSCEとその後継組織であるOSCEは、それぞれの国家が所属する同盟を自由に選択できることを決めていることから、この伝説は、特に政治的・国際法的に不法である。しかし、ロシアの状況にとっては、この童話はその重要性を失っていない。というのは、この童話は、西側、特にアメリカは、ロシアを弱体化させるために何でもできるという誤った思想を強化するからである。その一方で、この童話は、正当性を維持している。というのは、このような童話がなければ、あまりに多くのＮＡＴＯ諸国がモスクワからのまったく不合理な要求に対して何の反論もできないからである。何の反論もできなければ、二重の意味で決定的な効果がもたらされる。第一に、ロシア政府がその世論を自由に操作することを容認することになる。第二に、弱い反応しか示さないロシアの権力者への協力者をただ増やすことになるだけだからである。

一九九六年七月のベルリンにおける外務大臣会議以降、ＮＡＴＯがその拡大過程を着実に実行に移してからの前史や事実はすでに明らかである。このとき、われわれはポーランドを味方とするためにロシアを失うことを望んだのであろうか。

もちろん、ＮＡＴＯは、それを望んだのではない。ＮＡＴＯは、そのために「外的な適応」、すなわちヨーロッパの変化した状況に同盟を適応させることが必要であった。これは、最初から以下の三つの関連する要素と結びついていた。すなわち、拡大過程をロシアとウクライナとの平和のための協力関係や戦略的な協力関係の発展と結び付けることである。このような結びつきとこれに平行して行われる同盟の内的な適応によって、ＮＡＴＯは、ロシアに対抗することを企てず、すべての措置は可能な限り大きな透明性の中で実行されることを明らかにしようとした。

ＮＡＴＯの軍事機構は、これに伴って決定的な重要性を持つことになった。というのは、大陸的な思考方法をとるロシアの軍人たちに、ＮＡＴＯの拡大が東方に約一、〇〇〇㎞の地域を獲得してロシアに対する攻撃のために有利な地位を占めるために利用されることはないと説得する必要があったからである。この任務は、まず軍事委員会議長とその幕僚が果たすことになった。

もちろん、そのために個人的な接触が必要なことは私には明らかだった。このため、私は議長に就任してまもなく、モスクワの参謀総長と対話を開始するために、連邦軍総監時代に信頼関係を築いていたコレスニコフ陸軍大将に手紙を書いた。有り難いことに、ロシア人は、ただちに反応したわけではなかった。というのは、われわれの側に、軍事的な接触に対する個々の国々の大きな留保条件があったからである。その原因は、様々であった。フランスに率いられたある一派は、軍事的接触は、もし行われる場合、原則として基本的な問題に対する政治的合意の後で初めて実行されるべきだとしていた。フランスは、軍人に対して非常に狭い行動の自由しか与えていなかった。

もう一つのグループはアメリカ人たちであり、彼らの主要な関心は、NATOの行動をみずからの二国間関係における行動と対立させないことにあった。しかも、アメリカの行動は、同盟に対して一度も包括的に明らかにされたことはないのである。同盟のこのような不決断がもたらした結果は、私にとってこれまで経験したことがない、NATO理事会の方針への完全な服従であった。みずからの主体性はほとんど、あるいはまったく発揮できなかった。それによって、戦略的構想あるいは拡大過程に関する本当の意味で大きな透明性と包括的な情報をもってロシア理解させることがきわめて困難なことが明らかになった。私のモットーである「われわれは彼らに情報をふんだんに提供しなければならない」は、軍事委員会では承認されていたが、まだいくつかの国々がNATOの内的な適応に関する情報を狭く解釈していたので、NATO理事会ではまだ承認されていなかった。軍事委員会では、われわれは、情報公開に関してNATO理事会に従わざるを得なかった。その結果、われわれはまったく遅れをとることになった。メディアが理事会の会議結果を報道し、これが常に先行したからである。このため、ロシアの協力相手は、われわれがこのニュース以上の内容を持っていなかったので、われわれがこれまで同様に彼らに本当の内容を秘密にしていると考えた。

交渉の初期の段階でいわゆるノン・ペーパーとして私がソラナ事務総長に示し、これが後に「NATO－ロシア基本条約」に結実し、あるいは戦域弾道ミサイル防衛（TMD）までにわたる防空態勢を含む航空状況図を作成するための協力のような進んだアイデアは、このような状況ではとても実現できなかった。私は、NATO理事会への従属とそれによってチャンスが失われたことに対して軍事委員会で遺憾の意を表明したが、状況は変わらなかった。残念ながら二〇〇二年初頭に事故で亡くなったエリツィン大統領の安全保障顧問アレクサンダー・レベドがブリュッセルのNATO総司令部を訪問した際、私の構想が必要で、しかも正しかったし、現在でもおそらくそうであることが示された。私との一時間の会談が予定されていた。私は、レベドを会談場の回廊に沿って当時は非NATO国の訪問者がまだ立ち入ることができなかった国際軍事参謀部に案内した。彼は、すでに私から多くのことを聞き、私が非常に友好的な言葉で迎えてくれたことに感謝した。私は、彼とまったく同じ気持ちであり、明確で開かれた意見交換によってのみわれわれはNATOとロシアの協力のための基盤を創造することができるので、この会談を楽しみにしていたと答えた。レベドはすぐさまボールを握り、われわれと平和的な協力のための道を拓くためにブリュッセルに来たのだとこのボールを投げ返した。彼は、その人生の中であまりに多くの若者が無意味に死んでゆくのを見てきたし、それを終わらせたいと願っていた。私は、レベドがこの目標の達成を真剣に願っていると信じ、戦争を防止するためにあらゆる努力を傾注する用意があるとお互いに完全に同意するであろうと答えた。代表団との会談には当時の外務次官アファナシェフスキーも参加しており、私は、この機会にNATOがロシアを攻撃する意図も軍事的能力も持たないことをレベドに示そうと考えた。私は、彼にNATOボン宣言に箇単な文章で表現されている「われわれは、攻撃されて初めて兵器を使用する」という防衛的な構想について話した。

それから、私は、われわれが把握している軍事的な相対戦力を彼に説明した。そこでは、ヨーロッパにおけるNATO軍の大幅な削減、比較的小規模な大西洋を越える増援兵力、大西洋がNATO地域に含まれているためにNATOとロシアの間に存在する地理的な不均衡が示されていた。最後に、NATOは、戦力－空間－時間の関係からだけでも、成功の見込みをもってロシアを攻撃することは不可能であり、攻撃する意図もないことが明らかにされた。最後の点について、私は、軍隊の使用には理事会の同意が必要であり、多くのNATO諸国ではそのために議会の決定が前提条件となることを示して強調した。しかも、たとえばドイツでは侵略戦争は憲法によって禁止されているので、これには侵略戦争は含まれていない。

私は、この会談の時点でNATOがどのくらいの規模の軍隊を保有しているのか、またこれは冷戦時代の規模と比較すればどうなのかをCFE条約に規定された兵器区分の表で示すことによって私の説明を裏付けた。私がこの情報を知らないようだったレベドにこの表を渡そうとしたとき、アファナシェフスキーは明らかにこれを阻止しようとしてこの紙を自分で握りしめた。私は、アファナシェフスキーにも同じものを用意していたことを伝えて、レベドにもう一枚のコピーを渡した。

このエピソードは、ロシア側に包括的に、また開放的に情報を提供するという構想が正しいことを私に示していた。さらに、これは、ロシア政府の関心の状況に応じて、データが選択的に提供されていることを示していた。したがって、接触したレベルからのみでなく、一九九七年のモスクワ訪問の際に私が実行したように、できる限り幅広い範囲から情報を得ることが必要である。

私の結論では、レベドと私はお互いに信頼し始めていた。われわれは、まだ十分な話題を持っており、おそらく進展も期待できたであろうが、彼のその日の時間計画ではそれ以上は無理であり、ブリュッセル訪問後まもなく彼が罷免されたことから、二度目の会談は不可能になった。

コレスニコフ上級大将への私の手紙に対する反応とモスクワのドイツ大使館に臨時に設置されたＮＡＴＯ情報事務所の努力のおかげで、訪問日程がやっと決定された。この間、ＮＡＴＯの政治機構では、ＮＡＴＯ－ロシア基本条約の締結をめざす交渉過程が進められており、私はこの旅行に対する理事会の承認を得た。

私は、一九九七年三月、私の小さな代表団とともにモスクワに飛んだ。議題として、参謀総長、国家安全保障顧問、ロシア連邦議会防衛委員会議長、外務次官との会談並びにツーラの空挺部隊の訪問が組まれていた。

モスクワでの会談では、ある質問が毎回繰り返された。すなわち、ロシアに拒否権やＮＡＴＯ固有の問題に対する共同決定権を与えることなしに、旧ワルシャワ条約諸国の加盟によるＮＡＴＯの拡大に対するロシア政府の疑念をどのようにして晴らすのかである。私の推測は、私のロシア側の会談相手はまず将来の同盟相手国の地域を包括的に利用することや新しい同盟国内への核兵器の配備を阻止するとともに、私からそのための合意を得ようとするであろうというものであった。

私は、ほぼ私の出発直前にＮＡＴＯ理事会で決定された私の目から見て適切と思われる基本構想を持っていた。それは、いわゆる「三つのＮＯ」と呼ばれるものと、旧東ドイツ地域の実際上の利用例であった。その一方で、われわれは二流の加盟国を生み出すことは欲しないので、将来の同盟国に特別な地位をもたらすような義務に立ち入ることも避けなければならなかった。私の最初の会談は、新しく参謀総長に任命されたサムソノフ陸軍大将とであり、驚いたことに、彼はコレスニコフに代わって参謀総長となった。実は、彼はCIS時代に参謀総長を務めており、現在のロシア連邦では二度目の勤務であった。

私は、一九九二年のドイツ訪問を通じてサムソノフを知っていた。私は、彼が大陸的な考え方の代表者であり、アメリカと、したがってNATOを非常に懐疑的に見ていることを知っていた。サムソノフは、意志が強いまっすぐな人間で、冷静で意識的に軍事的な事実に限定して議論をするが、ソ連の崩壊を戦略的な敗北だと考えるようなロシア人の一人であった。私は、会談相手に対する私の知識を全体として有利であると見ていた。私は、一九九二年に彼が私を訪問した際と一九九四年に私がロシアを訪問した際にモスクワのドイツ大使館で彼と再会したことを通じて、彼は私を信頼しているという印象を得ていた。

われわれの会談の中で、私は、NATOの拡大はNATOの軍事力を東に移動させることではなく、ヨーロッパにおける安定地域を広げるものであり、この地域では、政治の手段としての戦争は否定され、ここから侵略戦争が実行されることはないと彼に話した。

この外に、私は、われわれの哲学、すなわち将来の加盟国を防衛的な同盟に結び付けて集団防衛体制におけば、安全に、過大な防衛支出の負担なしに彼らの混乱した経済を再建することができると彼に述べた。というのは、経済的な安定は、民主主義を促進するからである。さらに、私は、防衛的な体制によるこのような安定地域は、NATO自体がロシアとの協力を欲しているので、ロシアにとって脅威にはならず、この安定地域はある意味でロシアのためのものに外ならないと述べた。というのは、ばらばらなロシアの近隣諸国を西側の防衛的な同盟に結び付けることによって、不確実性が排除されるからである。

私は、サムソノフに、ＮＡＴＯ軍の規模について説明し、それが専門家ならば誰でもわかるように防衛的な性格を有していることを明らかにした。ＮＡＴＯ軍は、作戦地域の地域的・国家的な支援、すなわちホスト・ネーション・サポートに依存しているからである。私は、計画中の構想である共同統合任務部隊（コンバインド・ジョイント・タスク・フォース：ＣＪＴＦ）と新しい指揮機構によってこのことをさらに補足し、これらの司令部が新しく加盟した国々の領土には予定されていないことを示した。

最後に、私は、ＮＡＴＯは将来の加盟国に存在する、西側に対する攻撃のための大規模なソ連型の施設を近代化し、東側への攻撃に利用できるようにする意図を持っていないことをサムソノフに伝えた。私は、彼に、計画の過程がまだ終了していないので、したがって将来の加盟国の頭越しに決定するわけにはいかないと説明した。しかし、私は、ＮＡＴＯがこの計画と新しい加盟国の危機における軍隊の増強の計画を透明なものにしておくことを約束した。

私は、自国の軍隊をヨーロッパの、あるいは北アメリカのＮＡＴＯの軍隊で増強するという原則は、交渉の余地はないことを強調した。というのは、増強する能力は、平和時にＮＡＴＯ部隊を新しく加盟した国に駐留させることを放棄することの前提条件だからである。したがって、駐留は不可能なので、増強するという選択肢がなければ、同盟の連帯と共同の防衛という原則は放棄されることになるであろう。私は、この表現を補足するために、増強部隊の移動はもちろん平和時に訓練されなければならないが、これは既定の国際的な取り決めによって通知されると述べた。私は、われわれの法的な理解では、もちろんこのような自制的な条件は、ＮＡＴＯ、あるいはその加盟国の一つに対して攻撃行動をとるか、あるいは公然とその準備を誰も行っていない場合にのみ維持されると考えていた。

サムソノフと彼の幕僚は、われわれの公開性に強く印象付けられた。彼らは、われわれの主張に表立っては何も反対しなかったが、これは、われわれがロシア側にNATO拡大の賛成者を生み出したことを決して意味していない。われわれはこのことを達成できなかったが、これに軍人が当たることは間違っていたかもしれない。私にとって重要だったのは、軍事費に関する不十分な、あるいは間違った情報によってロシアが崩壊するという不安を解消、あるいは防止することにあった。まだひ弱なロシア経済の回復にとって、このことはすぐにも起こりそうなことだったからである。

これらの会談の結果に対する私の結論は、公開性というわれわれの戦略が正しく提示され、われわれはNATO拡大の意図を放棄することなしにロシアとの協力を達成できたということである。

私の訪問全体では、まだロシア国会内での会談が予定されていた。その中には、アフガニスタンでの作戦の最後の最高司令官だったグロモフ元大将が含まれており、彼は、以前には私をロシア軍の制服で迎えてくれた。その後、彼は国家安全保障会議議長となったが、ロシア側の主張は、基本的にサムソノフが取り上げたものといつも同じであり、私の側はいつも大きな公開性によって信頼関係を構築することであった。私は、中でもロシア側も共通の安全保障のために貢献すべき義務を持っていることを思い起こさせるために、この機会を利用した。たとえば、アメリカが一方的にヨーロッパから完全に撤去したように、かつて約束したが今日にいたるまで実行されていない戦術核兵器の撤去の問題である。その答えは、あいまいなままか、逃げ口上とも取れるような実行中の撤去計画に関する情報であった。明らかに、一九九二年に表明された意図を実行するための計画は存在していなかった。

私は、戦術核兵器の撤去に関する私の心配に対して、何の情報も得られなかった。戦術核兵器の撤去は、おそらく五段階の手続きを経て行われるであろうが、戦略核兵器が削減された場合のような慎重な査察は行われない可能性があり、これが今日まで私の心配の種であった。

この旅行でおそらくもっとも重要な会談は、アファナシェフスキー外務次官とのものだった。彼は、ソ連の体制の中で立身出世を経験した男であり、軍備管理交渉の際に決して容易な交渉相手ではないことを証明していた。彼は、明らかにプリマコフ外務大臣の信頼を得ており、NATO－ロシア協定の交渉では疑いなく決定的な役割を果たすであろうとわれわれは予想していた。

われわれは、時間のかかる通訳を介してではなく、短時間に多くの情報を直接伝達できる英語でこの会談を行った。

アファナシェフスキーの中心的な議論は、NATO施設の前方への進出とNATO拡大による信頼の破壊によって、ロシアの安全が減少しているということであった。というのは、NATOの拡大は、一九九〇年のドイツ統一の際の約束に違反するからであった。

私は、私に与えられた権限にそって、二番目の点について、このような視点は純粋に政治的なものであり、政治家によって解答されるべきだと反論した。中でも、私は、「2＋4」会談を密接に準備した者として、このような合意は行われなかったと信じていると主張した。これに加えて、私は、一九九〇年当時にはソ連もワルシャワ条約機構もまだ存在しており、ポーランドがNATOの加盟国になることはまったくの夢であり、NATO側では誰も考えてはいなかったことを思い出させようと考えた。つまり、私は、一九九九年にゴルバチョフがベルリンで述べた同じ議論を使ったのであるが、残念ながら当時はまだこのことを知らなかった。

最初の点にアファナシェフスキーを着目させるために、私は、軍事施設が過剰に存在する旧東ドイツ地域をどのように利用しているか例を挙げて説明した。それによって、私は、われわれがポーランド、ハンガリー、チェコ共和国やその他の地域を東への跳躍台として利用する意図はないことを彼に伝えたのである。そして、百聞は一見にしかずということわざのとおり、私は、五〇個所以上の旧ソ連と国家人民軍の軍用飛行場が記載された一枚の地図を彼に示し、このような濃密な施設こそ実際に攻撃的な目的の証明であると主張した。また、私は、旧東ドイツ地域で連邦軍が使用している五個所の飛行場が描かれている二枚目の地図を示し、これは、われわれがもっとも東に移動させた飛行場であり、われわれはすべての空軍力を東に移動させたのではないと主張した。しかし、もしソ連に対する攻撃能力を持とうとすれば、このことは必ず行わなければならないのである。私は、これらの議論が大成功だったという印象を受けた。

しかし、アファナシェフスキーは、気を許すことはなく、NATOは将来の加盟国の領土に戦力を移動させないという約束を取りつけようとした。彼は、三月に発表されたNATOの三つのNOのうち「ノー・サブスタンシャル・フォーシズ」の概念についてこれが何を意味しているのか説明を求めた。

私は、NATOは第二級の加盟国を創り出すことを望まないので、新しい加盟国に対してもNATO条約第五条の防衛の保障が完全に適用され、このことは、住民にとっても明白にされなければならないと彼に説明した。したがって、これは、危機時と平和時の訓練で示されることになる。新しい加盟国は、危機時と戦時に、国際的な緊張が高まった時に、脅威を受けている加盟国の要請に応じて、同盟の連帯と決断を示すために、NATO軍が初めて配置されることを前提条件にすることができる。つまり、これは、常に第三者から強いられたNATOの反応であり、したがって防衛のための一歩なのである。平和時には、ＮＡＴＯ軍は、時々新しい加盟国の領土における演習のために配備されることになるであろう。しかし、その規模は、軍備管理条約の規定による制限を初めとして、多くの理由によって制限されるであろう。これに加えて、アファナシェフスキーは、これらのすべての措置が西側で一般に行われているような公開性のもとで実行され、協定に従って視察者も招待されることを前提とすることができるのである。私は、実際上はまだ揺れ動いている「サブスタンシャル・フォース」の概念について、具体的な軍事的基準となるようなＮＡＴＯの規定はまだ存在していないと彼に話した。私は、ＮＡＴＯ理事会が軍事的意見を求める場合には、ある同盟国への移動の規模は、限定された期間における必要な勢力の空軍と海軍に支援された一個師団を越えないように提案することを述べた。このような基準は、誰にもＮＡＴＯの意図に関して誤解させることにならないであろう。アファナシェフスキーは、会談の内容に全体として満足しているように見えたが、条約によるこのような細部の取り決めを再び要求した。私は、このことには深入りせず、これらの点は政治的に解決が図られるべきであり、もちろんこの場合、たとえばＮＡＴＯ地域近傍の軍隊の集中を放棄するようなロシア側の譲歩が前提となると主張した。

私は、ロシア側の公開性と透明性によって勇気付けられ、信頼性の向上に大きな成果を得たという印象を受けた。もちろん、私の「サブスタンシャル・フォース」の概念の説明には、行き過ぎがあったかもしれない。私には、ロシア側が今後何度もこのような正確な表現を求めるであろうことが良くわかっていた。その一方で、もし私が解答を拒否していたら、その弊害は大きかったであろう。逃げることは、不信を生み出し、その後の会談をより困難にしたであろう。また、しばらく経ってからであるが、私は、この訪問がロシアとの基本合意にとって貴重な貢献であったことを確信した。ＮＡＴ

Oはその軍事力を東に推進することによってソ連の緩衝地帯を消滅させることだけを望んでいるという攻撃的なイメージは払拭された。ロシア参謀本部とNATO軍との信頼醸成の過程を導入するという私の目標は達成された。しかしながら、私は、幻想を抱くことなくモスクワを後にした。というのは、NATOとロシアが本当に協力できるようになるためにはまだ長い間かかるだろうが、われわれは最初にこれに賭けることが必要だったからである。その理由は、両方の側にある。四〇年間の対立によって形成されてきた不信は、一夜にして取り除くことはできない。これに加えて、ロシアは敗者の立場で交渉することになり、大陸国家として海洋国のアメリカと海洋国間の同盟であるNATOの思想を理解することが困難であり、NATOの東方への拡大という課題は、国内政治的な理由から、弱ったロシアを屈服させるための西側の新たな試みであるという固定観念が確立されていたことが障害となった。

私は、差し迫ったNATOの拡大が、ロシア国内の多数派から、NATOの進出であり、NATOとロシアの間の緩衝地帯の減少であり、あるいはロシアの新たな敗北であるとみなされることをほとんど疑っていなかった。

これらは大きな否定的見解であったが、これらが誤った、あるいは想像上の見解に基づくものだったので、決定的なものであってはならないのである。NATOが一九九七/九八年にこのような見解に配慮して拡大を止めていたら、NATOは、全体としての自由なヨーロッパという理想を放棄していたであろう。NATOは、ソ連の圧政の下で生きていかざるを得ない諸国に、西側はまたもや彼らを見捨てたという気持ちを与えたであろう。その結果、ヨーロッパは不安定のままにおかれるであろう。ロシアも、このことを理解すべきである。ロシアは、NATOの東方への拡大によってその国境付近の三方が解放されている地域に安定がもたらされるので、彼らにとって利益であることを知らなければならない。また、ロシアは、NATOとEUの拡大過程がヨーロッパにおける平和秩序の建設に貢献し、ロシアも最終的にはその受益者となることを理解しなければならない。西ヨーロッパを東側に拡大することによってヨーロッパの分割を終わらせるチャンスを無駄にすべきでないことをロシアに理解させなければならない。というのは、二つの陣営の存在を固定化し、その間に緩衝地帯を築くことは、遅かれ早かれ再び対立に至るだろうからである。その一方で、この訪問で改めて明らかになったのは、NATOの拡大と生まれつつあるヨーロッパの平和秩序にロシアを結び付ける試みは、ほとんどシャム双生児のように一体化していることである。ロシアを結び付けておく任務において、軍人の対話は重要な役割を果たすであろうが、もっと決定的なのは、NATOの決定に対する最小限でも間接的拒否権を持つことを期待しているロシアに対する政治的解答であろう。私は、ハビエル・ソラナ事務総長にこの点に関して何度も説明し、フォン・モルトケ大使とともにソラナ総長の交渉チームの中核となっている軍事委員会副議長であるアメリカのニック・ケーホウ中将にもNATOの問題に対するロシアの拒否権は与えられないことをロシア側に折りに触れて明らかにするように伝えた。ケーホウと私は、この点に関して何度も明確に強調したが、それでもロシア側は、NATO－ロシア基本条約によってロシア側に共同決定権が、したがってある種の拒否権が与えられるという誤った印象を持っていた。私の目からは、これが、コソボ紛争におけるNATOの航空作戦開始以降、ロシアがNATOとの協力を中止した理由であるように思われる。ロシアは、基本条約によってロシアにとって望ましくないNATOの措置に反対することが保障されると誤って考えていた。一方的に考えていた基本条約の内容が幻想だったことが明らかになると、それだけロシア政府の失望と怒りが大きくなった。このことは、ロシア外交の一貫性を物語るものであり、まさにこの共同決定権とこれに伴う間接的な拒否権の問題が、新しいNATO－ロシア関係に関する二〇〇二年五月のレイキャビク外相会談の予備会談における中心テーマとなったのである。私は、ローマ合意の実現に対して責任を有する人々が当時のわれわれと同様に確固とした態度をとり続けることを期待している。しかし、ここでは、再び一九九七年初頭に立ち返る。

基本条約は、ハビエル・ソラナ事務総長のプリマコフ外相との粘り強い適切な交渉によって合意が達成され、五月にパリでNATOの一六ヵ国とロシアの国家・政府代表によって調印された。それによって、軍人の対話における新しい側面も拓かれた。私は、これをさらなる信頼醸成のために利用しようと決心していた。常設のNATO－ロシア委員会（PJC）をそのまま引き写しにしたNATO－ロシア軍事委員会（PJC／MR）が設置され、NATOに常時ロシアの軍事代表が置かれ、NATO軍事使節のモスクワ駐在が予定されていたので、そのための良い機会が提供された。ロシア側にとって、彼らのあらゆる疑念やほとんど恐れにまで転化された敗北意識などからすれば、NATO総司令部の軍事部門の彼らに対する貢献は、確かにもっとも大きかった。われわれ、ケーホウ将軍と国際軍事参謀部は、われわれがNATOの拡大を有利な地理的状況を確立するために利用することはないと信頼性をもって表明することに成功した。

われわれは、公開性を通じて、ロシアに対してNATOの拡大をわれわれが考えたように理解させることを可能にするための架け橋を打ち立てた。すなわち、ヨーロッパの安定に貢献し、したがって最終的にはロシアにとってもその西側の国境がより安全になるからである。しかしながら、NATO拡大への反対運動と、拡大を関係悪化の脅しによって阻止しようとするロシア政府の試みは、あまりに強力に進められてしまった。ロシア政府は方向転換の機会を得られず、このため、パリでの調印からたった数週間後にポーランド、ハンガリーとチェコのＮＡＴＯ加盟が発表されると、国内の世論はロシアを敗者と見なしてしまった。われわれは、傷口に塩を塗りつけることを避け、ＰＪＣの枠組みによる協力に大きな期待をかけたが、これは空しい期待に終わった。

ＰＪＣは、私が表題を付けるとすれば、希望が失望に終わった記録であるが、この機構を通ずるロシアとの協力は約二年間続いた。

私は、ＰＪＣが軍事委員会レベルではロシアとの関係強化に緊要な役割を果たし得ると確信していたし、現在でもそう思っている。これは、それぞれがもう一方の側を不安に感ずる点について話し合える場所であり、ここで普段行われているように直接的で明確な言葉によって不明な点が除去され、信頼がもたらされた。しかし、われわれは、このような期待を実現することができなかった。

われわれの側では、いくつかのＮＡＴＯ諸国における嫉妬心とも取れるような兵士に対する細部にわたる政治的統制がその一因である。ロシア側では、ＰＪＣ／ＭＲを失われたスパイ網の代替物として活用し、一方的な情報獲得のために利用しようとするあからさまな意図があった。

ＰＪＣ／ＭＲの準備・実行・報告のための規則は揺れ動き、中でもフランスがこれに固執し、イギリス、ドイツと後にはアメリカもフランスを支持したことは、西側の小心さを示す良い事例である。この規則によれば、ＰＪＣ／ＭＲの日々の予定でさえもＮＡＴＯ理事会の承認を受ける必要があり、大きな労力を要する上に意味がない規則であった。私は、何度も抵抗したにもかかわらず、軍事委員会における常任の代表者の何人かは軍事委員会の決定を阻むような本国の指針に縛られていたので、これを阻止できなかった。

ロシア側では、NATOのインフラとNATOの戦略構想のテーマに固執したので、ロシアはPJC／MRを拡大過程に影響を与えるため、あるいは一方的な情報獲得のための手段として悪用しているのではないかという疑惑が生じた。このような疑惑は、われわれがロシアの軍事代表ヴィクトル・サワルツィン中将に同行を希望する将校の名簿を入手したときに、さらに強まった。彼らのほとんどは、その情報活動によってわれわれの情報機関に良く知られていた者であった。われわれは、彼らが面子を失うことがないように、NATO司令部に申請書を提出することなく、私がサワルツィン中将を説得することによって、これらのやっかいな者たちを全部受け容れた。私は、情報の公開によってわれわれが被害を受けることはなく、加盟各国もこれに反対しないであろうが、陸軍参謀本部情報部（GRU）の要員を主体とするロシア代表団は、より慎重な行動をとるようになるであろうと考えた。われわれは、われわれの協力を制限された範囲で開始したが、それでも両陣営は、協力関係を推進しようと堅く決意していた。われわれは、中でもわれわれの前には長いいばらの道が続いていることをよく知っていた。

信頼か、あるいは不信のままかを決定するのは、最終的には交渉にあたる人間である。ボスニアのSFORの兵士から最高司令官、同盟各国の参謀総長や軍事委員会議長にいたるまでのあらゆるレベルのおかげで、平等と相互主義の原則に基づく緊密な協力の意志が明確に示されたことから、われわれは、一九九七年から一九九九年の初めにかけて、若干の基盤を確立することに成功した。私は、クワシュニン陸軍大将と軍事委員会における彼の常任の代理人であるサワルツィンとの多数の会談から、われわれがロシアに対して攻撃的な意図をまったく持っておらず、ロシアとの率直な協力を模索しているという印象を与えたと思った。この信頼の絆は、コソボ危機の初めまで維持されていた。一九九八年の秋、サワルツィンがこちらの要求なしにコソボ内外のユーゴスラヴィア軍の行動を表したロシアの地図を示したことは、明白な信頼の表明であると受け取った。

しかし、将軍との会談よりも重要だったのは、信頼醸成のための過程で果たしたボスニアにおける兵士たちの行動の役割である。ロシアの兵士たちは、ほとんど何の摩擦もなくＮＡＴＯチームに受け容れられた。彼らは、よく働き、彼らのＮＡＴＯ諸国の仲間から尊敬を勝ち取った。ボスニアでの協力から生まれたメッセージは、確実にロシア軍の中に広がり、ロシア軍人の頭の中にある多くの偏見を除去するとともに、われわれの側の先入観も修正した。

協力関係が常に進歩していた期間には、開かれた偏見のない協力が行われる場合、信頼はもっとも速く、もっとも持続的に生み出されることが改めて証明された。ボスニアにおけるロシアとＮＡＴＯの兵士たちは、平和のための架け橋を築いたという称賛に値する。

同様に、われわれは平和のためのパートナーシップ（ＰｆＰ）の枠内でロシアとの接触を拡大することを考えており、そのために私はクワシュニンとサワルツィンにＰｆＰのための年間計画を作成するように軍事委員会の名前で要求した。われわれは、この正式な手続きを行ったが、ロシアにおける予算の不足と、ＰｆＰの活動へのロシアの参加を部分的に資金援助するためのＮＡＴＯ諸国の側の準備不足によって、期待された広範な効果を挙げることはできなかった。ブリュッセルでも、われわれは要した労力よりも大きな前進を果たした。ＰＪＣ／ＭＲにおける相互の意見発表を通じて、施設の問題で歩み寄りを見たのである。ＮＡＴＯ側では、ロシアはまさにこのことを繰り返し要求していたにもかかわらず、われわれは新規加盟候補諸国における施設建設についてもっとも厳しいことを約束することを回避した。われわれは、ポーランド、チェコやハンガリーがいない場所でこの問題を議論することはできないし、彼らの加盟を予定してＰＪＣ／ＭＲの会議に彼らを参加させることはできないと主張した。これは、最後には理解された。ロシアは、長い間のためらいの後に、われわれが三ヵ国の新しい加盟国を除外してロシアとその国の施設を利用し、あるいは利用しないことについて話し合うことはできないことを理解した。これらの国々は、可能ならばロシアに対して背後から限定的な影響力を行使することを望んでいたかもしれないのである。

戦略構想の分野では、われわれＮＡＴＯ側は、新しいＮＡＴＯの戦略構想の中核的な部分に関する議論にＰＪＣ／ＭＲ内で各国の合意に達することができなかった。もちろん、これが両刃の剣であることは、誰の目にも明らかだった。というのは、まず、多くの政治的な問題がなおも加盟国の間で意見が対立している一方で、戦略構想の策定過程でロシアに共同決定権を与えることを誰も欲していなかったからである。しかし、これらの考えが正当であったとしても、戦略構想の防衛的な思想を明確にしてロシアの心配を取り除き、それによって同様に策定されつつあったロシアの軍事ドクトリンに間接的な影響を与えるというチャンスだったのである。クワシュニンと私は、これが一つのチャンスであることに合意し、これに応じて私は軍事委員会の冷たい雰囲気を和らげようと努めた。私は、それを実現できなかった。ドクトリン的な固定観念とドイツを含む主要な同盟国の首都における過大な不安の二つが入り交じって、各国は賭けに出ることができなかった。まったくの誤りであるが、ドイツではＮＡＴＯ－ロシア協定締結の努力に国家的に警戒すべきであるという声さえあったことから、ドイツの態度に対する私の失望は特に大きかった。その一方で、このような後退の責任は、一方的にＮＡＴＯだけにあったわけではない。ロシアは、多くのＮＡＴＯの問題に関してあからさまに共同決定権を強く要求したことによって、同様に責任を負っている。ロシアが一度でもＮＡＴＯに対してロシア問題に関する共同決定権を申し出ていたとしたら、ＮＡＴＯ加盟国の安全保障に影響を与えたであろうし、その後の推移は、おそらくもっと望ましいものだったであろう。しかし、これらのできごとは、関係者の忍耐心のなさに帰せられるのではなく、一〇年足らずの間に終結に至った対立を背景にしているのである。この対立は、両陣営を戦争の一歩手前まで導いたのだが、思いがけず唐突に終結した。特に、ロシアは、対立が解消された当初は、失うものよりも得るもののほうが多い側に立っていた。ロシアはＮＡＴＯのテーブルに着き、ＮＡＴＯ理事会に対してＰＪＣを通じて意見を述べることができ、政治的・軍事的代表者をＮＡＴＯに送り、さらにＮＡＴＯ機関に特別会議の開催でさえも要求できたのである。ＮＡＴＯは、モスクワでこのような可能性をまったく与えられず、私がブリュッセルでの任務を離れた一九九九年五月までに、ロシアと合意されたＮＡＴＯ情報事務所がモスクワに設置されたこともないのである。ＮＡＴＯはすでに強制手段を放棄していたので、相互主義の原則を維持し、あるいは強制することも困難であった。人は、今後このことで当時交渉に当たった人々を非難するかもしれない。しかし、一方では中・東欧諸国にＮＡＴＯへの加盟の見通しを与えて安定への基盤を構築し、その一方でロシアを共通の安全保障と協力の枠組みにとどめておくという矛盾した必要性を前にして、他の選択は残されていなかった。この決定は正しかったが、その実行において欠陥があった。

コソボ危機で明らかになったように、ＮＡＴＯとの合意事項に間接的な拒否権さえも含まれていないことに対するモスクワの失望はたしかに大きかった。ロシアの弱さに起因する不安は一夜にして再現され、バルカンにおけるＮＡＴＯの交渉は、モスクワの伝統的な影響地域に対する干渉であると見られた。人々は、今日コソボで起こっていることが明日はコーカサスで繰り返されるのではないかと恐れた。派遣されたＮＡＴＯ軍に関するにあらゆる情報は、自らが攻撃された場合を除いてロシアに武器を向けるものではないことを示していたにもかかわらず、無視されるか、単に信じられなかった。ＮＡＴＯの約束違反に対する非難が続いた。ＮＡＴＯ総司令部におけるわれわれは、ミロセヴィッチが行っている追放を阻止するために高価な代償を支払わなければならないことを知っていた。その一方で、われわれは、もはや選択肢はないことも知っていた。何も行動しないことはより大きな罪となる、すなわちミロセヴィッチ政権を間接的に強化することを意味し、それによって東南ヨーロッパ全体に危機をもたらすかもしれない。また、われわれは、一九九八年に共同行動を拒否したときに、ロシアも誤りを犯したことを知っていた。そして、われわれは、ロシアがＮＡＴＯとの協力関係に立ち戻るであろうことを確信していた。

ここ数年間は、一九九七／九八年にわれわれが立っていた地点に立ち返るための糸口を再び見出すことは困難であろう。コソボ危機は、ＮＡＴＯにとって重大な事件であったばかりでなく、ロシアとの協力の終結のようにも思われた。われわれは、ポーランドを獲得したかわりにロシアを失った結果に満足しているわけではない。しかし、私が直接体験した一〇年間にわたる協力は、そのように結論付けられるかもしれない。

残念なことに、ロシア政府は、コソボ紛争の結果、協力の方向に反するようなフリーハンドを得た。その一つの結果は、直接の隣国であるロシアに古くからの不安を呼び覚まし、したがってＮＡＴＯへの強硬姿勢を強めた軍事ドクトリンの策定である。これと同様に、サワルツィンが主導し、エリツィンによって承認された決定は、ＮＡＴＯの航空作戦の終了後、プリスティナの飛行場を確保するというボスニアでの協力に関するＮＡＴＯとの合意に明らかに反するものであった。イギリスとアメリカの消極的な反応は、ＮＡＴＯとロシアの深刻な紛争には決してならないような状況において、確かに誤った回答であった。

軍事ドクトリンとプリスティナの二つの事例は、まったく異なっているかもしれないが、再び世界第二位になるために軍事力に頼ろうとすればするほど、ヨーロッパの未加盟の国々のＮＡＴＯへの加盟要求がますます強くなることをロシアに明らかにするために使用すべきであった。ＮＡＴＯ内のいくつかの迷っている国々は、初期の段階ではたとえば比較的安定した地域であるバルト諸国のＥＵ加盟のような微妙な問題の解決に成功したかもしれないが、長期的には明快な答えに到達することはできない。私は、答えはすでにヘルシンキ最終議定書に示されていると強調したい。この中には、ヨーロッパのいかなる国であっても、いずれの同盟に所属するかを自由に決定できると規定されている。このことはバルト諸国にも適用され、ロシアもこれを尊重しなければならない。ヨーロッパ、アメリカとロシアは、ドイツ問題を合意によって平和的に解決し、それによって二〇世紀の二度にわたる世界戦争がもたらされた紛争を最終的に除去することに成功した。今や、ロシアを参加させるというヨーロッパに残された最後の大きな問題を解決すべきときである。この使命は、ヨーロッパの力を越えている。そこから、持続的にアメリカをヨーロッパに結び付けておくというアメリカとヨーロッパの両方の利益が生ずるのである。これは、しばしばアメリカに対する挑戦と受け止められていた世界の大国としてのロシアを地域的な勢力にすることではない。そうではなくて、これは、多民族国家であるが文化的・精神史的にはヨーロッパに属する大国ロシアを、威厳をもった新たな偉大な国家として大西洋世界の永続的で平和的な価値体系に組み入れることである。

6

軍人とヨーロッパの和解——ドイツの貢献

最初の一歩

冷戦の終結と壁や鉄条網の柵の崩壊は、ワルシャワ条約諸国との協調的な関係を発展させるための努力を強化すべきことを意味していた。われわれは、私が部長をしていた国防省軍事政策部と連邦軍総監部第Ⅲ部で、一九八九年の初頭から、ワルシャワ条約諸国との関係を構築するための構想の策定を開始した。課題は、まずソ連との協力の道筋を見出すことであり、次いでソ連以外のワルシャワ条約諸国と同様の関係を構築することであった。国防大臣の決定のために用意された構想は、ショルツ大臣からシュトルテンベルク大臣への引き継ぎのために、まだ決定されていなかった。このため、私は、大臣の交代に伴って作成された一九八九年四月一六日付けの文書による状況報告の中で、ワルシャワ条約諸国との軍事的な関係の構築を最も重要な活動分野として位置づけ、速やかに決定が下されるよう依頼した。また、この報告は、一九八九年五月に予定されていた連邦軍総監のロシア訪問に際して、会談における前提となるものであった。

われわれは、まずソ連と交渉を行うことを決定した。というのは、われわれは、シュレーダー前外務大臣が試みて短命に終わったルーマニアとの関係がただソ連の憤慨を引き起こしただけだったことを参考にしたからである。われわれは、ソ連に誤解させる機会を与えることを望まなかったし、ソ連以外のワルシャワ条約諸国にソ連にお伺いを立てるかどうかで当惑させることも望まなかった。われわれは、確実な防衛体制による安全保障と対話の促進というNATOの基本政策であるハルメル報告に従って、協力の可能性を広げることを望んでいた。この時点では、国防省や政府の中で、対話あるいは協力以上の可能性を信じている者はいなかったが、ショルツ国防大臣がわれわれに示した長期的な目標が具体的な形を取り始めた。すなわち、われわれは、前線国家としてのドイツの地位を解消させるようなチャンスがあるかどうか、その可能性を見出すための道筋を探ることを望んだのである。

しかしながら、国防大臣によって承認された構想は、一九八九年夏の一連のできごとが生み出した力学によって、時代遅れになってしまった。最終的に、これらのできごとによって、政治的なレベルの最初の接触は、ソ連以外のワルシャワ条約国であるハンガリーになった。これは、国境を最初に開放したことへの感謝の表れだけでなく、ハンガリー政府の非常に勇敢な一歩によるものであり、それによってヨーロッパの政治地図の平和的な変更が始まったのである。

一九八九年秋の民主主義革命の勝利は、共産主義政権をあっという間もなく吹き飛ばしてしまった。多くの場合共産主義者によって数十年にわたって抑圧され、追放され、またしばしば反対派として長期間牢獄に収容されていた、したがって政府での経験を持たない新勢力が表舞台に登場した。彼らは、先行した政権が残した統治機構を利用せざるを得ず、その機構の主導的な人材は、みずから納得するか、あるいは機会主義的理由からそれぞれの政権に、したがってそれに従ってきた共産党に所属していた。軍事分野では、将校がこれに相当し、彼らはワルシャワ条約軍の攻撃的機構を支えてきた。彼らは、西側に対する攻撃戦争を遂行する用意があったし、このような戦争は、もちろん防勢的戦争と呼ばれていた。私は、一九八九年一二月上旬に連邦軍総監部第Ⅲ部長として軍事政策的状況判断を書いた。このとき、私は、中部・東部ヨーロッパの情勢はゴルバチョフがまったく望んでいなかったものであるが、これを元に戻すことはまったくできないと判断した。そして、私は、これがソ連の戦後の安全保障体制の解体、すなわちワルシャワ条約の終焉とソ連の領土以外におけるソ連軍の駐留の終焉につながると結論付けた。私は、これがいつ起こるか予言しなかったが、当時はたった二年後にこれが実現されるとは予想していなかった。

この状況判断において、私は、ソ連以外のワルシャワ条約諸国について、ただ単に共産党の独裁は排除されるであろうが、共産党は軍隊と警察に対する統制を放棄しないであろうとだけ示した。しかしながら、私は、ソ連以外のワルシャワ諸国での変化はより幅広い国民運動によるものであり、ソ連のペレストロイカのような上から命じられた改革とは異なることを強調した。このような変化は、ソ連とは反対にほとんど単一の民族国家で起こったので、後戻りさせることはまったく困難なことを示していた。私は、ドイツはソ連とハンガリーに加えて、ポーランドとチェコ・スロバキアとの政治・軍事的な接触を一九九〇年にも開始すべきだと結論付けた。そして、私は、国防大臣にこの状況判断への同意を求めるとともに、一九九〇年一月上旬に行われるＣＳＣＥのウィーン・ドクトリン・セミナーにおいて、連邦軍総監に対して、ポーランドとチェコ・スロバキアの参謀総長との二国間対話、さらには国家人民軍参謀総長との特別の対話を許可することを要請した。これらは、私くらいのレベルの幕僚の準備会談を経て、その後の大臣同士の会談を準備するためのものであった。そして、大臣間の対話の結果は、二国間の協力における大綱となることが期待された。協力を行う分野を具体化するための大綱に関する合意を得るというアイデアは、異なる同盟に属するという事実を考慮し、作戦上の協力を除外したもので、連邦軍総監部第Ⅲ部で生み出された。その生みの親は、非常に有能で積極的な空軍将校のマルテンス中佐であった。彼は、F－104のパイロットで、その後のハンガリー空軍基地の訪問において、まだ一度も立ち入ったことのない基地に関する正確な知識で受け容れ側の人々を驚かせた。その理由は簡単で、その空軍基地は冷戦間「彼の」目標だったからである。

その後大臣の承認を得たこのアイデアには、出会いと対話を通じて、相互信頼の基盤を確立する狙いがあった。最初は、特定の分野、すなわち衛生資材の補給、軍事史あるいは軍事地理などに関する専門家あるいは幕僚間の会談がしばしば行われ、その後音楽隊の訪問や軍学校の代表団の訪問や教官の相互交換などに進んだ。これは、ＰｆＰの原則に近いものであった。このような交流には、その後ＰｆＰで取り入れられた協同訓練はまだ含まれていなかったが、全体として先行的なものと受け止められた。四〇年間にわたる対立を除去しようというこのような試みによって、連邦軍の兵士が新しい仲間と出会う機会が生まれた。われわれは、人間としての兵士を相互に知り合いにさせるために、戦争になれば互いに相手を射撃しなければならなかった人々の出会いを望んでいるのである。われわれは、兵士相互の信頼を増進し、これがお互いに平和に生活する意思を生み出すことを期待した。われわれはこのような活動について、同様の施策を導入し、あるいはすでに行っているＮＡＴＯの同盟諸国に説明した。残念ながら、彼らはわれわれが彼らに対して行ったように詳細には知らせてくれなかったが、われわれは、われわれの開かれた態度が一つの手本となることを期待した。

われわれは、一九八九年の多くのできごとから、この施策が大きな成果をもたらすであろうことを確信した。われわれは、ワルシャワ条約機構の団結にひび割れができた兆候を見出した。私は、科学と政治財団がエーベンハウゼンで開催した軍事ドクトリンに関するドイツ・ポーランド二国間セミナーにおいて、このような兆候の一つを直接経験した。このセミナーには、ゲンシャー外相も短期間参加していた。ポーランドとハンガリーはその率直さでわれわれを驚かせたが、東ドイツはずっと慎重だった一方で、当時のワルシャワ条約軍最高司令官のロボフ陸軍大将の講演は、傲慢で失望させるものであり、これらは、ワルシャワ条約機構がすでに過去のものであることを示していた。

ウィーン・ドクトリン・セミナー

ポーランド、チェコ・スロバキアとハンガリーとの二国間関係を構築するための次の段階は、一九九〇年一月にウィーンで開かれたドクトリン・セミナーで進められた。連邦軍総監のヴェラースホフ海軍大将は、一九九〇年一月一七日、ウィーンのホーフブルク宮殿で、ポーランド、ハンガリー、チェコ・スロバキアのそれぞれの参謀総長と国家人民軍参謀長グレーツ中将との間で会談を行った。われわれの出発点は、大臣によって承認された二国間の接触を果たすことであった。最初の出会いにおける目標はこれにふさわしいものだったが、これはまさに西ドイツの隣接国とハンガリーの参謀総長が連邦軍総監と会談する初めての機会だった。具体的な成果はなかったが、会談の道筋は開かれ、これを維持することが合意された。これらの中で、グレーツ中将との会談は、私の印象に強く残った。これについては、既述したとおりである。グレーツ将軍は、国家人民軍と連邦軍の協力の推進を決意していたが、彼の路線は、ド・メジエール政権にも引き継がれたエッペルマン国防大臣と同様に、国家人民軍の維持であった。彼にとっては、異なった同盟に属する二つの軍隊を有する二つのドイツ国家による連邦というのが、可能性の限界であった。

ドクトリン・セミナー自体は、注目すべき事業であり、東西対立の解消に重要な貢献をした。私は、最初、この催しがその高い費用を正当化し、成果をもたらすものかどうか不安を抱いていた。しかし、すでに最初の一週間に行われた当時三五ヵ国のCSCE諸国の参謀総長の講演と多数の二国間会議によって、CSCEが長い間に果たしてきた貢献の大きさが必ずしも十分高く評価されていないことが示された。すべての国々が、彼らの軍事ドクトリンが防衛的なものであり、誰も政治的目標を攻撃的戦争という手段によって達成しようと考えていないことを保障することは、ヨーロッパにおけるより大きな安定のための一歩であった。もちろん、このような意図の表明は、防衛的な軍隊の編成によって裏付けられ、これが軍備管理に関する合意に明確に規定されなければならないが、今や、そのための枠組みがすべてのCSCE加盟国によって受け容れられたのである。防衛的な軍隊の編成に関するより深い理解のために、私は、このテーマに関する短い講演を行い、その記録は公式の会議文書として採択された。私は、このときドイツで議論されていた「構造的非攻撃能力」という言葉を考慮しながらこの原稿を書いた。この言葉は、頭を霧で覆ってしまう。明確な概念がないことは、思考の混乱をもたらす。たとえば、戦車部隊は攻撃計画を象徴するものなので、陸軍の戦車部隊を全廃すべきだという主張につながる。実際には、ほとんどすべての兵器は、防衛と攻撃の両方に使用できる。また、軍隊の編成は、この二つの作戦方式に対応しているのである。したがって、この標語は政治的なあいまいさを目的としているのだが、そのことは伏せられている。しかし、真の安定を求めるならば、兵器システムの数量以上に、実際に規定されているような防衛的なドクトリンにふさわしい軍隊の編成をとるための道筋を発見しなければならない。ワルシャワ条約軍参謀総長の講演とその軍隊、中でもソ連軍の編成との間には、大きな格差がある。この編成には、これまでと変わらず、戦略的輸送能力、大規模な攻撃的渡河能力あるいは移動可能なパイプライン敷設部隊のような攻撃的な性格の強い部隊が含まれている。ソ連は、戦略的な目標がみずからの国土の防衛であれば、現状のような規模でこれらの部隊を保有する必要はないのである。ウィーンのドクトリン・セミナーでは、このような見解がヨーロッパのすべての人々の目の前にさらされ、ＣＳＣＥは、ヨーロッパのよりいっそうの安定にむけて非常に大きな貢献を行ったのである。

この最初の忙しい一週間の最後に、ウィーンのホーフブルク宮殿で舞踏会があった。これは、ＮＡＴＯ、ワルシャワ条約諸国と中立国の将校が一堂に会し、友好的な中にもオーストリア帝国の伝統が強く残ったダンスパーティーを楽しんだ初めての機会であった。私にとって、この晩の真の踊りの相手は、必ずしも高位の人ではなく、同時代の歴史をともに歩み、和解と協力の道筋を今後も模索すべき人々であった。また、記憶に止めておくべきことは、会議が行われた一週間の最後に、一八一五年のウィーン会議ですでに感じられたような希望が部屋の中に満ちあふれたことである。

プラハでの始まり

一九九〇年初頭、チェコ・スロバキアにおける全体の状況はそのための予備的な合意とはかけ離れてはいたが、二国間関係を受け容れる用意があるというプラハからの情報がしばしば届くようになった。プラハに駐在していた有能で活動的な機甲偵察兵のドイツの国防武官ブリュッゲマン大佐は、深い関心をもってチェコ・スロバキア国防省や参謀本部の動向を把握するとともに、この国の情勢を観察し、分析していた。彼の行動は連邦軍やＮＡＴＯ同盟諸国の将校に特徴的なものであった。すなわち、彼は、東西対立の中で、自由と民主主義の抗しがたい力がどのように共産主義を打倒したかを現場で体験したのである。彼は、駐在国チェコ・スロバキアの軍事エリートがますます不安定になり、新しい方向を模索しているのを見た。また、彼は、同盟国のアメリカとフランスがチェコ・スロバキアの隣国であるドイツを抜きにして軍隊の高官に取り入るのを見て、ドイツも躊躇すべきでないとわれわれに迫った。したがって、連邦軍総監部第Ⅲ部の代表団がソ連以外のワルシャワ条約国との会談のためにプラハに初めて旅立ったことは、彼の粘り強さのおかげである。代表団には、私と連邦軍総監部第Ⅲ部の第一課長フィッシャー大佐、担当幕僚のマルテンス中佐、軍事戦略課長ジードシュラーク大佐、通常戦力軍備管理課長ヒュプナー大佐が常時参加し、連邦軍総監部第Ⅱ部（情報担当）から通常は課長のヴェーゲナー大佐が参加していた。一九九〇年四月九日と一〇日、われわれは、参謀本部や国防省からほど近い邸宅でチェコ・スロバキア参謀本部の代表団と会談を行った。会談の目標は、シュトルテンベルク国防大臣とチェコの国防大臣ヴァセック上級大将の会談を準備し、可能な場合には、その会談において二国間の接触に関する二ヵ年計画に合意することであった。この時期、初めて接触する場合にはいつもそうであったが、この会議もそれぞれの代表団長による情勢判断で開始された。われわれが提案したこの方式によって、相手が手札を開いて競技するか否かが最初に判定することが可能になった。加えて、この方式のおかげで、われわれは情報公開によって相手の信頼を得る機会を得た。もちろん、会談は、通訳を通じて行うという問題点があった。それによって、会談の即応性が損なわれるとともに、翻訳によって微妙なニュアンスが伝わらない恐れがあった。われわれは、探り合いによってこのプラハでの月曜日の会談を開始した。チェコ・スロバキア側の発表にはほとんど新しいものはなく、したがってわれわれは公開性という武器を十分に活用する機会を得た。私は、発表の中で、ドイツの西側世界への帰属とＮＡＴＯへの加盟が不変のものであると強調した。その一方で、私は、ヨーロッパ通常戦力削減交渉（ＣＦＥ）の枠内で連邦軍を削減する用意があり、チェコ・スロバキアと友好的な関係を欲し、しかもロシア政府と協力関係を築こうとしていることにも触れた。

われわれは、まもなく、東ドイツから来たドイツ人と違ってチェコ・スロバキア人を対等な仲間として遇するこのドイツ人との接触を深めることに関心が高まっていることに気が付いた。

この訪問の期間中、われわれは、プラハの旧市街、城や聖ヴィート大聖堂を見学する機会を得た。ボンからきたわれわれの代表団は、誰もプラハを知らなかった。われわれは、プラハを歴史の本でしか知らないのである。そして、例えば、皇帝カールⅣ世がここにドイツ語による最初の大学を建設したこと、この地がボヘミア、メーレン、オーストリア、バイエルンやザクセンと緊密な文化的連携を有していたことを知っている。その一方、われわれは冷戦時代の偏った見方の犠牲者となり、プラハを東ヨーロッパと呼ぶことに慣らされてしまったのである。

私は、プラハ城への入り口のテラスからプラハを見たとき、この街が中部ヨーロッパの宝石だったことと、南ドイツ的なバロック様式のたとえようもない美しい街であることを知り、深い恥じらいの念を覚えたことを今日のようにはっきりと思い出す。しかし、この街は、社会主義経済の誤りによって現在は停滞しているが、再び繁栄を取り戻すであろう。私は、われわれもまた東西の対立の中で白と黒という二者択一の考えに支配されていることをこのときほど強く感じたことはなかった。その結果、われわれは、ワルシャワ条約機構を一体と見なし、東側と一様に表現してきたのである。われわれは、今やこれを修正し始め、そのためにプラハを訪れたのである。しかし、われわれは、ワレンシュタインが統治し、モーツァルトの「ドン・ジョバンニ」が初演されたこの街に対する偏見をどうすれば払拭できるのであろうか。私は、プラハを一瞥したとき、私の世代が寄与することを許された現在実行すべきことをはっきりと認識した。すなわち、われわれには、ヨーロッパの分割を終了させ、中・東部ヨーロッパの人々が自由民主主義のヨーロッパ・北米か、あるいはモスクワの衛星国のままかを選択する機会が与えられたのである。

私は、特にポーランド、ハンガリーやチェコ共和国をNATOに受け入れることに反対する考えが広まったときに、プラハを初めて見たときのことをしばしば思い起こした。これらの国々をNATOに受け入れるという考えは、当時のリューへ国防大臣とマンフレット・ヴェルナーNATO事務総長が推進し、他のヨーロッパNATO諸国の政治家の誰もまねできないような熱心さでこれと取り組んだ。中でも、ヴェルナー事務総長には、NATOは大いに感謝しなければならない。NATOの拡大――私はこれを正しく、重要な一歩であると考えている――を考察し、これを評価しようとする場合はいつでも、マンフレット・ヴェルナーとフォルカー・リューエの功績を忘れ、あるいは過小評価してはならない。リューエ大臣は、当時の連邦政府の中で、NATO拡大の目標を一貫して追及した唯一の政治家であった。

一九九〇年四月の会談初日の夜、お互いに接近したもののまだ何も成果がなかったとき、チェコ・スロバキアの友人は、われわれを「勇敢な兵士シュヴェイク」の小説で有名になったレストラン「ウ・カリハ」での夕食に招いた。そこは、戦争、すなわち冷戦後のわれわれが会合するのにふさわしい場所だった。この夜、私は、小さなできごとを通じて、西側では既に忘れられているが、ヨーロッパの多くの場所ではいかにさまざまな歴史がいまだに人々の記憶として残っているかを知らされた。このいかにも歴史を感じさせるレストランの大広間には、調理場への通路の上にオーストリアのフランツ・ヨーゼフ皇帝の絵が掛けられていた。私は、われわれのホストの一人の陸軍少将に、この絵が一九八九年秋の革命以前からここに掛けられていたのかどうかと訊ねた。彼は、疑いなく半年前までは少なくとも表面上は共産党に忠誠を誓い、その教義の無謬性を信じていたはずである。しかし、その答えは、「われわれの皇帝は、いつでもそこに掛かっている」という驚くほど率直なものであった。

もちろん、ドナウ帝国の再興を考えている者はいないが、ともに経験した、あるいはしばしば苦労を共にした歴史は、完全には消え去ることはない。中部ヨーロッパというアイデアは、この変革の時代に何度も浮上し、オーストリア、ハンガリー、イタリア、スロベニアやスロバキアなどの多様な、あるいは軍事的な協力に賛意を表している。われわれは、その後の数年間に、ハプスブルク帝国やオスマン帝国の解体は結局不完全なままに残されていたことを何度も経験させられた。それに起因する「バルカンの幽霊」は、アメリカの作家ロバート・D・カプランが言うように、それから十数年間われわれを袋小路に追い込んだままなのである。

この夜、私は、チェコ・スロバキアのヴァセック国防大臣ができる限り早期にドイツのシュトルテンベルク国防大臣と会い、相互協力に関する二カ年計画に合意する用意があることを知らされた。ドイツの国防武官は、この会談の中でシュトルテンベルク大臣が会談を望んでいることを相手側に伝え、具体的な日程を決めるようにわれわれに提案した。私はこの提案を受け入れ、この件に関して交渉することと、具体的な日程を決めることの許可を大臣に電話で求めた。喜ばしいことに、ドイツ政府の反応はその翌日にプラハに伝えられ、私は、一九九〇年四月一〇日の会談の最後に、二国間の対話に関するドイツの国防大臣の同意をチェコ・スロバキア側に伝えるとともに、その週末までに四月の会談予定を提案すると話した。われわれが基本的に合意した二国間の幕僚による定期的な会議の実施を含む軍事政策上の接触と相互協力のための二ヵ年計画の大綱に関する協定は、この大臣同士の会談において公式に締結されることになった。

われわれは、この二日間に決して悪い成果しか挙げられなかったわけではなく、いかなる観点からしてもこの時点ではまだ反対の方向をめざす二つの同盟に属していながら一つの道を見出した。つまり、四〇年間にわたる対立によってわれわれの頭の中に形成された溝を越えるための相互理解の橋を架けたのである。私は、ドイツ－フランス二国間協議のために早く出発せざるをえなかったが、代表団を再びその任務に復帰させる、すなわち二ヵ年計画の細部をさらに具体化させることにした。私は、とても良い気分でプラハを後にした。私が旅団長であったエルヴァンゲンの第三〇装甲歩兵旅団は、チェコ・スロバキアからの国道B－14号線沿いの攻撃を阻止すべき任務を有していた。しかし、今や、ワルシャワ条約機構の作戦計画の下でわれわれに対する攻撃を準備していた人々とこのように話しているのである。そして、われわれは彼らと協力を始めた。エルヴァンゲンの私の後任の旅団長は、チエコからの攻撃に対する作戦を二度と計画する必要はないのである。

私は、帰国後、シュトルテンベルク大臣に報告し、四月一一日にはチェコ側に一九九〇年四月二一日にニュルンベルク／ヒュルト地区で両国国防大臣の最初の会談を持つことを提案することができた。会談は、われわれが望んだように格式張った儀式をまったく含まずに、四月二一日の午後、ヒュルト郊外の小さなレストランで実務的な形で行われた。シュトルテンベルクとヴァセックの両国防大臣によって、二つの世界が出会うことになった。われわれの側の代表は、すでにアデナウアー内閣の一員だった連邦政府でもっとも経験豊かなシュトルテンベルク大臣であり、教育があり、政治家には珍しく開放的で心暖かい人柄であった。シュトルテンベルク大臣は、具体的で明白な理由をもって決定するための準備を重視し、それ故細部に至るまで常に専門的で、会談を主体的に実行する方法を知っていた。彼は、首相の指針に基づいて、彼の行動を政府の全体的な方向に適合させることに努めていた。彼の仲間は彼の活力と独自性の故にしばしばしば彼と対立したが、彼は、連立内閣を維持するために、しばしば、場合によってはあまりに多く妥協することがあった。彼は、他の大臣よりも良く、また早くから東西対立後は経済力が力の源泉であることを認め、それ故ドイツは新しい役割を担うべきであると考え、アメリカと緊密な協力によってこの役割をもっとも良く果たすことができることを知っていた。

チェコ側の代表者は、ワルシャワ条約機構と共産党の世界で政治将校から累進した上級大将であったが、彼はすでに国民の意思に反していかなる政策も推進できないことを知っており、ワルシャワ条約機構はもはや長生きはできないと予想していた。二人の大臣は、静かな中にも両国がどのような立場にあるかを正しく理解していた。また、両者は、協力の必要性と、協力における目標と範囲は制限されているとしても、両国間の溝を橋渡しする道筋をお互いに見出す努力の必要性を認めていた。約三時間に及んだ会談の最後に、二国間の軍事政策上の関係を構築することと、準備されていた協力のための二ヵ年計画が基本的に承認された。それによって必要な政治的枠組みが確立され、これに魂を入れることは、両国のあらゆる階級の軍人の任務となった。

両国の軍人は、国防省や参謀本部が作成した計画を成功に導いた。両者の協力は、お互いの新しい協力相手、その労働環境、生活や国土に対する大きな関心があったとしても、必ずしも常に容易であるとは限らなかった。やはり、そこには障害もあった。たとえば言葉の問題があり、今日でも障害として残っている。また、精神的な障害もあった。数十年以上にわたって、われわれは新しい協力相手を敵と見なしてきた。われわれの側から相手を敵として教育し、憎しみを抱かせることは決してなかったが、われわれは攻撃に際して戦うように兵士を動機付けてきた。われわれは、お互いに監視し、まさに待ち伏せしていた。私は、チェコ・スロバキア軍が電子戦によって国境付近のグラーフェンヴェーア演習場でのわれわれの射撃訓練を妨害するのをしばしば経験した。ボヘミア山地の丘は、彼らにとって電子戦のための絶好の機会となり、われわれにとっては費用を要しない実戦的な訓練の機会となった。われわれは、あらゆるスパイ行為やソ連の軍事使節の行動に遭遇した場合直ちに届け出るように兵士を訓練してきたのに、今や、かつての敵を兵営や演習に招き、あらゆる質問に対して正直に答え、友好的に振る舞うことを要求している。それは、われわれの方が東側の新しい相手よりもずっと容易だったとしても、彼らにとって決して容易な道ではなかった。われわれの公開性に基づく民主主義の国家体制とわれわれの数十年にわたる同盟国との協力関係によって、われわれの兵士はワルシャワ条約軍の兵士の誰よりも容易に新しい状況に適応できた。ワルシャワ条約軍では、強制された友好関係が長い間の習慣となり、「友人」という言葉も必ずしも積極的な意味では使われていなかった。しかし、これは数十年間の対立がもたらした現実であり、かつての敵は当然のことと受け止めていたのである。合意された二ヵ年計画では、当初は兵士レベル以上での交流が予定されていたが、まもなく混乱が起こった。チェコとの国境に近いウルムの第Ⅱ軍団とレーゲンスブルクの第四装甲歩兵師団は、ドイツの国防武官のブリュッゲマン大佐が兵士間の良好な関係を築いたチェコ・スロバキアの国境近傍の部隊との相互交流を急いだ。ブリュッゲマンは、兵士間の交流を相互協力事業の中心に置いたからである。しかし、われわれは、国防省でこれをさらに検討する必要があり、たとえば国境保全規則を新たに制定しなければならなかった。冷戦時代と主権が制限されていた旧東ドイツでは、制服を着た連邦軍兵士は、チェコ・スロバキアと東ドイツへの国境から一㎞以内に立ち入ることができなかったからである。

われわれは新しい規則を必要としていたが、それでも兵士相互の交流は比較的早く実現された。その後の情勢は、われわれが正しかったことを証明した。われわれが予想したよりも速やかに、国境を越えた友好的な交流が実行されたのである。一〇月の連邦軍総監ヴェラースホフ海軍大将のプラハ訪問と一一月のマリエンバードにおける最初の二国間の幕僚会議によって、大きな変化があったこの年の行事がすべて終わった。

私は、このような変化に連邦軍総監の任期中ずっと注意を払っていた。そして、総監に着任してまもなく就任挨拶のためにプラハを訪問し、当時のカレル・ペツェル参謀総長と半年に一回の定期的な会談の実施に合意した。それによって、われわれは、関係の状況を定期的に点検するとともに、関係構築に刺激を与える方法を模索した。この方法も、効果をもたらした。ペツェルの後継者であるユーリー・ネクヴァシル中将は、彼の最初の外国訪問をドイツとすることを正式に要望したのである。彼は、この際、可能ならば下士官の教育についてドイツから多くを学びたいと希望した。スロバキアと分裂した後でチェコ共和国と呼ばれるようになったこの国では、他のワルシャワ条約諸国と同様に、われわれが真の部隊の背骨であると考えているような下士官は存在していなかった。そして、オーバープファルツのワイデンにあるドイツの陸軍下士官学校に彼を招き、ドイツはチェコ共和国に新たに建設される下士官のための教育過程についてどのような援助が可能かを話し合ったのである。

私が知り合った最初はまだチェコ・スロバキアの、後にはチェコの参謀総長のペツェル、ネクヴァシルとセディヴィは、さらに多くの問題点と戦わなければならなかった。彼らは内部の抵抗を克服し、軍隊からかつての政治将校を切り離し、軍隊に対する国民の支持を求めて戦い、軍隊の改革を求めてはいるがそのために必要な予算を用意しない政治家と長期間争わなければならなかった。

この非常に異なった人格をもった三人のうちで、私は、後にチェコの軍人でドイツの名誉勲章を最初に受章したペツェル将軍の運命に大きな感銘を受けた。ペツェル将軍は、一九六八年のプラハの春が侵入したソ連軍によって鎮圧された後の軌道修正に反対して陸軍を除隊させられ、妻と共に二〇年間にわたって労働者として勤務せざるをえなかった。今や、ハベル大統領は、彼を参謀総長に任命し、彼とは異なって一九六八年に修正に従った人々の上司にし、軍隊を削減し、新たに編成することを命じたのである。私は、彼と彼の妻に何度も出会ったが、一九九二年一二月にはバート・ライヘンハルで一緒に過ごした。私は、統一ドイツの隣接国のすべての参謀総長とその夫人をバート・ライヘンハルのドイツ山岳歩兵部隊でのクリスマスに招待したのである。ヨーロッパでもっとも多くの隣国を持つドイツにおけるこの会談は、二つの同盟の敵対関係が終結したことによって、中立的で偏りのない新しい時代が始まることを象徴するものであった。この新しい時代に、NATO諸国は、協力のための新しい道を模索し、見出さなければならない。われわれは、その日の夕方山岳歩兵馬匹輸送中隊の訓練講堂でのクリスマス行事の前に行われた会談で、このことを確認した。ペツェルとその婦人にとって、彼が後で私に述べたように、この会談は忘れがたいできごとだった。自由で平等な、家族がお互いに親密に感じる雰囲気の中でクリスマス前の行事を経験したことで、彼は、自由な同盟と強制によって結び付けられた社会の相違を理解した。私は、彼の変化とこの夜にわれわれ参加者の間に生まれた連帯感を感じた。この連帯感は、今でもわれわれに信頼感に満ちた協力を可能にしている。

私が一九九六年に連邦軍総監を辞任したとき、連邦軍とチェコ軍の関係は、両国間で受け入れられた正常化をほぼ達成していた。両国における部隊の協同訓練や両国の戦死者の相互顕彰という目標について、私はネクヴァシル将軍と合意することができたが、その実行を見とどけることはできなかった。

われわれは、長い道のりを比較的短い期間に大きな成果を挙げて共に克服した。われわれが過去の陰の部分と認め、隠さずにこれについて語りあった両方の側の過ちにもかかわらず、われわれは一九九〇年代に良好な隣人関係を構築することができた。われわれは、今や他の人々が渡ることのできる橋を架け、軍隊間に信頼関係を生み出すことに貢献した。すなわち、信頼関係の構築によって、多くの傷が癒されたのである。私は、連邦軍の兵士の交渉や行動によってドイツの政治家の和解を求める言葉を具体的な人間の行為に転化することができたと考えている。彼らは、それによって信頼関係の構築にたとえようもない大きな貢献を果たした。

このような努力のさきがけは、プラハの国防武官ブリュッゲマン大佐であった。彼が退役するとき、私は、彼と彼の妻に特別な方法で彼らの貢献に感謝しようと決心した。私は、連邦軍総監部音楽隊の弦楽器奏者を伴ってプラハに行き、彼らは、プラハの美しいドイツ博物館である歴史的な建物のパレ・ロブコヴィッツで、チェコの青年音楽隊と合同でモーツァルトの作品を演奏した。ブリュッゲマン大佐にとって、ドイツの兵士が若いチェコの音楽家とともに多くはチェコ人であるプラハの観客の前でモーツァルトを演奏するのは、退役を前にした素晴らしい贈り物であった。彼は、国防武官としての任務を対立の中で始め、対立と分裂の解消とともにその任務を終了したのである。

ドイツ人とポーランド人

一九九〇年の軍事政策上のもっとも重要な課題は、ポーランドとの二国間関係の構築であった。われわれは、すでにウィーンで基本的に受け入れの用意があるという信号を発信しており、「2＋4」会談の後まもなく、われわれはポーランド政府がそのための会談を開催する用意があるという信号を受け取った。この会談は、一九九〇年六月一五日と一六日にワルシャワで開催されることが合意された。

最初の会談は、参謀本部の迎賓館で凍り付くような雰囲気の中で行われた。出発の時点で、われわれはワルシャワでプラハの時よりも厳しい状況下に置かれるであろうことがはっきりしていた。歴史的な重荷はより大きく、相互の傷跡はより新しく深かった。そして、ポーランドの「2＋4」会談への参加の希望が拒否されたことも、おそらく何らかの役割を果したであろう。私は、両代表団の机の上に、氷でできた山が置かれているように感じた。ポーランド側による非常に格式張った開会の言葉の後で、私はわれわれの立場について述べた。私は、現在の情勢に関するわれわれの見解、NATOへの帰属に対するわれわれの確固たる意志、兵器の使用は攻撃を受けた場合にのみ限定されるわれわれの防衛的なの戦略とわれわれのすべての隣国との協力する意志について述べた。また、私は、数週間後にロンドンで開催されるNATOサミットにおいても、協力に関する明確な意思表示が行われるであろうことも付け加えた。私は、最終的には現在のドイツとフランスと同様な関係が構築されるような長い道のりの最初の一歩を踏み出すためにワルシャワに来たという個人的な見解をもって発言を締めくくった。私は、ドイツ人がヨーロッパの中にその地位を見出そうと模索する時代はすでに終わったことをポーランドにも保障し、ポーランドとの和解を推進することを私の世代の義務であると表現した。私は、ドイツの統一という目標に向けた「2＋4」会談が現在の西ドイツと東ドイツの国境で合意に至れば、国境問題も最終的に決着するという私の確信についても述べた。私は、常に新しい障害を克服する努力が必要だったとしても、この発言によって、相互理解の道が開かれ、少なくともポーランド側代表者に熟慮する気持ちを起こさせたように感じた。

ポーランドを最初に訪問した連邦軍代表団の一部は、再建されたワルシャワの旧市街を初めて見た。もちろん、われわれは、第二次世界大戦におけるワルシャワでの戦いを知っていたが、ヨーロッパの文化遺産が一九四五年にヒトラーの命令でドイツ人兵士によって手当たり次第に野蛮に破壊された事実と直面して深い衝撃を受けた。このことは、われわれの会談における当初の数時間の雰囲気を示すものでもあった。たとえば、ポーランドの無名戦士の記念碑を爆破したのが制服を着たドイツ人だったことは、今日に至るまで私は知らなかった。これを実行した人々は、死者に対する畏敬の念をみずから捨て去ったことによって、どれほど大きな罪を犯したのであろうか。彼らは、敵味方の別なく戦死者を弔うというあらゆる国々の兵士が準拠すべき不文律に違反したのである。

われわれの代表団は、歴史に課せられた重荷を感じて完全に修復されたワルシャワの旧市街を後にしたが、ポーランドとの協力関係を何とか構築したいという意欲を強めた。夕食会において、私は、ヨーロッパにおける戦争を二度と引き起こさないために最大限の努力を払うべき義務が歴史によってわれわれに課せられたという考えを改めて表明した。そして、私は、再びドイツとフランスの友好関係を将来のドイツ－ポーランド関係の模範的なモデルとして取り上げた。

翌日、われわれは、明らかに以前よりもうち解けたポーランド代表団を前にしてチェコ・スロバキアと合意したような二カ年計画に関する建設的な意見交換を開始した。これに加えて、われわれは、海上における事故防止に関する協定を策定することを提案した。会談は、大臣と参謀総長の相互訪問を実現するために接触を維持することと、両国の決定に応じてさらに交渉を進めることをもって終了した。

土曜日、ドイツ大使館に対する説明と参謀総長に対する表敬訪問の後で帰路に就いたとき、われわれは、扉がまだ広く開かれたわけではないが、少なくとも扉の中に足跡を残したことを感じていた。最初の接触は容易なものではなかったが、われわれは、われわれの意図を信頼とともに伝えることができた。信頼醸成の過程が開始された。「2＋4」会談とロンドンでのNATOサミットを前にして、それ以上のことは期待できなかった。

一〇月、ポーランドの国防次官の一人がボンを訪問し、その後一九九〇年一一月二七日、ポーランドの国防大臣がボンを訪問した。彼は、われわれがワルシャワで開始した作業に政治的な決着を与えるために、二国間の相互協力に関する協定に調印した。道は開かれ、今やこの枠組みに生命を吹き込むだけであった。私は、まだ連邦軍総監部の部長として、この方向に向けた第一歩を準備することができた。すなわち、協力のための二ヵ年計画に含まれている活動として、最初のドイツ―ポーランド間の参謀による会談が一九九一年一月二二～二三日にボンで開催されたのである。われわれは、ロベレック准将に率いられたポーランド側代表団と情勢判断に関する意見を交換した。私は、彼に湾岸戦争への参加に関するわれわれの問題点についても、率直に説明した。彼は、中でも一九九一年一月二〇日に私がコール首相に呼ばれてトルコとの同盟問題と国防省として考えられる行動方針を彼に説明したことを通じて、この問題に関して私が部長である連邦軍総監部の第Ⅲ部がどれほど緊要な役割を果たしているかを明確に理解した。

参謀間の会談の中で、われわれは国境近くでの接触についても提案した。ドイツ―チェコ関係の経験から、われわれはこの問題を未定のままにしておいた。というのは、旧東ドイツ地区では、まず部隊を創設しなければならないからである。驚いたことに、ポーランド軍と国家人民軍の間にはそのような関係がなかったので、ポーランド側のほうがこれに大きな関心を抱いていた。これは、ポーランドと旧東ドイツという「兄弟軍」の間に真の友好関係が存在していなかったことを示している。われわれは、この問題を未定のままにしておく一方で、航空情報の交換のために連絡網を構築するという結論に到達した。われわれが別れを告げたとき、われわれの間には一定の親近感が芽生えたことを私は大きな満足をもって認めた。ポーランドとの難しい関係においても、われわれ兵士は、協力関係の前提となる信頼を醸成することに明らかに成功したのである。われわれの部隊がチェコとの間のような関係をポーランドとも構築できれば、われわれは、NATOとワルシャワ条約機構との境界に持続的で開放的な協力関係を確立することに貢献したと言えるであろう。

国家とその軍隊の関係は、しばしば象徴的な行為あるいは感情的なできごとによって規定される。前述のような最初の二つの行動によって、連邦軍総監となった私は、ポーランドの広範な世論にドイツ連邦軍と和解に向けたドイツの真剣な努力を認めさせることができた。一九九一年一〇月の連邦軍総監就任の数日後、私は、一九九一年のクリスマスにドイツとポーランドの部隊が相互に訪問することを参謀総長が許可するようにポーランドの国防武官に要請した。私は、それによって、ドイツとポーランドの国境がもはや両国を分割するのではなく、将来はむしろ結び付けるべきものであり、われわれの軍隊はそこで対立しているのではなく、ワルシャワ条約が廃止された後も協力すべきであるという目標を示すことを彼に説明した。私は、ポーランドの参謀総長と国境を越えて出会い、彼とともにポーランドの部隊を訪問し、次いでドイツのエッゲシンに駐屯する旅団を一緒に訪問することを提案した。ワルシャワからの同意は比較的早く到着し、私は、一九九一年一二月二四日の午前中にステッティン近くの国境でポーランドの参謀総長シュテルマスツーク大将と会った。両国のテレビ記者に伴われて、われわれはステッティンの工兵連隊に向かった。栄誉礼を受けた後に、シュテルマスツーク大将と私は、四〇人ほどのあらゆる階級の兵士の一団のいる部屋に立った。シュテルマスツーク大将が私に挨拶し、訪問に感謝するとともに、数百年にわたる困難で、しばしば敵対的であったドイツとポーランドの関係に注目すべき、将来に希望を抱かせる変化が起きつつあると短い言葉で述べた。私は、これを受けて次のように挨拶した。私は、過去数十年間の対立を思い出す。そこでは、両陣営の兵士が、クリスマスでさえお互いに戦う用意を整えていた。これは今では終わり、われわれはお互いに歩み寄り、協力相手あるいはいつの日か友人になるであろう。そして、私は、ポーランドの兵士に和解という偉大な事業をともに担い、完成させることを要望するとともに、彼らにポーランド語でメリー・クリスマスを言ってこの挨拶を終えた。

我々の後で、ポーランド軍の牧師が、クリスマスのこの日、喜びと希望を思い起こさせるキリストの言葉を述べた。最後に、彼はシュテルマスツークと私のところに来て、平和と和解の象徴として一切れのパンを分かつことを望んだ。われわれは、中でも私から見て右手に並ぶ兵士の階級の一団とテレビカメラが見守る中で、喜んでこれを実行した。この若い兵士の一人は、おそらくこんなに近くで将軍を見る機会はなかったであろうが、背が高く金髪で、息子のディルクを思い出させた。私は、牧師にもうひとかけらのパンをもらえないかと訊ねた。そして、私はこれを持ってこの若い兵士のところへ行き、パンを分かち合うことを頼み、ポーランド語でメリー・クリスマスと言った。私は、若者がパンを分かち、目に涙を浮かべるのを見た。彼は、私に何かポーランド語で話した。通訳によれば、彼は私に感謝し、クリスマスのお祝いを述べ、ドイツの最高位の将官が彼に話しかけたことがまったく意外だったことを付け加えたのである。ポーランドでは、将校はもちろん、まして将官は決して兵士に話しかけることはなかったからである。私は、内面指導という寄り道をする気はなかったが、民主主義的な法治国家では、将官があらゆる階級の兵士と話しをすることは普通のことであり、しかもそうすることが将官の義務であると彼に言った。私がその後聞いたところでは、この若い兵士とのエピソードがポーランドのテレビで放映され、多くの共感を集めた。ポーランドで連隊の将校とクリスマスの伝統的な鯉料理をとった後で、ポーランド側の協力相手と私は、旅団長のハンスーペーターー・フォン・キルシュバッハ大佐がわれわれを待っているエゲッシンへ向かった。もちろん、シュテルマスツークと私は、この非常に心地よい印象の午前中の車中で、さらなる関係構築について話し合い、この日を部隊間の接触を拡大するための扉を開いた記念日とすることに合意した。エゲッシンに勤務する兵士とのクリスマスの行事をもってその日は終了し、シュテルマスツークと私は、エゲッシンの司令官から二等兵に至るまでがわれわれの隣人であるポーランドとの交流を歓迎しているという印象をもった。別れを告げたとき、われわれは、この特別な日を通じてお互いに親近感をより強めた。ボンへ向かう飛行間、私は、私の副官と一日を振り返ったが、その結論は肯定的なものであった。われわれは、明白な信号を送り、それに対する返答を得た。

このような方向に向けた第二のステップは、ポーランドの参謀総長タデウス・ヴィレッキ大将と合同で戦没者に花輪を捧げることであった。これは、第二次世界大戦の開戦五五周年の記念日にダンツィッヒ近郊のヴェスターンプラッテで予定されていた。私は、その年の初めにヴィレッキにこれを提案し、彼が賛成すれば国防大臣からそのための許可を得る約束をしていたが、この行事が問題なく実行されるという前提条件を明確にしていた。ヴィレッキは、内向的で容易には近寄り難いが、協力に当たっては信頼できる相手であった。私は、われわれ軍人はその良好な関係からすればこの機会を利用する必要はないが、これは近年われわれの関係がどれほど緊密になったかをポーランドとドイツの国民に示すよい機会であると彼に明確に述べた。ヴィレッキは、第一にこのように合同で花輪を捧げることに対する退役軍人の理解を得ることに努力する必要があると私に言った。私は、ドイツでも批判は避けられないであろうと答えた。しかしながら、私は、両方の側が戦死者の栄誉を称えることは象徴的なものではあるが、それによって両国の国民の和解に貢献し、戦争を防止するというわれわれの義務を思い起こさせるであろうと確信していた。一九九四年九月一日朝、ポーランド海軍航空部隊の飛行場で通常の栄誉礼を受けただけでなく、一九三九年九月一日にヴェスターンプラッテに配備していた一団の退役軍人に出迎えられたとき、私は、いかなる障害が待ち受けているかに気が付いた。挨拶は丁寧であったが、冷たかった。人々は、この老人の一団がある命令に従っているのだが、彼らはそれに納得していないことに気付いていた。彼らは、われわれを案内し、ほとんど一日中観察していた。夕刻、ヴィレッキと私は彼らと握手をして別れを告げたが、花輪を捧げるのを見た後で雰囲気はまったく変わった。今や、彼らは非常に誠意にあふれ、ほとんどすべての人々が一言ずつドイツ語で話しかけた。彼らの一人は、私にドイツ語で「あなたの偉大な祖国に神のご加護を、将軍閣下」と言った。私は、この言葉に大きな感動を受けた。これは、この決心が正しかったことを示していた。また、大使館からの報告によっても、これが裏付けられた。

約五年間の連邦軍総監としての在任中、私は、ほとんど半年に一回はポーランドの参謀総長と会談した。これは、通常一日の期間で、非常に実務的なものであった。われわれの幕僚や兵士は、これらの国々との関係構築がもっとも重要なことを知っており、そのために全力を尽くした。ここでも、あらゆる階級とあらゆる軍種の兵士が、新しいドイツの信頼できる使節として、過去の溝に橋を架けたのである。

旧東ドイツにおいて建設中の連邦軍の部隊にとって、この交流事業は大きな負担であったが、彼らは熱心にこれと取り組んだ。まもなく、連邦軍がこれまで同盟国とだけ行っていた兄弟部隊というアイデアが生まれた。私がＮＡＴＯ軍事委員会議長としてブリュッセルに赴任する前に、最初の兄弟部隊が誕生した。兄弟部隊として公式に誓約を行う場合、もちろんポーランド軍兵士も出席し、接触はいっそう緊密で良好なものになった。われわれの隣人であるポーランドとの交流は、完全に部隊の手にまかされた。

連邦軍総監として最後に行ったポーランドとの関係構築のための活動は、軍事力建設計画に関するセミナーの開催であり、ヴィレッキと私が半年ごとに行っていた会談で両国の軍事指導者、すなわち参謀総長・連邦軍総監と各軍種司令官・各軍種総監によって最初に合意されたものである。その最初の会談は一九九六年一月にザコパンで行われ、その対話の濃密さ、公表性や水準は、われわれの同盟国間の同様なレベルの会談にひけをとらないものであった。私は、最後におこなった感謝の言葉の中で、すべての軍事指導者が一堂に会するこのような会談は、われわれはどの同盟国とも行っていないことを話した。また、一九九〇年代の比較的短い期間にわれわれが達成した進歩の証拠として、この事実とわれわれの会談の公表性と内容の高さを高く評価した。われわれは、信頼の絆、まさに友好関係を結んだ。そして、ＮＡＴＯ加盟国の軍事指導部として、ポーランドの協力相手を信頼させたのである。しかし、より重要なことは、兵士相互が連帯感を生み出したことである。両国の数千人の兵士が、それぞれお互いの国を訪れ、協同訓練を行い、お互いを理解し、お互いを信頼した。ふたたび、連邦軍は、両国民の理解に貢献した。ドイツとポーランドの対立の長い歴史を振り返れば、誰もこれに成功するなどと信じられないであろう。しかし、われわれは、これに挑んだのである。

ハンガリーとの接触――古い友好関係の復活

ハンガリーとの最初の接触は、今日ではよく知られているように、国防次官のプファルスによって実行された。シュトルテンベルク国防大臣は、普通、連邦軍総監部第Ⅲ部に接触を準備させ、次いで国防大臣の会談を設定し、それによって政治的な枠組みを確立した後、連邦軍総監又は参謀総長の訪問によって接触を公式に開始するという方針を定めていた。しかし、ハンガリーの場合はこの方針から外れたわけである。国防大臣は、国防次官の訪問によって、一九八九年の国境の開放におけるハンガリーの勇気に対するドイツの評価と感謝の気持ちを強調する政治的なシグナルを送ろうとしたのである。次官の訪問によって、シュトルテンベルク大臣のハンガリー訪問が実務者の間で合意され、その後は通常の手順による関係構築が開始された。

一九九〇年七月九日、シュトルテンベルク大臣は、このような訪問では恒例になった国防省計画部長、連邦軍総監部第Ⅲ部長、広報課長と大臣副官からなる代表団とともにブダペストへ飛び立った。

訪問の中心となるのは両国の大臣による会談であり、会談では、政治・軍的な関係の構築について非常に速やかに合意に達した。ハンガリー側はこれについて条約を策定し、この訪問中に調印することを提案したが、大臣は、われわれが法的に公式の条約を締結する権限を有しないことをハンガリー側にまず明らかにし、大綱に関する合意については調印することができることを伝えた。ハンガリー側はこれを了解し、国防次官のアヌス大将と私は協同でこの合意に関する案を策定することを命ぜられた。アヌス大将は、その後残念ながら事故で死亡したが、融通性のある非常に物静かな将軍で、撤退に関するソ連との交渉において手腕を発揮した。彼は、当時あるいはその後の接触において、ロシア人といかに交渉すべきか、何に特に注意が必要か、条約の締結後ハンガリーとの交渉の責任者を命ぜられた非常に頑固なブルラコフ将軍といかに交渉すべきかなど、ソ連軍のドイツからの撤退に関する貴重な助言をわれわれに与えた。

われわれは、個別の協力に関する計画の大枠を規定するこの非常に一般的な合意案を二時間以内に策定してお互いに合意し、大臣の同意を得た後、さらにもう一度翌日までに法律専門家に点検させた。障害は迅速に除去され、それによってシュトルテンベルク大臣の出発前に調印することができた。

この訪問で、われわれは、ハンガリー軍が解決すべき問題点についても気が付いた。他のすべてのワルシャワ条約軍と同様に、ハンガリーの軍隊は、非常に規模が大きく、下士官団が欠如している結果として将校が多すぎるという欠陥を持っていた。装備は多くの場合近代化が必要であり、ハンガリーはそれによってソ連への依存を解消することを望んでいた。人々は西側の装備を望んでいたが、比較的高価な西側の装備品を取得するための予算が不足していた。人的構成で上級者が多すぎ、投資予算が不足しているというハンガリー軍の二つの問題点は、一〇年後の今日でも完全には解決されていない。これに加えて、困難な問題として言葉の問題がある。というのは、ハンガリー語は、旧ワルシャワ条約機構内で使われていた言葉とまったく共通性がなかったからである。ワルシャワ条約機構内ではどこでも見られたように、西側の言語に関する知識はほとんどなかった。西側の言葉は、主として情報勤務の将校だけが使用できた。ドイツ語は、ハンガリーではまだ広く話されており、それが、おそらくハンガリーがドイツとの早期の関係確立を特に重視した理由であろう。しかし、別の理由には、疑いなく発展と苦悩を共にした長い間のハンガリーとドイツの共通の歴史がある。これらは、ドナウ河畔の印象的な国会議事堂における大臣と国防委員会との会談で明らかなった。ハンガリー陸軍の少佐の制服を着た八〇歳以上と思われる最年長の議員が、国防委員会を代表してシュトルテンベルク大臣に挨拶した。彼自身古参の議員である大臣は、このような異例の事態でも落ち着いた態度だった。国防委員会の役割に不慣れな、したがって自信のない議員との会談においては、その後大きな助言の必要なことが明らかになった。というのは、新しい協力相手のハンガリーでは、議会による軍隊の統制という役割が、まったく知られてなかったからである。また、かれらが直面している対立関係も明らかになった。政府は独自性を保持することに関心を抱いている一方で、軍隊は議員による統制を細部の管理と取り違えないように監視していた。多くの民主主義国の議会においても、この区別は常に容易に行われているわけではないので、これは当然の心配であった。シュトルテンベルク大臣は、ハンガリー議会の議員に対して、両国の国防委員会相互の接触の機会を設定することを約束した。この接触は、直ちに実現された。この過程で、北大西洋議会（NAA）も重要な役割を果たした。この会議には、今日ではロシアの国会議員、たとえばシリノフスキー氏も毎年参加している。

シュトルテンベルク大臣が喜んで引き受けた義務の一つは、ブダペストの英雄広場で花輪を捧げることであった。この印象的な広場はブダペストの中心にあり、その記念碑はハンガリーの千年にわたる歴史を思い起こさせるものであった。一九九〇年当時、英雄広場の近傍にやや寂しげに見える演壇があり、かつてはその上から共産党の指導者が軍隊の行進を観閲していた。今や、英雄広場の記念碑の前に兵士が直立し、ハンガリーの戦没兵士を称えるためにドイツ連邦共和国の国防大臣が初めてここに花輪を捧げるのである。軍隊の規律では、これらの兵士は、このような儀式において動いてはならなかった。まだ二〇歳になっていないであろう兵士の顔には、何の表情も現れていなかった。おそらく彼らは、この儀式をうまく執り行う以外のことを考えていなかったであろう。しかしながら、この瞬間も、ハンガリーがヨーロッパの国々の仲間に復帰する小さな一歩だったのである。また、この儀式は、一九八九年夏にオーストリアへの国境を開放し、東ドイツの人々をオーストリアに出国させたハンガリーの勇気に対する感謝の表現であった。シュトルテンベルク大臣は、英雄広場で花輪を捧げるばかりでなく、一九五六年の蜂起を計画したパール・マーレター大佐の墓にも花輪を捧げることを主張した。これは、ブダペストの郊外にある墓地での質素な花輪の奉呈であり、ハンガリーの軍人の参加は極めて少なかったが、簡素ながら感動的なひとときであった。シュトルテンベルクのような人々にとって、一九五六年という年は、西側に芽生えた希望がやがて失望に変わったこと、ソ連の非情な行為や圧政に苦しめられた人々の自由を求める情熱を思い起こさせる。私にとっては、蜂起の写真やハンガリーの放送局の絶望的な呼びかけが思い出される。当時一七歳の青年だった私は、ソ連の非情な行いに対してまったく無力で、西側が行動を起こさないことを卑怯だと感じた。パール・マーレターの勇気と侵攻したソ連軍に対する絶望的な抵抗は、当時の私にとって一つの象徴であり、あるいは模範でさえあった。人は、守るべきものに対する責任を決して放棄してはならない。われわれNATO諸国は、同盟各国の戦力が優越していたわけではないのに、決してあきらめなかったことから冷戦に勝利することができた。マーレターは、強者すなわち西側が見捨てたことから、犠牲者となった。その墓は、われわれがその罪を償わなければならないことを思い起こさせる。

シュトルテンベルク大臣の訪問によって、隣国のポーランドやチェコとのような緊密なものではなかったが、ハンガリーとの良好な軍事協力が開始された。早くも一九九〇年一〇月二三～二四日、参謀総長による最初の会談がボンで開催され、さらなる協力関係の構築の細部が検討され、決定された。

たった一年間で、ソ連、ポーランド、チェコ・スロバキアとハンガリーとの協力関係を構築するというわれわれの目標が達成された。われわれは、直接の隣国とハンガリーに対する信頼の架け橋を構築し、ソ連とも相互理解を促進することができた。この協力関係は、国家の指導者によって統制され、兵士によって具体的に推進されたものである。ここでわれわれが成果を得るかどうかは、最終的には兵士が決定する。われわれは、兵士が余分な負担を引き受けることによって成果を得たが、一九九〇年にはまだそれを確信できなかった。

一九九〇年は、素晴らしい年であった。第二次世界大戦の戦勝四ヵ国と隣国の同意を得て、われわれはドイツの統一を達成した。ドイツは、引き続きＮＡＴＯの一員であり、完全な主権を回復し、当時のソ連軍の撤退が合意された。われわれは、ワルシャワ条約地域のわれわれの隣国、ハンガリーとソ連と協力的な関係の構築に合意した。

その後の情勢は、われわれが正しかったことを証明している。統一ドイツとドイツ連邦軍は、東西の国々から信頼を獲得し、連邦軍の編成と軍事ドクトリンは各国の模範とされている。われわれは、この方針を確固として維持し、一九九〇年には接触できなかったヨーロッパ諸国とも次第に連携を確立していくことをめざしている。兵士は、改編、削減や駐屯地の閉鎖にもかかわらず、連携の確立に貢献した。彼らは、ヨーロッパに平和の架け橋を構築したことによって称賛される価値がある。参加各国の工兵による架橋は、演習のテーマであるばかりではない。われわれは、ライン河にスイス軍と協同して架橋したが、一九九六年にはこれと同様にオーデル河にもポーランド軍と協同で架橋した。

しかし、これらの成功した演習よりも重要なのは、冷戦が終結した後の数年間に、ドイツの兵士がヨーロッパを分断していた溝に橋を架け、四〇年以上も敵対してきた国々の人々とわれわれを結び付けたことである。連邦軍の兵士は、統一され、大きくなったドイツに不安を抱く人々を安心させる上で重要な貢献をした。彼らは、第二次世界大戦中にドイツ軍兵士によって虐げられた国々の人々に、新しいドイツが信頼できることを行動によって示したのである。連邦軍の兵士の多くは、余分な負担を課せられることを恐れたかもしれない。今日では、彼らはヨーロッパの平和への貢献を誇りにすることができる。

7

同盟は橋を架ける——NATOの拡大

最初の第一歩——平和のための協力関係

一九九〇年の変化、特にドイツの統一によってヨーロッパと世界が変わった。この状況を直接体験した私は、ドイツとヨーロッパを起点とする変化の世界的な次元をすぐには理解できなかった。ソ連が崩壊することを前もって予想していたと主張する人々とは反対に、私はこれを予言したことはなかった。私は、これが一九九〇年にも起こるとは予想もしていなかったのである。われわれは、ワルシャワ条約機構が持続可能かどうかを疑っていたが、その終末を予言することはできなかった。われわれが明確に観察し、通常戦力と核戦力の削減のために二つの同盟の間の協力という意味で利用することを考えていたのは、過剰軍備の負担を解消したいというソ連と、ソ連以外のワルシャワ条約諸国のモスクワへの依存を低下させたいという中・東部ヨーロッパの人々の意志であった。一九九〇年の時点では、誰もNATOの東方拡大など考えてもいなかった。残念なことに、モスクワは、善意に逆らって未だにこれに繰り返し反対を唱えている。NATOの東方拡大に代わって、ドイツを含む西側の人々の多くは、NATOの解体を予想した。次いで、これらの人々は、NATOに代わるものとして、

ＣＳＣＥの強化を主張した。このアイデアは、ロシアが再び世界第二の大国となるための安価な方策なので、今日に至るまでモスクワが支持しているものである。一九九一年にソ連自体とワルシャワ条約機構が崩壊したときでさえ、西側での意見は本質的には変化がなかった。ＮＡＴＯの拡大は、議論のテーマにはならなかったのである。このような提案がポーランドから出されたとき、その反応は、拒否あるいは回避というものであった。

これに対して、旧ワルシャワ条約諸国との二国間協力は迅速に増大し、ブルガリアやルーマニアのような国々から、中でもソ連の崩壊後に新しく誕生あるいは復活したバルト三国にまで拡大した。すべてのＮＡＴＯ諸国は、二国間協力と熱心に取り組んだ。その結果、無数の提案や訪問が、雪解けの洪水のように旧ワルシャワ条約諸国に流れ込んだ。多数の提案をふるいにかけ、選別するという問題に加えて、これに伴う財政的な負担が次第に大きく影響するようになった。西側代表団の受け入れともてなしは、われわれの新しい協力相手の負担になった。これに加えて、ＮＡＴＯ諸国の提案が調整されていないことから、しばしばこれらが競合するという問題が起こった。これは、各国が「美人コンテスト」のようにお互いに魅力ある提案を競ったことから不可避的に生じたものである。ＮＡＴＯ各国の善意は、新しい協力相手の負担として脅威となったのである。ＮＡＴＯによる調整は、緊急の課題となった。この頃、ＮＡＴＯ軍事委員会議長となった私は、参謀総長レベルによる軍事委員会の初期の会議でこの問題を取り上げた。アメリカやイギリスの支援と継続的な調整にもかかわらず、成果は見られず、これは軍事委員会の公式の決定とはならなかった。結果は、二年間の忍耐強い、成果の挙がらない協力、われわれの協力相手の側の大きな混乱や成果と比較して過大な双方の出費であった。

しかし、一九九三年までの数年は、決して失われた年ではなかった。東西の数万人の兵士が、四〇年以上にわたる対立の時を越えてお互いに接触を果たしたのである。冷戦間の風刺画のような偏見は、太陽に照らされた氷のように消え去った。もちろん、これらの最初の接触において、誤りも起こった。その一つは、双方の側に見られた高い地位の人々の訪問熱である。私は、冷戦間のＮＡＴＯの頻繁な演習において、簡単な構成の演習でこれほど多くの高位の軍人を見たことがない。もちろん、最初の段階においては、小隊、すなわち三〇人ほどの演習を陸軍や海軍の将官が視察し、会談することは悪いことではないが、これが関係の正常化をもたらすことはない。私は、この軍人の旅行熱に反対してこれを軍事委員会の議題にしたが、長い間目に見える成果はなかった。しかし、私は、その良い面を否定はしない。すなわち、一九九一～一九九三年には、接触への不安は除去され、東西間の信頼が固まり始めたのである。その一方で、中核には、協力のための道筋を模索する二つの異なった体制がまだ残っていた。ＮＡＴＯ側は、ワルシャワ条約軍をその優れた兵器の故に非常に高く評価してきたが、指揮や総合戦闘力の発揮における能力は過大に見積もっていた。資源の配分にほとんど制限を受けないソ連型の制度は、維持できないことをわれわれはすでに知っており、われわれの協力相手も次第に気付き始めた。われわれは、民主主義的な統制での軍事力整備計画の策定に際して、新しい協力相手を援助しなければならない。われわれは、ＮＡＴＯでは比較的低い指揮レベルで行われている中央集権的な指揮システムがあらゆる場合に適用されていることを知っている。より高いレベルでの決定には、われわれのような指揮システムの適用が必要であり、それによって、われわれは真に協力が可能になるであろう。また、われわれは、まったく内容が異なっているのに、同様の概念の用語が使用されていることを知らなければならない。この問題は、英語に翻訳することが必要な場合、より深刻なものとなる。

　確かに、われわれの協力相手は、似ている、あるいは似たように覚めた認識を持っている。逆に、彼らにとって、ＮＡＴＯ諸国におけるまったく異なった規定や方法の多様性が混乱をもたらすのではないだろうか。それ以上に、彼らは、中央集権的で画一的な方法と統制に慣れているので、ＮＡＴＯの多様性に失望するかもしれない。混乱を防止し、活動を調整する必要性と、そのためにはＮＡＴＯがもっとも適した組織であるという主張が強まった。一九九二年四月、ＮＡＴＯの参謀総長と協力相手との最初の会談が開催されたとき、この考えが強められた。というのは、この会談は、内容からすれば形式的なものであったが、ヨーロッパの分割が実際に終わったことを示す象徴的なものでもあったからである。私は、ほとんど毎回の軍事委員会・参謀総長会議で調整の必要性を主張した。また、友人であるアメリカのコリン・パウエルも同様であった。われわれは、サー・ピーター・インゲ元帥がイギリスの参謀総長になり、元北欧軍集団司令官あるいはイギリスの陸軍司令官の視点から調整の必要性を主張したことによって、最初の突破口を見出した。ピーターは、私がミュンスターの第一軍団司令官だった短い期間私の上司であり、良い友人で特に信頼する協力相手になった。彼と交渉することは容易なことではなかったが、彼の同意を得ることができたならば、彼の言葉を一〇〇％信頼することができた。彼は、コリン・パウエルと私が同盟による調整を不当に要求しているのではないことを速やかに理解した。最初、われわれは、旧ワルシャワ条約諸国との二国間協力の形態と規模をＮＡＴＯに通知するという各国に対する要望以上のことは実現できなかった。しかし、それによって糸口が見出され、今や少なくとも誰がどことすでに活動しているかを知り、お互いに協力について話し合い、あるいは特定の活動を行わないことができるのである。その一方で、かつての敵との全体的な協力を一元的に調整し、個々の手段を調整する必要性は残されたままであった。

同盟内に平和のための協力関係を確立することは、アメリカの功績で実現された。アメリカは、協力関係を調整するために、「パートナーシップ・フォー・ピース（ＰｆＰ）」という名称の計画を提案し、この計画は同盟にとって大きな成果をもたらした。ＰｆＰは、もともとアメリカのビル・ペリー国防大臣と彼の二人の部下、残念ながらボスニアでの事故で死亡したジョー・クルツェルと新しい統合参謀本部議長のジョン・Ｍ・シャリカシュビリによって策定されたものである。この計画は、ますます強くなるポーランド、チェコ共和国とハンガリーのＮＡＴＯ加盟要求を一時的に受け止め、ＮＡＴＯの拡大に関する決定を延期するための手段として提案されたものである。このような理由から、ＰｆＰ協定には、広範な協力の提案に加えて、不明確なあるいは危険な状況が生起した場合、ＮＡＴＯと協議することができると示されていた。しかしながら、ＮＡＴＯではしばしば生起したことだが、人々はこの協定を別の意味に、すなわち将来のＮＡＴＯへの加盟を準備するための提言と解釈したのである。

ＮＡＴＯ加盟の準備というのはドイツの解釈であったが、それだからこそ、この計画が一九九三年秋にトラーベミュンデでの米独国防大臣の非公式会談において最初は二国間レベルでわれわれに対して示され、その後総会に提案されたときに、リューエ国防大臣はアメリカの同僚のペリー長官に速やかに同意したのである。

国防大臣同士の非公式会談というアイデアはリューエ国防大臣が主導し、彼は、これに関してマンフレット・ヴェルナー事務総長や二三人の彼の同僚と調整していた。このアイデアの出発点は、最終的には成功したのだが、この方式によってフランスの国防大臣をＮＡＴＯの国防大臣の会議に参加させるというリューエ大臣の希望であった。それに加えて、あまり意味のない形式的な行事で彼の大臣としての在任期間を無駄にすることへの当然の嫌悪感があった。彼は、国防大臣同士の活発な非公式の政治的会談を望み、これを小規模な範囲に限定することを望んでいた。しかし、アメリカ国防省には、この会談が大臣と六人以内の関係者で構成されることを通知することを決めていた。彼は、NATO加盟国の一つと年一回この会談を開催することを提案した。トラーベミュンデ会談は、その中の最初のものであり、それ以降毎年開催されて恒例行事となったが、次第に公式の会談のような性格が強くなってきた。アイデアは良かったのだが、その一方で、国防大臣がますます外交に関する問題を議論するようになり、国防大臣による公式の会議においてさえも、防衛計画の策定のような彼ら本来の問題について話し合うための時間が足りない状況を見過ごしてはならない。場合によっては、これが、軍人側から繰り返し提言されていたにもかかわらず、九〇年代の中期に浮上したアメリカと他の同盟国との間の技術格差がこれほど長い間放置されてきた理由かもしれない。しかし、最初のいくつかの問題点はあったが、最終的にフランスの参加が実現したのは重要である。フランスは、外相会談とNATO首脳会談にはいつも参加していたのだが、通常は防衛計画委員会（DPC）あるいは核計画委員会（NPG）として開催される国防大臣の会議には参加していなかったのである。

トラーベミュンデ会談は、核問題が議題とならない場合に限って、一九九六年秋以降フランスがほとんどすべての国防相会議と参謀総長レベルの軍事委員会の会議に参加する一つのきっかけとなった。

また、トラーベミュンデ会談は、NATO国防相会談では普通に行われているように、公式の会談に先立つリューエ国防大臣とペリー国防長官との二国間会談の機会となった。代表団は、会議場となったホテルの比較的小さい細長い部屋で会談した。最初の挨拶を交わした後で、ペリー長官は、旧ワルシャワ条約諸国との協力関係を深め、確固としたものにするために、この会談をアメリカの構想に関する非公式の意見交換の場にしたいという意向をリューエ国防大臣に伝えた。ペリー長官は、NATOの協力委員会では、ほとんど実質的な議論が行われていないことを明らかにした。アメリカは、NATOの勧告よりも積極的に、同盟への参加にかかわらず、希望するすべての国々と平和時における軍事的協力関係を結ぶことを提案したいと考えていた。その目標は、NATO加盟問題を引き起こすことなく、あるいは新しい同盟を構築するための口実を与えることなく、NATO条約の適用地域を区画している境界線を消滅させることであった。これは、一方では、ますます強くなるポーランドのNATO加盟要求に応え得る非常に巧妙な案であった。また一方では、この案は、長期的にはNATOに吸収されるであろうCSCE、その後のOSCEの強化に関するロシアの努力に合致すると同時に、「独立国家共同体（CIS）」の名称で旧ソ連のような安全保障体制を再現する努力を無益にする効果があった。

リューエ大臣は、この案がNATO加盟のための事前準備と見なされ、あるいは利用できることにもすぐに気が付いた。リューエ大臣としては、一九九三年初頭のアリステア・バッカン記念講義以来、ポーランド、ハンガリーとチェコの加盟によるNATOの拡大という構想をいかなる反対にも断固として掲げていた。彼は、ペリー長官に、アメリカの構想を支持することを伝えたが、彼にとってはこの方式がまずNATO加盟の準備と位置付けられていた。このようにして、トラーベミュンデ会談の結果、アメリカの構想がもたらした成果であるPfPに対する二重の解釈が生まれた。つまり、ある人は、PfPを「NATOの予備校」と見なし、別の人は、それによって危険を除去し、全ヨーロッパの安定を強化することを目標とする同盟の境界を超えた協力と見なしたのである。

トラーベミュンデにおける国防大臣間の議論では、この二重の解釈を解消するには至らなかった。そして、国防大臣の大多数とすでに重病に陥っていたマンフレット・ヴェルナー事務総長は、すべてのNATO加盟国が支持したアメリカの国防長官が提案した構想の目標が将来のNATO加盟を準備することと見なしたのである。

ヴェルナー事務総長は、NATO理事会の会議を常に目標に即して精力的に運営し、かつての敵国との冷戦時の境界を越えた協力関係の構築をNATOの議題に取り上げた。ロシアの了解のもとに中・東欧諸国をNATOに加盟させるという彼の構想は、ペリー長官の提案によって実現に一歩近づいた。ヴェルナー事務総長は、敵に対する防衛のために設立されたNATOのような同盟は、敵がいなくなれば、対立から協力への道を見出さない限り生き残ることは困難であると早くから気が付いていた。また、彼は、ヨーロッパが対立の時代と同様に冷戦後もアメリカを必要としていることを知っていた。確信的な大西洋主義者で、アメリカとの協力を不可欠であると考える彼にとって、アメリカをヨーロッパにつなぎ止めておく唯一の方法がNATOであったことは明らかだった。しかし、これは、NATOが変化したことを前提としていた。変化の一つは、協力に向けてのNATOの開放であった。別の変化は、攻撃に対する共同防衛を目的とした同盟から、軍事力を含むあらゆる手段を使用して危険を同盟地域から努めて遠ざけることを目指す同盟への模索である。ヴェルナーは、同盟にこれらの二つの変化をもたらすために、人間ができる最大限の努力を傾注した。それゆえ、彼は、トラーベミュンデでアメリカの構想のために戦い、その後はボスニアにおけるNATOの作戦のために生前の最後の力を振り絞って戦ったのである。ヴェルナーは、NATO事務総長として、同盟の歴史を書いた。歴史家は、いくらか控え目にではあるが、彼がヨーロッパのより良い変化、すなわち人工的な強制された分割を終了させ、この新しいヨーロッパとアメリカの民主主義者を結びつけることに貢献したことを評価するであろう。

トラーベミュンデ会談は、フランスの参加を可能にするという目的のために開催されたが、ある決定がもたらすであろうような成果は生み出さなかった。それにもかかわらず、トラーベミュンデにおける議論は、平和のためのパートナーシップが生まれるきっかけとなった。

平和のためのパートナーシップは、一九九四年一月のブリュッセルにおける首脳会談で正式に決定された。今日、ＰｆＰは、紛争予防のためのＮＡＴＯ戦略におけるほとんど唯一の手段となっている。ＰｆＰは、慎重な協力相手をＮＡＴＯ加盟国の法秩序と手続きに代表される価値体系の方向へ導くための非常に柔軟な手段である。また、ＰｆＰの署名国は、自らが置かれた状況や他国の行動に不安を感じた場合、ＮＡＴＯとその協力国に対して協議を求めることができる。中でも、この最後の要素は、ＰｆＰが新しい加盟国への準備のために使用されることはないことを示している。ＰｆＰは、まだ合意を得ることが困難な拡大問題に際して、ＮＡＴＯに時間の余裕を与えるために考え出された代替物なのである。

その一方で、トラーベミュンデ会談は、これまで安全保障政策ではなく防衛政策をより強く指向していたＮＡＴＯの国防大臣会議を修正するきっかけとなった。また、提案者であるリューエ国防大臣の意図が会議の削減を目標としていたにもかかわらず、皮肉なことに会議の回数は増大した。国防大臣の会談によって、政治的な対話が促進され、まもなくフランスの国防大臣の参加も実現された。防衛計画の側面がおろそかにされ、アメリカから発信された「軍事における革命（ＲＭＡ）」が無視されるという欠陥は、前述のとおりである。

ＰｆＰがもたらした実際的な結果は、洪水のような東西間の交流であった。あらゆる種類の接触、部隊の相互訪問やあらゆる種類の共同訓練が行われた。参加各国の男女の兵士は、これらの計画を成功に導いた。彼らはともに前進し、まだ残っていた偏見を打破した。兵士たちは、そのアイデアをもってすばらしい結果を生み出した。四〇年以上にわたってお互いに敵視してきた兵士たちが、いまや協力し、共同で訓練し、計画し、それによって政治的な接近を加速させることに貢献しているのは事実である。一九九一年から一九九三年にかけてのまったく調整されていない各国ごとの計画は、ＮＡＴＯ加盟国であろうと、中立あるいはワルシャワ条約諸国であろうと、すべての国々同じであると認める望ましい前提条件を生み出した。変化は、息を呑むような速度で起こった。欧州連合軍総司令部（ＳＨＡＰＥ）の地下指揮所からほど近い建物に、旧ソ連とワルシャワ条約諸国の人々が移転してきた。かつて、ソ連の攻撃に際して、この地下指揮所からヨーロッパ防衛の作戦の指揮が行われることになっていたのである。ロシア人は、アメリカ、イギリス、フランスやドイツによってソ連が西ベルリンに侵攻するのを阻止する計画が立てられていたＮＡＴＯ軍幕僚部が入っていた建物に移転した。いまや、設立されたばかりのパートナーシップ・コーディネーション・セル（ＰＣＣ）は、フランスがＳＨＡＰＥの一員であってはならないこととは関係なく、真に人種のるつぼになった。ＳＨＡＰＥ内のインターナショナル・スクールに通う子供を含んでしばしば家族ぐるみで行われる日常の密接な調整や接触によって、信頼の絆と友好関係が構築された。ＰｆＰの初期の段階においてこれほど大きな成果があげられた理由は、場合によっては現場の実行にまかされる一方で、トップレベルで中央集権的に調整された演習や相互訪問などの組織的で常続的な協力によるものである。

残念なことに、ロシアは長い間この計画から距離をとっていた。ロシアはＰｆＰに署名したにもかかわらず、私も軍事委員会議長として責任があるのだが、周囲の説得に対して一九九七年になってようやく一年間の交流計画に同意した。ロシアだけが、この遅れの理由について納得のいく説明が可能である。私は、その一つの理由として、ロシアの防衛予算が賃金や報酬を期限までに支払うには不充分だったからだと推測している。しかし、もう一つの理由として、ロシアはかつての衛星国と同じ役割を演ずることに抵抗を覚えたのかもしれない。ロシアは、アメリカと同じでありたいと望み、したがってPfPでたとえばグルジア、リトアニアあるいはヨーロッパのNATO諸国の一つと同じ立場に立つことができなかったのであろう。このことは、ロシア政府がPfPを常にないがしろにしておく理由であったかもしれないが、誤りであった。ロシア政府は、ある重大な変化への接点を失い、これに影響力を及ぼすことができず、より悪いことにはかつての同盟国がその影響力から逃れ出るのをただ見ているだけになったからである。

PfPは、まもなく目に見える具体的な成果を示した。というのは、協力相手国が、ますますNATOの手続きや幕僚業務を信頼するようになったからである。彼らは、英語の語学教育を熱心に行った。英語を学ぶことは、かつてのワルシャワ条約諸国にとって改めて重荷を捨て去ることを意味していた。かつて、西側の言葉を学ぶことは情報勤務に配置されることを意味していたが、いまではなるべく多くの将校が西側の言語をしゃべることを期待されていた。新しい協力相手国は、かつてのNATO加盟国が行った以上の熱心さをもってこれに挑戦した。たとえば南欧連合軍やフランスでは、新しい協力相手国の将校のほうが、より優れた英語能力を示すようになる日はそう遠くないであろう。

一九九五年末、ボスニア・ヘルツェゴビナへのNATOの関与が決定されたとき、人々は協力相手国の大部分がNATO部隊の作戦条件の下に、NATOの指揮下で参加できることを前提にしていた。

したがって、PfPは、最初の発展段階を成功裏に終わらせたことを証明した。PfPは、共同して作戦できる十分な信頼関係を構築した。しかしながら、共通の責任という認識から、新しい要求と期待が生まれた。すなわち、NATO加盟のための準備という要因が次第に表面化したのである。いまや、PfPは、「NATOの予備校」になった。

第二歩―パートナーから同盟国へ

一九九六年の初め、連邦軍総監としての約五年間にわたる多忙な日々の後で軍事委員会議長に就任したとき、ヨーロッパにとってNATOの必要性を疑問視する人はまだ誰もいなかった。NATO同盟は、ヨーロッパの新しい安全保障情勢への適応の第一段階を良い形で完了したが、一九九四年にブリュッセルで決定された課題の多くがまだ進行中であった。ヨーロッパの安全保障・防衛アイデンティティー（ESDI）の形成は未完であり、新しい加盟国の問題もまだ回答が得られていなかった。それは、テーブルの上に置かれたこれから組み立てられるパズルの一部のようであった。同盟の一般的な戦略は、まだ形にはなっていないが、以下のようなトライアード、つまり三叉の矛として描かれる。

NATOの防衛的な性格に忠実であれば、集団防衛が同盟のあらゆる考察や行動の基礎でなければならない。というのは、集団防衛による安全保障によって、NATOという一つの屋根の下で民主主義が発展し、経済的な繁栄が達成されているからである。これは、アメリカによる保障であり、これまでNATOを魅力あるものとし、今後もそうあり続けるであろう。

これに加えて、二つ目の要素であるNATOの防護効果は、まず紛争を生起させないように、拡大されなければならない。防護の傘の拡大は、同時に推進することが可能な三つの要素によって達成されなければならない。すなわち、ロシアとの戦略的な協力関係、新しい加盟国の受け入れとパートナーとの協力関係の構築によってである。

最後に、三番目の要素として、複雑で予測しがたい世界における突発的なできごとに適応できなければならない。ＮＡＴＯは、集団防衛体制を越えて、危機を管理する能力を持たなければならない。

この戦略的なトライアードによって、ＮＡＴＯの機構と方法を内的にも、外的にも適応させることが必要になる。内的な適応に際しては、新たに三つの要素が必要である。すなわち、軍事機構の変更、ヨーロッパ独自の行動力の強化と危機に使用する軍事部門の創設である。

この野心的な課題の中で、平和のためのパートナーシップをさらに発展させることが重要な役割を果たした。すなわち、第一に、ＮＡＴＯへの加盟の希望を表明した国々にとって、加盟の準備のためにＰｆＰが使われる必要があり、第二に、最初の拡大の対象とならなかった国々にとって、ＰｆＰはその代替物となるからである。

一九九六年のベルリンにおけるＮＡＴＯ外相会談は、同盟が変化しつつある中でほとんど首脳会談と同様な重要性をもっていたが、新しい加盟国を受け入れる用意があることが発表されると、すでに加盟の希望を表明していた一一ヵ国の間で、競争でのスタートダッシュが起こった。同時に、ＮＡＴＯに対して加盟資格を明確にするように圧力が高まった。これは、ＮＡＴＯが本来望んでいなかったことであった。というのは、これが同盟の決定の自由を制約する恐れがあったからである。ＮＡＴＯは、加盟資格ではなく、将来の加盟国を受け入れる際の原則を策定した。もしも資格を明確にしていたら、加盟をめぐる競争は当然さらに激化したであろうし、中でも資格を満足させることが加盟のために必要とされることになる。その場合、NATOは、拡大過程における主導権を失うであろうし、同盟国のそれぞれが異なった批准手続きをとることを考えれば、最初から主導権を放棄せざるを得なかったであろう。候補者を受け入れる場合には、基本的に以下の三つの原則が適用される。第一に、加盟を希望する国々は、全ヨーロッパの安全と安定のために貢献する用意がなければならない。このため、加盟の結果生ずる隣国との紛争を平和的に解決し、政治的な対立を解消するために武力を行使しないことを宣言しなければならない。

第二に、加盟候補は、民主主義国で法治国家であり、特に軍隊が民主的な統制下に置かれ、軍事に対する政治の優越が確立されていなければならない。

第三に、そして最後に、各国は、NATOの戦略を遂行するためにその軍隊をもって相応の貢献を果たす用意のあることを宣言しなければならい。

これらの原則は、われわれが望み得ないほどの大きな変革をヨーロッパにもたらした。すべての加盟候補国の軍隊における広範な改革が開始されたばかりでなく、ヨーロッパにおける和解のプロセスが開始されたのである。これは、和解の花火と呼ばれたほどであった。ハンガリーとルーマニア、ハンガリーとスロバキア、ルーマニアとウクライナその他との間で、多数の条約や協定が締結された。NATOへの加盟の申し出だけで、数十年にわたって緊張をもたらしていた問題が解決された。NATO拡大の序幕は、これ以上望み得ないような成功であった。

NATOでは、特に国際軍事参謀部、さらにはSHAPEでも、パートナー諸国との無数の対話が開始され、その中では、その国と軍隊がどのような状態にあるかが明確にされた。NATOの代表者は、ある程度の相互運用性を達成するためにどのような改革の手順が適切かについて助言を与えた。

このような過程の中で、かなり統一され、ソ連を模範とした旧ワルシャワ条約諸国の機構と、それぞれが大きく異なるNATO諸国の機構との違いが明らかになった。そして、新しい加盟国の受け入れによって、同盟がこれまでの二つの階層の構成国から三つの階層の構成国に移行し、このような状態が数年にわたって続くであろうことがわれわれのすべてに明らかになった。また、NATOの拡大を市場の拡大と見なす西側の兵器産業の欲望を抑える必要性も明らかになった。拡大と軍備計画を同一視することは、安定と反対の効果をもたらすであろう。というのは、乏しい資源は社会主義によって混乱した国民経済の再建のために使用されるべきであり、それによって人々は望ましい変化を実感することができ、民主主義が受け入れられるからである。NATOにとって、このことは、数十年の過程を経て確立された品質基準の大幅な低下を甘んじて受け入れることを意味していた。残念ながら、この品質基準は、しばしばすべてのNATO加盟国によって受け入れられてはいなかった。それにもかかわらず、今や、攻撃に際して新しい加盟国を防衛する義務を引き受け、それによってより大きな負担を課せられことになるのである。同盟を効果的に維持しようとするならば、最初の拡大に際して、加盟国の数は限定され、二番目の拡大が視野に入れられるまでに安定化のための十分な期間が設定されなければならない。受け入れるか受け入れないかは決して軍事的には判断できないことを参加したすべての軍人が知っていたのだが、このような結論は、一九九六年の最初の対話においてすでに明らかであった。それにもかかわらず、軍事委員会（MC）とこの問題に特に関係のあるSACEURは、新しい加盟国がもたらす政治的な利益は、それによって得られる軍事的利益とここ数年間は決して釣り合わないことを明らかにしようとした。われわれは、欠陥を指摘することに満足したのではなく、新たな加盟国における改革を促進したかったからである。

ＭＣとＳＡＣＥＵＲは、報告書の中で、すべての加盟候補国の欠陥とこれを改善するための計画を非常に冷静に描写している。彼らは、欠陥を是正するために、接触をさらに強化することを提言している。その成果は、ＮＡＴＯの指揮系統のほとんどすべてのレベルにおける一連の活動であり、多数の演習、セミナーや専門家会議が実行された。接触の幅と深さ、ＮＡＴＯが加盟候補国に示した公開性や、かつての敵国を同盟国にしようというこの実験に参加したＮＡＴＯと協力相手国の多数の人々は、信頼という植物を生長させるための苗床となった。

実験は成功し、その成功は、一九九六年のマドリード会議でさらにボーナスが追加されたことにも見られる。信頼の絆が生まれた。なぜなら、彼らは、ＮＡＴＯがその弱さと失敗を隠さずに公表し、すべてのＮＡＴＯ諸国の明らかに大多数のあらゆる階級の軍人が誠意をもって彼らに接するのを見たからである。また、ＮＡＴＯは、必ずしも拡大を必要としてはいないが、拡大がヨーロッパの安定を高めるとしてこれを望んだことを明らかにすることに成功したのである。

拡大の過程で生み出されたＮＡＴＯとその加盟国あるいは加盟候補国の間の信頼、並びに候補国間の対立を解決するための実際的な手順は、一九九八年にそれだけで拡大の構想を成功に導いた要因となった。一九四五年に強制されたヨーロッパの分断は、一九九七／九八年に終結した。ヨーロッパの国々は、冷戦時代にはなによりも分断を象徴する思想と軍隊を保有していたが、この軍隊が進歩の先駆けとなったのである。この数年間に、非常に重要なある変化が起こった。すなわち、協調のヨーロッパであり、そこでは紛争も、中立や過度の民族主義も長期にわたって意味のある地位を占めることはない。最初の段階を体験し、平等な中での協力の精神がまだヨーロッパ中に広がっていないことを知っている者にとって、すべての溝を橋渡しするような架け橋を構築するためには、数十年とは言わないまでも数年はかかることは明らかであった。しかし、最初の一歩は踏み出された。そして、この最初の第一歩は、ＥＵの拡大によって補完されなければならない。その一方で、ＮＡＴＯとＥＵへの加盟によってヨーロッパを一体化する長期目標が容易に達成されるという幻想を抱いてはならない。これはまだ最初の段階であり、ヨーロッパの安全保障機構の中でロシアがどのような地位を占めるようになるか、あるいはウクライナが長期的にどちらに向かうのかは、意図的にまだ白紙のままに残されている。しかし、英語で適切に表現されるように、列車は駅を離れたのである。われわれに与えられた使命は、列車を走らせ、ロシアとの協力が失敗したように、他の列車と衝突するのを回避することである。

ＮＡＴＯの拡大に対するロシアの反対を歴史的に評価することは、まだ早過ぎるし、利用できる資料も不十分である。ロシア政府が何らかの関与をする前に、西側が発表したロシア政府の考えは、確かに重大な役割を果たしたであろう。西側でＮＡＴＯ拡大問題について発言し、ロシアの考えを良く知る者は、ロシアが、ＣＳＣＥ／ＯＳＣＥ協定に示された原則に常に賛同し、ヨーロッパのいかなる国も自由で固有の選択が可能であり、同盟へ参加するか否かを決定できるという考えであると述べている。ＮＡＴＯは冷戦時代の遺物であり、時代遅れであり、したがって解消されるべきであるというロシア政府の考えは、自由な選択の権利を変えるものではない。ＣＳＣＥ／ＯＳＣＥ協定は、加盟に関して第三者の合意を前提としていない。したがって、残されている問題は、ＮＡＴＯへの加盟がロシア政府の利益に反するかどうかだけである。その機能が主として集団防衛である同盟への参加が他の国の利益に反するかどうかは、これが自衛以外の目標を追求しない限り、識別することは困難である。ある国が、自国の領土の外側に利用可能な緩衝地帯を保有している場合にのみ、みずからを防衛できると信じているとすれば、該当する国々に同意を得る方法を見出すことが必要である。同意がないとすれば、国土が緩衝地帯となる国々にとって、同盟国による防衛の必要性はより高まり、その防衛は正当化される。この重要な主張は、拡大のための会議において率直に議論された。しかし、巧妙なロシア外交は、論理的に弱体な状況だったにもかかわらず、西側で形成されたロシアの考えをみずからのものにし、巨大な軍事力あるいはその二重の軍事ドクトリンゆえにこれまで同様にモスクワに脅威を感ずる国々に対して、西側諸国が防護の保障を与えるようにし向けたのである。

モスクワが二〇世紀の八〇年代から繰り返し引き起こした問題は、西側の政策に脅しをもって影響を与えることであり、これらは常に失敗に終わった。その結果、モスクワは、三回にわたって敗れた。すなわち、ＮＡＴＯの二重決議、統一ドイツのＮＡＴＯ加盟とＮＡＴＯの拡大に際してであった。私は、もうこれで十分であると思う。

拡大の議論においては、ＮＡＴＯの拡大は基本的にモスクワの安全保障環境に影響を与えないというロシアの発言があった。なぜなら、ロシアは、ＮＡＴＯの攻撃をまったく恐れる必要がないからである。この意見は、その後真の意味でモスクワの宣伝活動の基盤となった。すなわち、このテーマは、経済・社会政策上の改革の失敗から国民の目をそらさせることに役立つという内政的な理由から、モスクワにとって歓迎すべきものだったのである。それにもかかわらず、西側には、レーニンを嫌うあまりに、ＮＡＴＯの拡大をヨーロッパの平和の終焉であると表現した人々がいた。ＮＡＴＯは、これとは反対に、今でも既にヨーロッパにおける紛争の危険を除去するために貢献している。このことは、もちろんロシアの考えを歴史のくずかごに直ちに投げ込むべきことを意味しているわけでは決してない。達成することが望まれているのは、常に緊密な協力によって各国の国境を橋渡しし、ロシアの正当な安全保障上の利益と各国の希望とを均衡させることである。長期的な目標は、統合と協調の一つのヨーロッパである。この統一ヨーロッパは、民主的な法治国家としてのロシアに扉を閉ざしておくことは許されない。この目標が達成される日に、ヨーロッパの対立と紛争は、最終的に終るのである。ロシアは、これに対して貢献することができ、貢献しなければならない。その一方で、NATOとEUの加盟国も、正当なロシアの懸念を除去するために必要な行動をとらなければならない。

ロシアは、一九世紀から続いている緩衝地帯獲得の努力を放棄し、NATOとEUの拡大過程を容認すべきである。その代償として、NATOとEUは、ロシアの少数民族を将来のNATOあるいはEU諸国をもって防護し、彼らに高いレベルの自治権を与える方法を見出すべきである。これに加えて、NATOとEU並びにロシアは、相互の国境の近傍における検証可能な軍備の相互削減をもたらすような協定を締結する必要がある。もし、ロシア側が拡大に対する二重の解釈を放棄し、拡大が優越を得るためでは決してないことを西側が表明すれば、このような取り決めによって、拡大過程とロシアの利益はともに実現可能になるであろう。ヨーロッパの最終形は、もし人々がそう望むなら、すべてのヨーロッパ諸国のNATOとEUへの加盟によって決定されるであろう。モスクワは、これを推進することも、阻止することもできないのである。一九九〇年代末のNATO拡大の第一段階において、NATOとロシアは、お互いの側の多くの善意にかかわらず、NATO－ロシア関係を傷つけることなく拡大を達成することに失敗した。誰がこれに責任があるかを特定するのは、まだ早過ぎるであろう。しかしながら、以下のことについて述べることは、拡大過程に関する報告には必要であろう。すなわち、NATOは、ロシアを巻き込み、新しい加盟国をパートナーとして受け入れるのと平行して、ロシアの西側の国境まで同盟を推進することへのロシアの不安を除去することに努力したのである。ＮＡＴＯは、それには何の成果も得られなかった。ＮＡＴＯは、この経験から学んだ。というのは、二〇〇二年の秋のプラハにおけるＮＡＴＯサミットで、最初の拡大段階がさらに推進されたからである。このような理由から、拒否権をロシアに与えることなく、再び拡大過程に関与させることが改めて試みられている。このことは、ＮＡＴＯが一つ又は多数のバルト諸国の加盟を決心する場合に、特に重要となる。その時こそ、われわれは、ロシアの問題点を理解しており、バルト三国における ロシア人の少数民族を保護するために、あるいはロシア人がカリーニングラード地区に自由に立ち入ることができるように、共に解決策を模索する用意があることをはっきりとロシア人に伝えなければならない。ロシアは、バルト三国のＥＵ加盟にこれまで何の抗議もしてこなかったが、それによって既にこれらの地域がＥＵの保護下に置かれていることを洞察しなければならない。ロシアは、バルト三国のＥＵ加盟によって、そこに住んでいるロシア人もＥＵ諸国の市民になるという利益が得られることを理解しなければならない。問題は解決が可能であるが、ロシアは、次の二つのことを理解し、信じなければならない。第一に、もはや世界を支配するために二つの体制の優劣を競い合う時代ではなくなったことである。この競争は、既に結果が出ている。というのは、旧ソ連が優れていると考えた道を進もうとするヨーロッパの国は一つもないのである。旧東ドイツでは、「ソ連から学ぶということは、勝つことを学ぶことである」と言われていた。これは、現在では過去の過ちを思い出させることに役立っているに過ぎない。第二に、地域の支配は、二一世紀にはもはや安全保障の手段ではなくなったことである。安全保障は、協力関係によってもたらされる。このことを提唱するＮＡＴＯは、引き続き防衛的な同盟であり、ロシアに対して何かを要求し、あるいは敵対心を起こさせることは決してない。ロシアは、ＮＡＴＯはすべての新たな加盟国の受け入れに際して要求する誓約を、さらに別の保険とすることができる。すなわち、すべてのＮＡＴＯ加盟国は、隣国に対していかなる領土的な要求を持たず、対立に際しては問題の平和的な解決のためにあらゆる努力を払うことを誓うのである。

ＮＡＴＯが新しい加盟国を受け入れることと、ロシアの安全と安定とを均衡させることは可能である。

このようにして、一九九七年と九八年に新しい加盟国と同様にロシアにも「相互理解の橋を架ける」ことは失敗に終わったが、ロシアのような国への同盟の呼びかけは、二〇〇二年かそれ以降に持ち越された。もし、これが成功すれば、ヨーロッパの安定にとってまさに最大の障害が除去されることになる。

8

微妙な任務──イスラエルとの協力

相互理解と和解を模索すべき相手は、隣国や冷戦時代のかつての敵国ばかりではなく、ナチ政権とその協力者の犯罪によって深く傷つき、未だにその傷から癒えていないイスラエルとドイツのユダヤ人社会に対しても言える。

私は、連邦軍とイスラエル軍の関係を構築する上で、多くの機会を得た。それには、多くの理由がある。たとえば、われわれは、われわれの兵士を訓練するために、イスラエルの戦争体験から多くを学ぶことができるほか、兵器の開発、特に現有の装備を安価なコストで近代化するためには、イスラエルとその先進的な兵器産業に学ぶ以外にはない。

一方、より重要なのは、このような関係の心理的側面である。次第に若返る連邦軍の兵士は、二〇世紀の歴史の結果としてわれわれドイツ人がイスラエルに対して負うべき責任を自覚しなければならないからである。旧東ドイツからの若者の入隊が増えるにつれて、このことはもっと重要になる。というのは、東ドイツは、われわれの歴史におけるこの暗部の責任を引き継いでいないからである。

かつて起こったように、ドイツの若者にこの問題に対して責任があると要求してはならない。彼らには、何も責任はないのである。しかし、私の両親の世代の過ちから、私と私の世代には、このような犯罪を決して繰り返さないためにできる限りのことをすべきであるという明白な責任が生ずる。その一方で、積極的な、あるいはただ消極的な道徳観念から罪として認めた世代から世代がかけ離れる程、負の遺産あるいは責任を同様な深刻さをもって後世に引き継ぐことがいっそう困難になる。第三者に罪の意識を感じさせ、あるいは日常ずっと維持させる試みは、若い世代のドイツ人には反発を引き起こすだけである。彼らは、最終的に責任を引き受けることを拒否するようになるであろう。「われわれは、許すことはできないし、許そうとも思わない」という言葉で表される多くのイスラエル人とユダヤ人組織の態度は、罪のない世代に罪の意識を目覚めさせる試みを支持しているが、この試みは世代間の分裂の原因となっているのである。イスラエル人は、レバノン侵攻以来、犠牲者故の無実の立場を失い、自らが犯罪者となった。ユダヤ人組織は、このことを理解しなければならない。彼らがそうすれば、ドイツ人の側では、ユダヤ人であろうが他の宗教や民族であろうが再び絶滅の運命に脅かされてはならないという責任を引き受ける用意が強まるような意識がお互いの若い世代に生まれるであろう。

両方の側に必要な変化を呼び起こすことは、われわれの世代が担っている使命である。われわれの世代は、過去に対して何の責任も負っていないと主張できるのであれば、この使命を担うこともできるであろう。私は、私の連邦軍総監の任務期間中に成果を挙げることは不可能なことを十分知りながら、少なくともこのような過程を開始させたかった。

最初は、イスラエルの方から始まると予想された。というのは、第二次世界大戦の五〇周年記念日が近づいていたので、その後活用できるような多くの機会が期待されたからである。偶然も味方した。

私は指揮幕僚課程を修了して以来、イスラエルとその優秀な軍隊と何度もつながりを持つことになった。したがって、個人的にはゼロから出発せずに済んだのである。

イスラエルと私の最初の直接的な接触は、ヨム・キプル戦争［一九七三年の第四次中東戦争］によってもたらされた。私の当時の上司である連邦軍副総監カール・シュネル中将は、この戦争から得られた教訓に関する講演を一九七三年にバート・キッシンゲンで開催された連邦軍司令官会議で行うことにしたのである。私は、多数の写真、地図、あるいは映像をもって非常に具体的な講演を準備するとともに、私の上司のイスラエル訪問についても報告を作成した。連邦軍軍備計画に有益な多数の結論は、残念ながら活用されずに終わった。当時の連邦軍総監あるいはその後私自身が総監として、現在の総監が各軍種に対して有しているような権限を持っていたなら、これから得られた教訓を連邦軍軍備計画に反映させることができ、今日の連邦軍における多くの物的な問題が解消されていたであろう。非常に徹底的で分析的な考察、勤勉で決断力に富んだ性格から、私は常にシュネル中将を尊敬していた。そして、彼のイスラエル訪問によって、一九七四年、イスラエルの副参謀長シャヒール少将の返礼訪問が行われることになった。私は、一週間にわたってドイツ中を彼に案内した。家族をホロコーストで失った彼は、ドイツ人を決して許そうとしない他の多くのユダヤ人と同じ容貌を持っていた。

数年後、私は、この間に計画部の課長となり、再びイスラエルと関係を持った。ハンス・リューエ計画部長は、彼の代理としてイスラエルのヤッファ研究所に行き、そこでこの時期に議論されていた第二梯隊の攻撃構想（フォローーオン・フォース・アタック）を含む軍備計画について話し合うことを私に命じた。会議は、エルサレムの西にあるキブツが運営するホテルで開催され、土曜日の日没後から開始されることになっていた。このため、私は、金曜日にテル・アビブに飛ぶはめになった。もちろん、私は、エルサレムを訪れるために土曜日を利用した。私は、正統派ユダヤ教徒が安息日の休息を取らないタクシー運転手に石をぶつけるのに出会った。このことは、正統派と非常に緩やかで西欧化されたユダヤ人の間の対立の問題をイスラエルが今もなお解決できていない明白な証拠だった。また、小規模なキブツによって運営されているホテルでの滞在は印象的であった。特に、ホテルの周辺で、キブツの若者と彼らの生活環境について知り、彼らや彼らの両親によって豊になったこの土地と彼らの結びつきを感じることができたことは有益だった。イスラエル人にとって、この国は特別なのである。他の国々の人々は、団体旅行の一員としてこの国を見ただけでは、この国を理解することはできない。この国を知るためには、人々と触れあい、彼らの存在に対する不安を感じ、彼らの隣国との平和共存を模索している多数派の真剣な願いを知らなければならない。特に、ホロコースト記念館は、一度は訪問すべき場所である。そこでは、この記念館を訪れるとき、中でもホロコーストによって殺された子供を通して、どんな人でも感ずるようなショックを体験することができる。

その後、私は連邦軍総監部第Ⅲ部の課長になり、最初にイスラエルを訪問したとき既に浮かんでいたアイデアである定期的な幕僚間の会談の実行に一歩近づくことができた。

これを取り決めるための絶好の機会は、ショルツ国防大臣のイスラエル訪問であった。彼は、このため、一九八九年四月に小さな代表団を組織し、その中には自由民主党議員のロンネベルガー氏、フリーデ・シュプリンガー婦人とエルンスト・クラマー氏も含まれていた。この訪問は、その後国防大臣が突然辞任したことから成果にかげりが見えたが、ドイツ・イスラエル関係を発展させるきっかけとなった。

シュルツ国防大臣とラビン首相や労働党のペレス氏との会談は、実務的で冷静なものであり、関係特別なものに止まるであろうし、ドイツは罪の意識から相手に贈り物をする用意がないことをよく知っていた。二国間関係の強化に関するイスラエルの基本的な同意によって、軍事指導部間の定期的な会談の実施が決定されたことは、全体として非常に友好的な中で行われた訪問の最大の成果であった。

その後、一九八九年の秋にダニ・ヤトム少将を団長とするイスラエル参謀本部の代表団が初めてボンを訪問した。後にバラク大統領の下で有力な顧問の地位に就くことになったヤトム少将は、決して容易な相手ではなかった。冷静で無口な彼は、交渉では必要に応じて非常に強硬な議論を通じてでも、イスラエルに有利な結果をもたらすためにあらゆる機会を利用した。会談の内容は、両国の状況と軍備計画に関する情報の相互交換であった。その目的は相互に通知することであり、控えめな目的であったが、正しい段階を踏んだものであった。われわれは、相互に知り合い、直接の接触を持ち、もはやこれがニュースになることはないのである。この接触は、両国軍隊のトップに限定されたものであったが、当時としては多くを望むことはできなかった。この関係は、慎重に、ゆっくりと進められるべきであるとされ、それによって特にイスラエル側が自国の住民との間で困難な状況に陥らないようにする必要があった。イスラエル側の関心は、明らかに装備品の分野にあった。彼らは、われわれを通じてヨーロッパの市場に進出することを望んでおり、彼らはフランスでも、イギリスでもまだこれに成功していなかった。彼らは、ドイツの軍需産業を一般に有益な協力相手と見ていた。これに対して、われわれにとっては、しばしば魅力的なイスラエルの製品があったのだが、ドイツの自制的な兵器輸出政策のおかげで、兵器分野での協力は重要な課題ではなかった。国防省の目標としては、兵器分野ではなく、両国軍隊間の人的な交流を優先し、長期的に有効で持続可能な協力関係の基盤を構築することであった。

一九九〇／九一年の湾岸戦争によって、イスラエルに対する兵器供給に対する連邦政府の自制的な政策に劇的な変化がもたらされた。イラクのイスラエルに対するミサイル攻撃によって、数十年にわたって形成されてきた考えが一夜にして一掃されたのである。ここでは、ドイツ国外の紛争への関与はせず、その代わりに財政的な援助を行うとするゲンシャー外務大臣の外交政策の基本路線がもう一度勝利した。ゲンシャー外務大臣は、テル・アビブに対する最初のミサイル攻撃が行われた後にイスラエルへ飛んだ。彼が帰国すると、首相官邸で会議が招集され、私はシュトルテンベルク国防大臣を案内してこの会議に出席した。ゲンシャー氏は明らかに彼のテル・アビブでの経験に驚いたようであり、速やかに目に見える処置を取り、ドイツとイスラエルの連帯を示すことを望んでいた。これらの措置は、この後二二時に首相官邸で予定されているイスラエル代表団との会談の基礎として、この会議で決定されることになっていた。イスラエル代表団が巨額の要求を出すであろうことは、そこにいた全員に明らかだった。会議を主催していたコール首相は、イスラエル支援の明確な姿勢を示してこれに応ずる財政的な援助を望んだが、その一方であまりに明らかなイスラエル支援の態度によってアラブ世界に否定的な反応を引き起こさないように配慮することを望んでいた。首相には、ドイツがイスラエルを支援することによって、ドイツに対する批判を回避することに寄与することが分かっていた。湾岸戦争への参加を拒否したことと、サダム・フセインに対する米国の対応にドイツ政府が初めは明確な支援の姿勢を取らなかったことから、米国では批判が高まっていた。

この事前会議では、イスラエルをできる限り支援することが速やかに決定された。兵器輸出の問題では悪名高い教条主義を取っていた外務省は、ここで一度だけ柔軟な姿勢を示した。外務省の柔軟性のなさは、過去数年間にわたってしばしば政府内部の争いを引き起こし、外部に様々な憶測を流してきた。

公式には大使によって、事実上はダニ・ヤトムによって率いられたイスラエル代表団との会談は、コール首相の司会で二二時頃から首相官邸で始まった。イスラエルは、ＡＢＣ防護装備に始まり、パトリオット・ミサイルシステムの無料での引き渡しから二～三隻のドルフィン級潜水艦をドイツの予算で建造することにいたるまでの膨大な兵器援助を要求した。しかも、これは、外交的な美辞麗句なしに、言葉の端々にドイツの罪を思い起こさせていかなる拒絶も許さないようなやり方で行われた。私は、これまでも、これ以降も、このような調子で主張する代表団を見たことがない。そして、私は、コール首相が代表団にきわめて譲歩的に振る舞ったことが信じられなかった。われわれは真夜中まで議論を続けたが、イスラエルの要求を満たすために、ドイツ側は考えられるあらゆることをしなければならないことは明らかだった。ヤトムと私は、連邦政府の決定に資するために、連邦軍と旧国家人民軍が保有する中から提供が可能な物品を明らかにし、その結果を翌日中にまとめることを命ぜられた。私は、その日の夕刻、パトリオット・対空ミサイルの提供はできる限り阻止するという国防大臣の同意を得ており、ヤトムとの困難な会談が始まる前の翌早朝には、連邦軍総監にこの方針の承認を得なければならなかった。これは、一見このときの状況に適合しないような対応であったが、その理由は以下のとおりである。
一　ドイツのパトリオットは、イスラエルに配備が予定されているアメリカやオランダのシステムとは緊要な部品が異なっており、ドイツのシステムとこれらのシステムの相互運用性を確保するためには、巨額の改修を必要とする。

二　システムの提供は、ドイツの操作チームが短期間イスラエルに行くか、イスラエルの操作チームが訓練のためにドイツに来る場合にのみ意味がある。しかし、後者の場合、システムが提供されたときには湾岸戦争は終わっている可能性が大きい。

三　連邦軍は、ドイツの空域を防護するためにパトリオットを使用している。撤去されたシステムの代替となる兵器を獲得できる可能性はほぼないに等しい。これに加えて、イスラエルと同様なトルコの最近の要求に対して、われわれは大きな努力を払ってこれを防止したばかりである。

最初の二項目の理由については、ヤトムを説得することに成功した。そして、この要求を一覧表から取り除くことができた。ほとんど全てのその他の点について、われわれは連邦軍と旧国家人民軍の保有状況を確認し、迅速に提供することが可能な物品の完全なリストを作成した。これは、科学兵器による攻撃から住民を保護するために役に立った。

潜水艦の提供は、われわれの話し合いの対象ではなかった。これは、政治的な判断にまかされた。潜水艦の提供は、現在の状況から必要とされたものではなく、ミサイル攻撃に対するイスラエルの防衛能力を改善することにまったく関係なく、中東における安定の増大に直接寄与するものでもなかったからである。

このような状況における決定は、正しかった。というのは、これに代わる案がなかったからである。ドイツがこれらの要求を拒否することも、考えられるであろう。しかし、そうすれば、その後のメディアの攻勢によって譲歩が余儀なくされるであろうが、ドイツはこれに何の対抗手段を持っていないのである。しかしながら、この例は、「小切手外交」の欠点を示している。それでは、短期間の信用しか得られない。というのは、贈り物は、それが提供されるやいなや忘れられてゆくからである。また、誰でも次の贈り物のために扉を開けたままにしておこうとするので、これは和解にも貢献することはない。イスラエルとの間に真に持続的な関係を構築しようと思うならば、他の道を模索することが必要である。

軍人間の接触を次第に増大させるようなイスラエルとの協力関係を模索する国防省の活動は、もちろん将来を指向したものであるが、まさに長い期間を必要とし、決裂する恐れも含んでいるのである。

国防大臣が望んでいた方向への大きな前進は、駆逐艦バイエルンと練習帆船ゴルヒ・フォックの艦隊がイスラエルを訪問した際に海軍の軍人によって初めて実現された。われわれは、艦隊や軍艦の訪問を協力関係の構築のための手段と見なしてきた。海軍の軍人は、既に四〇年以上にわたって紺色と白の制服によって優れた外交上の成果を挙げている。彼らは、世界のどこであっても、自発的な快活さもって偏見を打破し、あるいは規律、几帳面さや清潔さという良い一面を証明してきた。それは、イスラエルでも同じであった。われわれの水兵は、世界に向かって開かれた寛容な人々による、しかしながらわが民族がどこから来て、どんな責任を負っているかを忘れない新しいドイツが生まれたことを示した。艦艇の訪問は、疑いなく氷を砕くものだったが、その一方で、用心深く友好のための前提条件を築こうとするものでもあった。

この方向への一里塚となったのは、私が連邦軍総監としてイスラエルを訪問したことである。これは、連邦軍総監の初めての訪問であり、本当に微妙な任務であった。エフード・バラクは、イスラエルでの私のカウンターパートであり、この招待を発議した。私は、八〇年代の中頃から彼を知っていた。私は、彼を計画作成で優秀な一方、実行においても強い意思を持った将校であると評価していた。

というのは、イスラエルは、持続可能な平和のために、この地域で忌み嫌われている覇権を相手に譲り渡すという難しい状況に立っていたからである。彼の個人的な勇敢さは、既に証明されていた。しかし、時間および時間と結びついた人口動態はイスラエルに不利に働くと見ていたので、彼は既にリスクを背負っていた。

後に彼は、首相として、ちょうど私が彼に書き送ったように取りはからった。すなわち、彼は、非常に勇敢なことに、アラファト議長に対してこれまでのどんな提案よりも先進的で、おそらくその後に行われるどんな提案よりも大胆なある提案をしたのである。この時期、イスラエルは厳しい、場合によっては非常に有利な立場にあったので、表面的な観察者はアラファト議長の側に賛成しがちであったとしても、彼がこの提案を拒否した結果もたらされる全てに対して、議長の罪と責任を誰も否定できなかったであろう。イスラエルは、遅くともシャロン首相のレバノンにおける行動以来、犠牲者としての無実の地位を失い、犯罪者となってしまった。その一方で、アラファト議長に対して彼の残虐なテロ政策を容認することは、テロリズムによって政治的な目標を達成することができるという誤った信号を発することになることを忘れてはならない。その模倣者の数が多ければわれわれを破滅させかねないことから、テロが有効な手段であるという誤った信号が出されてはならないのである。狂信的な憎しみに駆り立てられ、イスラエルの抹殺をめざすテロは、パレスティナ人自らの国家建設を達成する前に終結されなければならない。

私は、エフード・バラクがナチスの犯した犯罪の責任から離れて、私の、あるいは後続の世代のドイツ人を受け容れ、このようなことを繰り返さないためにあらゆることをするユダヤ人であると理解していた。招待者に関する知識があったことは、私にとってこの訪問を成功させるためにわずかながて道を拓くことが目標であった。この訪問では、終始歴史の影が伴い、それ故にこのような影を打破して将来に向けら支えとなった。

報道陣の関心は絶大であった。チャンスとリスクが同時に存在していた。一言の誤った言葉や誤解を招く仕草は、世界中に否定的な反響をもたらすであろう。これは、根拠のない推測ではなかった。というのは、私は、数ヶ月後にロンドンのロイヤルカレッジ・オブ・ディフェンス・スタディーズでの私の同級生から、私のヤド・ヴァシェムホロコースト記念館訪問がオーストラリアとニュージーランドでもテレビで放送されていたことを聞いたからである。

私がイスラエル国防省で栄誉礼をもって迎えられた日は、素晴らしい晴天であった。そこでドイツとイスラエルの国歌が演奏され、ザハル儀仗隊を閲兵することは、私の現役最後の一〇年間に許された「初体験」であった。イスラエルでは、イギリスの様式で閲兵が行われた。すなわち、列の間を通って閲兵しながら二三言兵士と言葉を交わすのである。私は、この最初の第一歩がテレビカメラの注意を引くであろうことを予想して、最初にヘブライ語で話しかけることにした。ドイツ人の国防武官は、私に予想される返答とともに二三言の文章を書いてくれ、私はこれを暗記した。私は、おそらく私の息子に似ていたからであろうが、金髪で背の高い兵士の前に立ち止まり、彼にヘブライ語で英語が話せるかどうかと聞いた。

彼ははいと答え、これがその後の進行に大いに役立った。そして、片言のヘブライ語を話す訪問者がドイツから到着したという身振りは、私がまもなく経験したように、好意と物珍しさの感情を呼び起こした。

それでも、その日にはまだ難しい行事が控えていた。ヤド・ヴァシェムホロコースト記念館の訪問と——その時はまだ知らされていなかったが、バラク首相の公式夕食会への参加であった。

ヤド・ヴァシェムホロコースト記念館は、感情を持った者なら誰でも憐れみの感情を呼び起こされ、中でも現役のドイツ軍人にとっては、ドイツの歴史における暗黒の年月が大きな重みとなって肩にのしかかるのを感ずるであろう。私は、連邦軍総監として、イスラエルのいずれかの報道機関の批判を受けることなしにヤド・ヴァシェムホロコースト記念館を訪問することは不可能ではないかと考えた。動揺して明らかに涙を流さずに訪問することは冷徹さと無感情の象徴として受け止められ、あまりに感情的であれば同様に批判されるであろう。私は、ドイツ国防軍との関わり合いの中でホロコーストと向き合わされるのではないかと予想した。私は、これまで決して利用したことはなかったのだが、第一にホロコーストはSSとナチスの党機関のやったことだという言い訳を封ずることを意図していた。私にとって、ドイツ国防軍は現実にはホロコーストにかかわっていたということは、私も私の世代の大多数と同様に「潔白な」国防軍という印象とともに成長してきたことから、耳の痛い言葉であった。それでも、国防軍を全体として評価することは誤りであり、不公正である。国防軍の一八〇〇万人のドイツ人は、その多くが犯罪者であるというよりも被害者であり、誇りをもってその武器を行使し、それをもって全世界の尊敬を得たのである。この世代の悲劇は、彼らが犯罪的な政府に奉仕したということである。私の世代の大きな幸運は、われわれが法治国家の防衛に責任を持った軍隊に奉仕していることである。そして、われわれは、毎日の勤務において、軍人としての日常の規律にまして国法と個人の尊重が優先されていることを感ずることができるのである。

ヤド・ヴァシェムホロコースト記念館の訪問は、私にとって初めてではなかったが、四〇社以上の報道陣が同行していたからではなく、われわれを案内してくれた一人の男によって、私の一生において忘れることのできないできごととなった。彼は、最初にわれわれを当時新たに設置された記念碑に連れていった。そこには、ナチスによって消滅させられたヨーロッパのすべてのユダヤ人地区の名前が記念碑に刻み込まれており、これを見て良心の呵責を覚えない者はいないであろう。しかし、われわれの案内者にとっては、そこを訪れるたびに新たに精神的な苦痛が呼び起こされ、彼の人生におけるもっとも苦しいひとときとなるに違いない。彼は、ある村のユダヤ人を追放から救うために、ドイツ占領下のルーマニアに落下傘で降下したのである。この村は消滅させられ、したがってその村の名前を読むことによって、彼は絶えず耐え難い苦痛に襲われるのであった。その一方で、これらの名前を現代において一人のドイツ人軍人として目にしても、このような記憶を思い起こすことはより困難になり、あるいは個人的な関係をほとんど持たない訪問者にとっても、歴史的な重荷を感じさせることは困難であろう。惨事の当時子供だった私にとっても、博物館を訪問することは特別に重いものであり、花輪を捧げる時には様々な感情が去来した。エフード・バラクにとっても安易なひとときではなかったが、長い和解の道のりにとって必要な一歩であった。この式典は、簡素であったが、威厳のあるものであった。このような場合に軍人として維持すべき態度は、感情を抑えつけるのに役立った。訪問記念の記帳に際しては、一字一句が撮影され、その後洪水のような記者会見が行われた。私は、正しい発言と対応ができたと考えている。われわれがヤド・ヴァシェムホロコースト記念館を後にしたとき、その日はうまく過ぎてゆくように思われた。

しかしながら、まだ終わりではなかった。その日の夕食会は、本来われわれをテストするためのものだったのである。後から振り返ってみれば、不釣り合いに大きな数の人々がこの夕食会に参加しており、それが私をまごつかせた。このような夕食会には、三〇人から五〇人くらいの人々が参加するのが通常であろう。しかし、この夜には、約二〇〇人の客がテル・アビブの大きなホテルに招かれていた。バラクの挨拶は、その夜の驚きであった。これは、厳しく、すべての年代のドイツ人に対する非難に満ちており、和解の用意があるという予兆さえ含まないものであった。私は、これをまったく予想していなかった。短い間、私はエフードがこのような挨拶をすると事前に知らせなかったことに失望を感じた。しかし、私が返礼の挨拶のために演台の前に立ち、注目している聴衆を見たとき、私は彼が彼の同国人の多くがただ許すことができず、あるいは許そうと思っていないことをよく理解していると伝えたかったことをはっきり理解した。

私は、連邦軍総監になるとすぐに、参謀が返礼の挨拶を周到に準備し、これを総監が読み上げるという従来の習慣を打ち壊してしまった。私は、返礼の挨拶は招待者の挨拶に必ず言及すべきであると考えており、これは一般に難しいことではないからである。しかし、今回は難しいものであった。というのは、私が誤って対応すれば、私の訪問の目標はもはや達成できないからである。ここでも、私が常に準備していた唯一のことが役立った。すなわち、最初に感謝の言葉と最後に乾杯をその国の言葉で述べるのである。私は、ヘブライ語による感謝の一言に続いて、ドイツの発展とヨーロッパの文化に対するユダヤ人の貢献とナチス政権によるユダヤ人抹殺の犯罪行為を対比して述べた。私は、若い世代のドイツ人、あるいは既に私の世代のドイツ人はホロコーストに関わりを持たないが、われわれは、人種あるいは宗教による民族の抹殺や追放を根絶する義務を負うことと、これが国際社会の特異な例外と見なされるべきではないことを強調した。そして、私は、統一ドイツの私と同世代か若い世代のドイツ人は、みずからに帰すべき罪を犯していないので、許しを乞うのではないが、時が経ってホロコーストを忘れさせることを期待しているものでもないと述べた。その一方で、私は、われわれが歴史から生じた責任を引き受けるというわれわれの意思を世界の協力相手や友人が信じ、それを基礎として和解のための手を差し伸べ、われわれに協力してくれることを心から期待していると述べた。また、私は、若い世代に対する非難や罪の意識を植え付ける試みは比較的少ないドイツの右翼を勢い付かせ、私のように生涯の長い期間にわたって罪の意識を呼び起こすために尽くしてきた人々の面子をつぶすことになると強く主張した。私は、両国の軍隊の間の協力を促進させる道を探し、切り開くという私の訪問の目的を繰り返した。私は、ヘブライ語でザハルすなわちイスラエル国防軍に対する乾杯をもって私の挨拶を終えた。数分の間、完全な沈黙が続いた。そして、バラクと事務次官のイブリーが立ち上がり、私に近寄った。二人が私に心から握手し、私の挨拶に感謝すると、会場に大きな拍手がわき起こった。私は、協力、和解と友好の架け橋のための道を開くという私の訪問の目的に一歩近づいたと感じた。どのくらい近づいたかを、私はその翌日に気が付いた。シナイ半島でのメルカバⅢ戦車の射撃において、私の乗る戦車には、私の名前とイスラエル軍参謀総長の階級章を組み合わせた標識が付けられていたのである。

訪問は、成功のうちに終わりを迎えた。バラクと私は、参謀の間の協力関係を強化する可能性を模索し、これが可能になった場合には部隊間に拡大することに同意した。われわれは、彼のドイツ訪問に関して合意した。エフード・バラクは、一九九四年夏にドイツを訪問した。この訪問によって、さらに強固な友好関係を構築するとともに、両方の陣営が努力してきた緊密な協力関係をさらに進展させることができた。中心となった行事は、ザクセンハウゼン元強制収容所の訪問であり、ラビによる祈りの後に共同で花輪が捧げられた。バラクの訪問の直前に元の収容所の建物に対する放火事件があったことから、これを中止すべきだという意見があったが、私はザクセンハウゼンの訪問を予定通り実行することにした。中止した場合、後味の悪い結果がもたらされるかもしれず、また犯人に誤ったメッセージを与えることになるかもしれないので、私はこの助言には従わなかった。この訪問とわれわれの公明正大さを通じて、われわれは連邦軍が犯人とは何の関係もないことをより説得的に示すことができた。バラクもまた、多言を要せずにこの意図を理解したと私は思っている。

私はエフード・バラクがそれほど簡単には同意を表明しない人間であることを改めて経験させられたが、それでも参謀総長同士の良好な関係は会談にも影響を与えた。われわれは、両国の軍人の出会いと交流のための計画を策定する任務をわれわれの参謀たちに命ずることに合意したが、細部について定めるまでには至らなかった。それにもかかわらず、この訪問の後、装備と参謀間の会議に関する協力にとどまらず、より多数の両国軍人の接触を促進することが決定された。

私は、私の連邦軍総監としての勤務期間中に信頼と相互理解の架け橋を完成させることはできなかったが、両国にそのための土台は構築された。

その一方で、イスラエルとの接触は、ドイツのユダヤ人社会とユダヤ人中央委員会との接触によって補完されなければならなかった。ここでもまた、われわれは、目的をもって非常に意図的に象徴的な行事を選んで接触開始のために利用した。われわれは、関係を表面的なものにとどめようとしたからではなく、態度によってのみ真剣さを呼び起こし、関係を早急に進展させることができると考えたからである。第一次世界大戦中の戦没ユダヤ人兵士の栄誉を称えるというアイデアは、ユダヤ人中央委員会へのシグナルであり、ベルリンのユダヤ人墓地の戦没者記念碑への献花は、そのための良い機会となるであろう。私がリューエ国防大臣にこのことを説明したとき、彼は、彼の優れた直感力でその積極的な意味を直ちに感じ取り、この提案は彼自身のアイデアとなった。私は、これがユダヤ人社会に影響を及ぼすものであることから、問題点とは見なさなかった。

連邦軍は、一般兵役義務制度の導入に際して、ユダヤ教を信ずる市民を兵役義務者として招集することを放棄していた。したがって、兵役義務から派生して社会に影響を及ぼすような関係は、ユダヤ人社会では存在しなかった。特に、一九九一年まで兵役義務法が適用されていなかったベルリンでは、その他のドイツ諸地域よりも状況は悪かった。連邦軍は、ユダヤ人社会はいうまでもなく、ベルリン市民とさえ何の関係もなかった。ユダヤ人社会との接触を容易にするようなできごとは、第一次世界大戦中のユダヤ人戦没兵士の手紙が国防省によって一九六〇年代に公開されたことである。これらの手紙は、ユダヤ教を信ずる兵士たちがみずからをどれほどドイツの愛国者と見なしていたかを感動的に示しており、連邦軍がこれらの兵士と祖国愛を記念するために行ったことを誰よりも雄弁に物語るものであった。リューエ国防大臣がみずから花輪の献呈を行うという事実は、それ以外では達成が非常に困難な少なくとも二つの利点をもたらした。第一に、このことは、報道機関の参加を確実にし、第二に、ドイツユダヤ人中央委員会議長のイグナツ・ブビスに対する強力なシグナルになるからであった。

花輪の献呈は簡素であったが、まさしくそれ故に心に残るものであった。儀式では、たった一人のトランペット奏者が良き仲間の歌を演奏し、衛兵が立っていただけであった。それにもかかわらず、この儀式は、花輪の献呈の後で墓地の管理所の室内で行われたコーヒー休憩に現れていたように、大きな影響を持った目に見えるシグナルであった。そこでは、ユダヤ人社会の側から、来年も花輪の献呈を続けることが要請された。もちろん、これは約束され、戦没ユダヤ人兵士の顕彰は、連邦軍総監の年間行事の一つになった。もちろん、それによってユダヤ人中央委員会との関係が許されたと考えることはできなかったが、これが最初のきっかけとなり、二〇〇一年の夏にユダヤ人中央委員会議長の感謝の言葉として実現したのである。イグナツ・ブビスはこのような努力を好意的に見ており、私は、連邦軍の歴史上初めて、ブリュッセルに出発する前の挨拶のために彼を訪問した。

その一方で、ユダヤ人市民やイスラエル人との多くの対話においては、幅広い世論に影響を与える上で、アメリカに住むユダヤ人がいかに決定的な役割を果たしているかがいつも強調されていた。したがって、九〇年代のドイツ人兵士とナチスの犯罪にかかわったとして常に罪を背負ってきた人々を単純には同一視できないことを伝えるためには、アメリカのユダヤ人にこれを理解させなければならない。アメリカの友人は、もし変化を引き起こそうとするのなら、ロサンゼルスとニューヨークでそれを実行することだと私に述べた。というのは、ロサンゼルスでは、ハリウッドからステレオタイプの見方が相も変わらず発信されており、ニューヨークでは、どこよりも学問的な討論に多くの人々を集めることができるからである。

目標は、すべてのドイツ人兵士がヒトラーの忠実な下僕であったというステレオタイプの見方を打破し、それによって現在の兵士も同様であろうという安易な推測を防止することにあった。われわれは第二次世界大戦の終戦五〇周年、したがって一九四四年七月二〇日の失敗に終わったヒトラー暗殺計画から五〇周年を迎えようとしていた。アメリカ人にほとんど知られていない良心の決起の歴史を説明するのに、これ以上ふさわしい機会があるだろうか。私は、これをまずコリン・パウエルに話し、彼は私を勇気付け、支援を約束した。その後、私は、彼の後任者で私のアメリカにおける同僚で友人のジョン・シャリカシュビリにこれを話した。彼は、いかなる観点からしても風変わりなアメリカ人将校であり、ヨーロッパ生まれのおかげで他のどんなアメリカ人の参謀総長よりもヨーロッパの多様性とそのしばしば悲劇的な歴史を理解することができた。また、彼の独特な意見は、私にとっていつも大きな参考になった。彼は、この考えが扉を開く機会になることを否定しなかったが、このような事業を実行するアメリカ人を見つけるのは困難であろうと述べた。同様の意見は、ワシントンのドイツ大使館からも出された。大使館は、これまでアメリカでこのような扉を開く試みを続けてきたが、何の成果も得られなかったのである。しかし、大使館の側では、このような試みを改めて実行する意向が示された。また、ドイツ国防軍の役割に関する別の側面を理解させるために、一九四四年七月二〇日事件がふさわしいことを誰も否定しなかった。まもなく、その第一歩として、すでに用意されていた「良心の決起」の展示物を一九九四年に合わせてドイツ人の目で修正するばかりでなく、その英語版を作成する任務が連邦軍総監部第I部に付与された。このような特異な任務が成功するか、あるいは失敗に終わるかは、しばしば担当者の個人的な熱意にかかっている。その後戦史研究所長になった海軍大佐デュップラー博士は、当時まだ中佐で、連邦軍総監部第I部第3課の幕僚であったが、偶然にもこのプロジェクトの担当者となり、熱心にこれと取り組んだ。展示が成功したのは、障害を排除する彼の熱意と能力のおかげである。

しかし、アメリカでの扉を開くことは、まだ私の仕事であった。私は、歴史家フリッツ・シュテルンとの出会いを思い出す。私は、その時彼に深く印象付けられ、強い共感の念を覚えた。私は彼に手紙を書いて私の考えを説明し、ドイツの国防武官がもっともふさわしい場所として推薦したワシントンの国会図書館でこの展示会ができるように彼の援助を依頼した。このアイデアが実現されたのは、フリッツ・シュテルン教授のおかげである。彼は、扉を開き、国会図書館長のビリントン氏を動かしてこの特別な場所で展示会を開催できるようにした。フリッツ・シュテルンは、わが国の真の友人であるばかりでなく、われわれの快楽主義的な社会に対する警告者であり、歴史から生じた責任を直視するように繰り返し主張している。

展示会は、一九九四年七月一四日、米陸軍参謀総長ジョン・M・シャリカシュビリ大将とアメリカ政府高官が出席して開催された。私は、このとき日程調整に大変苦労した。というのは、この日、ミッテラン大統領の招待を受けて、ドイツ軍部隊がユーロ軍団の一部として革命記念日にシャンゼリゼーを分列行進することになっていたからである。私は、この行事を欠席するわけにはいかなかった。ミッテラン大統領は、多くのフランス国民がまだ早すぎると感じていることを良く知りながら、それによって非常に意識的に明確で力強い和解のシグナルを出そうとしていたのである。その成果は、彼が正しかったことを示していた。というのは、ドイツの装甲歩兵中隊は、凱旋門からコンコルド広場までを埋めた観衆の心からの喝采を浴びたからである。しかし、私は、国会図書館での開会式にも欠席するわけにはいかなかった。この開会式も一つのシグナルであり、私はこれに出席することによってその効果を高めることが必要であった。一五時までパリにいて、しかも同じ日の一八時にはワシントンで挨拶を行うというジレンマは、コンコルドによる飛行と、雷雨にもかかわらずアメリカ陸軍によって行われたダレス国際空港からワシントンの市街地までのヘリの輸送によって解決された。

連邦軍における七月二〇日事件の理解と伝統に対する連邦軍兵士の義務についての私の話は、注目を集めた。この伝統には、兵士としての宣誓は、宣誓した相手が法と倫理に違反した場合、宣誓を破ることが含まれている。しかし、この晩は、事件に加わって命を落とし、それによってドイツを救った実行犯の息子である有名な指揮者のクリストフ・フォン・ドーナニーに話しが移っていった。彼は、英雄は非常にまれな存在だと常にいっていた。彼は、独裁者に抵抗することが何を意味するかを彼の聴衆に理解させることができたのである。その日展示会に参加した人々は、誰も彼の言葉を否定できなかった。このことは、われわれが二つの成功を収めたことを示していた。つまり、われわれは、ドイツの歴史の中のもっとも暗い時代にも、法の支配と人間性の尊重を回復させるために、その命をかけて犯罪的な政府の転覆を試みた男女がいたことを示したのである。さらに、われわれは、統一された民主主義的なドイツの軍隊は、この伝統を義務と感じていることを明らかにすることができた。翌日、私は、ホロコースト博物館の記念碑に制服で花輪を捧げることによって、ワシントンのユダヤ人社会に対して、ヒトラーに対する反抗と民族の抹殺に対する責任を連邦軍に周知させることは分離し得ないことを強調した。

展示会は、ワシントンに次いでニューヨーク、ロサンゼルスその他のアメリカの諸都市で成功裏に開催された。残念ながら、私はこれらの開会式のすべてに参加することはできなかった。そうすることは、誤りだったであろう。しかし、私は、ワシントンでの開会式の数週間後、コロンビア大学とウエストポイントの陸軍士官学校において、連邦軍にとっての一九四四年七月二〇日の事件の意味について講演した。コロンビア大学でのパネルディスカッションでは、ニューヨークのユダヤ人社会の代表者との討論が私の記憶に深く刻まれている。彼らは制服のドイツ軍人を目の前にして非常に緊張していたが、約九〇分の時間の中で太陽の下の雪のように緊張は消えていった。パネルディスカッションを設定したフリッツ・シュテルンは、コロンビア大学におけるこのひとときは、ワシントンでの行事よりも重要な効果を収めたと後に私に語った。これは、その後少なくとも一つの具体的な成果をもたらした。つまり、これ以降、連邦軍の若年将校がニューヨークのユダヤ人社会と会合することが、青年将校のアメリカ旅行の計画に組み入れられたのである。

何かの進歩をもたらそうとするといつでも、その終わりを迎え、あるいは確かな成果を獲得した喜びを感ずることはほとんどない。これは、イスラエルとの協力関係を軌道に乗せ、ドイツとアメリカのユダヤ人社会との関係を切り開くという私の試みにも当てはまる。加えて、このような植物が繁茂するのは、しばしばその後継者が手入れするかどうかにかかわっている。

このような試みは、正しい、しかもよい方向への変化をもたらし、統一ドイツに対する偏見を打破することに寄与した。このような努力が継続的に行われている証拠には、私は、一九九五年の夏にテル・アビブ大学に招かれ、民主主義的な軍隊における統率の原則について講演した。かつて私が連邦軍総監になったばかりのときに、制服を着たドイツ人の将軍がこのようなテーマについてイスラエルで講演することが可能かどうか誰か私に聞いたとしたら、私はこの質問にノーと答え、質問した人をユートピアンであると判断したであろう。しかし、一九九五年の夏にこの夢は現実となり、困難な道のりを慎重に進んできた成果が実証されたのである。

微妙な任務はその痕跡を残さなかったわけではなく、信頼が生まれ育ったが、これは長い道のりのほんの出発点にすぎない。他の人々、特に若い兵士によってこれは引き継がれ、彼らは交換プロジェクトを通じてここ数年ますます頻繁にイスラエルを訪れている。彼らは、わが国の親善大使として役立っている。連邦軍の招待を受けてドイツを訪れた若いイスラエル人は、若い兵士が連邦軍の大多数を占め、連邦軍の指導部はいかなる場合でも過激な思想を許さないことを確信することができた。

9

防衛任務と国際貢献

長い道のりの始まり

冷戦時代の世界では、多数の戦争や紛争が生起したが、東西対立は熱戦に転化することはなかった。ワシントンとモスクワの当局者のいずれもが、対立が統制できなくなり、アメリカ－ソ連の直接対決に発展することを阻止しようとした。このような状況は、一九八九／九〇年のドイツの分割の終了とともにヨーロッパが統一され、その結果ソ連が分裂したことによって変化した。宗教的な熱狂、長い間抑えつけられてきた民族的な対立や解決の見通しの立たない国境紛争によって、新たに暴力と戦争が噴出している。その結果、これまで想像できなかった規模で国連の平和維持活動が増加した。九〇年代の前半では、世界中で約一〇万人の兵士が、国連旗の下で任務に就いている。

統一されたドイツは、それによって、一九七三年のドイツ連邦共和国の国連加盟以来期待されている地域紛争の解決により大きな責任を果たすべきかどうかという疑問に改めて直面した。すべての連邦政府は、一九八三年一一月三日の連邦安全保障委員会の決定以来、基本法はドイツ軍をＮＡＴＯ条約地域外に派遣することを禁止している、すなわち基本法はドイツに対する国際法に違反する攻撃と見なされる場合だけを前提にしていると画一的に主張してきた。ほとんどすべての指導的なドイツ人法学者は、この決定の根拠となった法的な立場を支持できないと考えていたが、連邦政府の要人のすべてが根拠のない立場を繰り返し主張したことから、また特にゲンシャー外相の疲れを知らない活躍によって、この立場は強い影響を受けていた。ドイツの人々は政府を信じていたし、大多数の連邦軍兵士もそうであった。しかし、同盟内に配置された者――私は連邦安全保障会議の決定の時にそうであった――は、しばしば他の同盟国の仲間から情け容赦ない嘲笑を浴びせられた。彼らは、彼らの法律専門家の判断に基づいて、ドイツの立場を真実の姿を隠すために仮面を着けているようなものだと考えた。つまり、彼らは、これをドイツがより大きな責任を引き受けることを拒否するための隠れ蓑と考えたのである。トルコ、アルジェリアやイランでの地震災害のように、特に連邦軍の輸送機による救援任務は一九七三年以来何度かあったのだが、国連の活動や一九九〇年の湾岸戦争のような多国籍軍への参加は、連邦軍の兵士の宣誓の範囲を超えるものであるという解釈が広まっていた。

私は、湾岸戦争の間中この問題に正面から直面させられた。既述のように、私は、四〇年以上にわたってドイツを防衛するために徴兵の若い兵士を駐留させ、そのために場合によっては彼らを死なせる用意のあったわれわれの同盟国に対して何の援助も提供できないことを恥とし、悲しんだ。それも、全体としては疑問のある法解釈の故にできなかったのである。ドイツ人には作戦に参加する義務はない、あるいは連邦軍の兵士は誰も作戦に参加する義務はないとして、われわれがこのような独自の役割を演ずるのであれば、同盟におけるわれわれの影響力は動揺することになることを忘れてはならない。

私は、湾岸戦争における連邦政府の不決断による激しい痛みがまだ残っていることを表明する。また、私は、ドイツの進路を決定するような戦争反対を叫ぶ一方で、侵略の犠牲になったクウェートの住民に対する同情のかけらもないデモ行進を冷たい怒りと深い軽蔑の念をもって見たことも打ち明ける。一体、これは、私がこれまで防衛に献身してきたドイツなのであろうか。また、これらの人々は、彼らのしばしば偽善的な考えから、自らも犠牲者であるというのであろうか。いや、そうではなくて、これらの人々は、人権が踏みにじられ、ある国が違法に他国の侵略を受けた場合に、連帯して対抗すべき義務があると明確にする勇気がなかった政府や政党の犠牲者なのである。

しかし、これは別の次元の問題でもあった。ドイツは、ドイツの分割の故に課せられていた特別な役割が終焉したその時に、改めて特別な役割を果たそうとした。しかし、ドイツが独自の行動をとることは、拡大されたドイツを国際社会に結びつけることによって不安を解消するという統一の過程で明らかにされた政策とは一致しないであろう。これに加えて、弱さの故に国際的な連帯の義務を拒否し、利害関係が常に対立する中で利己主義を押し通す国は、長い間には同情を得ることはなく、かえって軽蔑されるだけであろう。このような傾向は、多くの真の友人を持たないという理由から、危険性を含んでいる。したがって、このような政策は、ドイツの利益にはならない。また、このような政策は、近隣諸国との和解によってもたらされた多くを後退させ、あるいは少なくともその持続的な効果を制約することになろう。これに対して、ドイツが連帯を表明すれば、達成された和解を確実なものにするばかりでなく、連邦軍の兵士が世界の平和と抑圧された人々を救うために新たに積極的に活躍するドイツの大使となる機会として利用できる。たしかに、これは、利用すべきチャンスである。

私がその直後に連邦軍総監に就任したとき、湾岸戦争におけるドイツの態度に関する批判は収まっていたが、ドイツとその軍隊の心理的な感受性に変化はなかった。同盟や国連の作戦へのドイツの参加は、私がアメリカ、フランスやイギリスのような重要な同盟国を就任挨拶のために訪問したときの主要な話題であった。同盟各国に対する連邦軍による物的な支援や湾岸地域に配置される同盟国兵士の家族に対するさまざまな援助への感謝の一方で、湾岸戦争間のドイツの政策に対する失望が繰り返し聞かれた。私は、これらのすべての会談において、統一から派生した特別な負担について明らかにするとともに、会談の相手に、ドイツに広まっていた消極性に彼ら自身責任があることを思い起こさせた。彼らの国々は、一九四五年以降の数年間、ドイツに対してその軍事力を二度と悪用しないように警告してきた。今や、彼らは、ドイツが正常の状態にもどるまで、忍耐しなければならない。私は、二重の問題に直面していることをよく知っていた。つまり、連邦軍の内的な転換であり、わが国の大多数が、当時の専門用語でいうところの「アウト・オブ・エリア」、すなわちＮＡＴＯ条約地域以外での作戦への参加に賛成することがその前提になる。しかし、これに先立って、政府がその消極的な態度を転換する用意があるかどうか確かめることが必要である。国防省は、そのために、若干の貢献ができるだけであり、方向を定めることはできない。われわれの貢献の一つは、ありのままの状況判断であろう。この状況判断は、東西対立の終結によって、一つの新しい時代が始まったことを政府に示すことに役立つであろう。言葉や宣言だけによる外交はすでに限界に到達しており、われわれが直面している不確実な世界では、行動による政策が要求されている。

一九九一年秋の状況は、政策の手段としての戦争は決して死に絶えてはいないことを示していた。そして、より悪いことには、ユーゴスラヴィアの崩壊が示しているように、戦争はヨーロッパに帰ってきたのである。ドイツ統一の歓喜の中で連邦軍の解体を要求した人々――彼らはパーシングⅡミサイルの配備は戦争の地獄への第一歩だと主張して根本的な過ちを犯した――は、再びそれが誤りであることを示した。ドイツ人が良い一例を示せば世界はより良く、平和になるという彼らの子供じみた考えは、ドイツの地域主義と中部ヨーロッパに限定された完全に世界とは断絶された思想に他ならない。正しいのは、冷戦時代の思想が規定していたヨーロッパにおける大戦争の可能性が既に一九九一年には非常に低下したのに、ユーゴスラヴィアにおける紛争の初期に見られたように、それに代わって地域紛争が顕著に増大したことである。

したがって、紛争の拡大を阻止し、紛争、戦争や暴力がわれわれの国土に及ばないように、それが発生しそうな場所で防止することがいっそう重要になる。連邦軍にとってこのことは、紛争をできる限り遠方で阻止するために、ドイツ以外の地域で使用されることを意味している。連邦軍は、このような任務への対応をまったく準備してこなかったし、ドイツ国会のあらゆる政党はこのような任務を考えておらず、選挙民も連邦軍に何を期待すべきかまだ予想していなかった。

別の危険も、同様に予期された。東西対立の終結とドイツ人の民族自決の希望が実現されたことによって、おそらくその他の地域における同様の願望が解き放たれ、国家間の関係における正当な要求として爆発するのではないだろうか。このような現象は、われわれが見たように、ソ連の崩壊とユーゴスラヴィアの分裂としてヨーロッパにおいて生起している。このようにヨーロッパの悲劇を一瞥しただけでも、われわれは、二〇〇二年の今日においてさえ、地球上で国連に承認された二〇〇ヵ国以上の国々のうち一四三ヵ国が二ヵ国あるいはそれ以上の国として他の国家の領土に所属していることを忘れてはならない。ここに規定された分離・独立運動の多くは暴力的な経過をたどり、そのうちのいくつかはわが国とその安全保障に直接・間接の影響を与える可能性がある。

同様に、一九九一年末には、大量破壊兵器と長射程の運搬手段の現状維持を求める努力が認められた。すでに、フォークランド紛争において、イギリスは核大国に対してはもっと慎重に対応していたであろうという発言が見られたが、イラクのクウェート侵略に対するアメリカの反応があった後には、この結論はより身近なものになった。私は、この結論が正当か否かにかかわらず、九〇年代の初めには、大量破壊兵器の削減努力は明白な事実になったと考えている。また、この問題を軍備管理の議題として解決しようとする従来のあらゆる努力は、何の持続的な効果を挙げなかったことも事実である。したがって、われわれは、大量破壊兵器に対する防衛と拡散の防止は、ドイツのような国々にとってはこの任務がＮＡＴＯの枠内でのみ解決が可能であるとしても、連邦軍の将来の任務分野に含まれるべきであると考える。その一方で、次の結論も不可避なものとなろう。すなわち、このような形態の圧力や外的脅威に対するドイツの防衛は、予想される限り、連邦軍のドイツ領土以外、あるいはＮＡＴＯ条約地域外での作戦なしには不可能であろう。

あらゆる予想される状況において、特に国連の平和維持活動を超えるような作戦は、常にＮＡＴＯの作戦として行われるであろう。国連には指揮機構が欠如していることと、国連内部における先進国といわゆる発展途上国の間の対立は、このことを証明している。この二つの要因は、ともに安全保障理事会が憲章七章による平和強制のための権限を委任された国連軍を編制することを不可能にしてきた。したがって、このような任務のための候補者は、ＮＡＴＯの外にないのである。ドイツは、同盟内の影響力をより強化することを望み、統一によって増大した国力を無駄にしたくないならば、ＮＡＴＯ条約地域外であっても、同盟が行う作戦に協力しなければならない。同盟内における連帯を示す必要性は、私にとってももっとも重要な課題であったし、これからもそうである。ドイツは、約四〇年の間、安全保障を消費し、輸入してきたが、いまや安全保障の輸出に貢献しなければならない。このことには、直接的な国防を超えた連邦軍の作戦が含まれる。われわれの同盟国の誰もが、長期にわたってドイツが同盟への貢献を拒否することを見過ごさないであろうが、われわれがそのために必要な社会的・政治的条件を形成する努力を続ける限り、すべての国々はわれわれに時間の猶予を与えてくれるであろう。

したがって、変化した世界における統一ドイツの連邦軍の役割に関する政治的な議論が必要である。連邦軍総監、したがって連邦政府の軍事顧問である私の最初の任務は、政府が私と私の幕僚が策定した同一の結論に至るように、状況判断に貢献することであった。われわれは、一九九一年秋にこのような作業を開始し、一九九一年一一月末にハンブルクの週刊誌が「ナウマン・ペーパー」と呼んだ報告書を作成した。文書の正確な名称は、「軍事政策・戦略状況と連邦軍の構想に関する提言」であった。この文書で本質的に新しいものは、われわれが統一ドイツの安全保障政策上の関心を初めて定義することを意図したことにある。このことからだけでも、この文書は、連邦軍総監部だけの文書に止まらず、大臣による承認が必要だったのである。シュトルテンベルク国防大臣への説明が行われた結果、その翌月から一九九二年一月中旬まで、連邦軍総監部と国防省計画部が、合同でさらに内容を厳選した報告書を作成し、これが一九九二年二月に閣議にかけられることになった。一九九二年二月一九日、コール首相を議長として国防省で閣議が開催され、国防大臣による連邦軍計画の内容と連邦軍の発展に関する報告が行われ、この計画の目標が基本的に承認された。この決定によって新たに定められた連邦軍の任務は、以下のように表現される。

「連邦軍は、基本法の改正によって明確にされた後、ドイツの利益と平和・人道・国際安全保障の実現のために必要な場合、ＮＡＴＯによる集団防衛を超えて、国連憲章第七章、あるいはヨーロッパの国際機構の定めるところに基づいて、これらの作戦に参加する能力を保有しなければならない」。

それによって、政治的な意志が明確に表明された。われわれは、世論に対して、今後連邦軍はどこに行くのかを告げ、その内部の改革に対する青信号を獲得したのである。連邦軍は、これまでの教育・訓練の軍隊から、ますます作戦遂行のための軍隊になっていったが、これはすでに一九九二年初頭に明らかにされた。しかし、そのためにはまだ時間が必要だった。これは、計画し、実行するという非常に慎重な歩みであった。これを行うという私の意図は、早くも閣議の行われた午後に開催された連邦軍の高級将官会議の席上で発表された。また、私は、一九九二年五月一二日、ポツダムで行われた第三三回連邦軍指揮官会同で、連邦軍が対処すべき任務と挑戦について、より明確に公に発言した。それによって、われわれは、連邦軍の改革を誰の目にも明らかなように開始したのである。その結果として、遅かれ早かれドイツ以外の地域での連邦軍の作戦が行われることになろう。しかしながら、おそらくもっと重要なことに、これによってドイツは責任を果たすであろうことが同盟国に対して明らかにされたのである。歴史の影とそれに伴う責任はもちろんわれわれに残され、これからの歩みには慎重さと鋭い感覚が要求されるであろうが、ドイツが特別な役割を演ずる時代は終った。

最初の第一歩

連邦軍は、湾岸戦争の終結以来、非常に限定された規模ではあるが、各種の平和維持活動に参加してきた。これには、一九九一年のペルシャ湾における機雷の掃海並びにイラクの大量破壊兵器を発見し、除去するという任務を遂行したＵＮＳＣＯＭを支援する作戦、あるいはサダム・フセインによって追放されたクルド人を保護するための一九九一年夏に始まったイランにおける救援活動などが挙げられる。これらの活動はほとんど知られずに行われ、世論もこれに気が付かなかった。しかし、ニューヨークの国連本部では、このようなドイツのささやかな貢献が高く評価され、一九九二年の初頭にはドイツのカンボジアにおけるＵＮＴＡＣへの参加が要請された。これは、一九九一年一一月から始まるＵＮＡＭＩＣ国連暫定司令部に派遣される国連職員の医療支援を行うものであった。したがって、大佐医官のフラップス博士が、国連平和維持活動に参加した最初の連邦軍の兵士となった。

カンボジアは、確かにドイツとの特定の利益を共有する国ではない。カンボジアは、国民の大量虐殺と二〇年以上にわたる戦乱によって荒廃しており、ここでのいかなる活動であっても、参加する兵士は高い危険性にさらされる。これに加えて、ドイツとの大きな距離によって、この最初の外国での活動は非常に困難なものになった。その一方で、国連のためにプノンペンに固定的な病院を建設し、カンボジアに派遣される国連職員に医療支援を提供するという任務は、以下の二重の機会を提供した。すなわち、これは、最初の平和維持活動におけるわれわれの兵士に対する危険を限定することができる派遣形態であったことと、国連の平和維持活動におけるわれわれの兵士の活動によって、ドイツに対する好意を獲得できるからであった。

新しく国防相になったフォルカー・リューエ大臣も、同様にこれを認め、派遣を決定した。連邦内閣はこれを承認し、一九九二年の初頭にはドイツの最初の平和維持活動が始まった。しかしながら、政治的・法的な理由から、ドイツの野戦病院は、完全には国連軍部隊の一部にはなっていなかった。したがって、国防大臣は、参加部隊に対する完全な指揮権を保有し、中でも病院を奥地に移転させるという国連の要求を断ることができた。

今や、幅広い分野での学習過程が始まった。われわれは、国連の官僚主義とそれがどのように機能するかを理解するようになった。また、世界中から派遣された兵士がオーストラリアのサンダーソン将軍の指揮下で業務を遂行するという多国籍部隊にみずからを適合させていった。また、われわれは、このような活動に必要な兵站を遠い故郷の基地から支援した。われわれの衛生部隊の兵士は、窮地にある人間を救うために活動することは、戦場における紛争当事者の一方によって否定されることがあり、したがって純粋に人道的な見地から行動することはほとんど不可能であると苦痛をもって受け入れざるを得なかった。われわれは、このような国連の活動の多面性を把握するにつれて、国防省内の指揮組織を改革する必要性があることを速やかに理解した。この種類の活動においては、指揮・命令権の保有者は、参加部隊に対していつでも権限を行使できなければならない。また、彼は、速やかに包括的な情報を得ることができ、しかも速やかに国防省全体の助言を得ることができなければならない。それによってのみ、国防大臣は、適切に判断することができる。平和時の状況に合わせたボンの国防省の機構と業務処理は、まったく役に立たない。従来、国防省は、ドイツにおける戦争に対応し、NATOによる防衛の指揮に依存していたことから、自国の軍隊を指揮するための最小限の能力しか持たず、戦争における連邦軍の作戦の指揮は、NATOの指揮機構に委ねられてきた。したがって、指揮能力を向上させることが、緊急に必要であった。教育課程の同期生であった有能なオッケン准将が率いる連邦軍総監部第Ⅳ部がこれを担当し、一つの指揮組織を計画し、部内の意見を調整した。私は、この案が気に入り、あちらこちらに示し、この際多くの議論を呼んだが、最終的に軍事指揮委員会の意図と一致させ、作戦指揮コマンドを創設することを大臣に提言することになった。この案は、国防省以下のレベルで、連邦軍総監部の中に作戦の実行に一元的に責任を有する小型の指揮センターを設置するものである。

この提案は、各軍種総監が有している当該軍種の即応態勢を維持すべき既存の責任に関係する一方で、すべての同盟国の経験が示しているように、この種の作戦は必然的に「統合」の、すなわち複数の軍種が協同して遂行される作戦となることを意味している。同様に私にとって自明だったことは、国防大臣に対してこのような作戦におけるあらゆる軍事的問題に助言する責任は連邦軍総監に委ねられるべきであり、したがって総監は、連邦政府の軍事顧問としての権限を有することである。

しかし、リューエ国防大臣への助言によって、その後これに制度化された連邦軍総監の権限の強化に対する多くのグループの不安が非常に強いことが示された。この不安は、いかなる理性をも越えるものであった。中でも、各軍種の総監部を連邦軍総監が訪問した時に受けた印象は、これを強く裏付けた。各軍種の総監は、——この主張には議論の余地がないと彼らはいつも主張するのだが——いかに各軍種の責任が不可欠であるかを口々に主張した。これは、必ずしも国防省で到達している合意事項の範囲内ではないが、しばしば登場した一つのゲームであり、私もこれを予想していた。しかし、私は、統合司令部の設置に関する内容のある議論の力によってこれを克服できると信じていた。私が過小評価していたことは、大臣はそれほどでもなかったが、他のグループは、このような司令部によって連邦軍総監の権限が過大になるのではないかという正当な不安を抱いていたことであった。私の目から見れば不合理な意見であったが、非常に強力であり、したがって指揮センターだけが設置されることになった。センターは連邦軍総監部の中に設置されたのだが、完全にはその下に置かれていたわけではない。一つの簡単な提案からこのような複雑な問題が呼び起こされたが、最終的には解決可能な問題であった。これは、統合という正しい方向へ向けた最初の第一歩であった。その後、外国での活動のさまざまな経験に基づいて、指揮センターは改善されていった。二〇〇〇年のシャーピング国防大臣の決定によって、指揮センターは連邦軍総監部に一体化され、新たに作戦指揮コマンドが設立された。このことは、よいアイデアは必ず実現されるが、それにはしばしば時間がかかることを示している。

この長い道のりにおける第一歩は、一九九三年二月、作戦任務の調整幕僚機構が創設され、連邦軍総監部第Ⅳ部の中に連邦軍作戦指揮課が設置されたことである。その後、ソマリアに派遣された後方支援部隊や、中でも多数の作戦が動じ並行的に実施されるなどの多くの経験から、これらの制度では不十分なことがまもなく明らかになった。その結果、一九九五年一月、連邦軍指揮センターが設置された。その司令官は、准将の階級で、作戦任務の調整機構の長を兼ねることになった。私はこの制度には不満足だったが、やがてより明確な制度が生み出されることを確信していたので、我慢することができた。最初は、特に大臣の関心に従って、このような一歩を進めることが重要だった。

一九九二年五月中旬、NATO・AMFの陸軍が行った多数の作戦の中核として、ミュンヘンの衛生教育中隊の衛生隊員がプノンペンに飛んだ。これは、約一五〇人の勢力による作戦であり、一九九三年一一月一二日まで続き、約四五〇人の衛生隊員が参加した。ドイツの野戦病院は、やがて「天使の家」と呼ばれるようになった。この病院では、カンボジア人を含む三、五〇〇人が入院治療を、また九、五〇〇人が応急治療を受けた。このことは、国連との絶え間ない争いをもたらしたが、ドイツの名声を高めることになった。一九九二年夏、この争いは収拾がつかないまでに発展した。国連におけるドイツの代表者は、ドイツが国連の規則を守らないので、国連がドイツの衛生部隊の撤退を要求していると報告した。ドイツの政治家は、所属する政党にかかわらず、この任務の人道的な性格をよく理解し、カンボジア人の救援において誰も優先的に取り扱われることはないと兵士たちを激励した。

衛生部隊司令部、中でも衛生監で衛生大将のデッシュ博士は、これが正しいと考えていたが、この路線を国連の中で押し通すことはしなかった。われわれは、軌道修正を余儀なくされ、規則の大綱に基づいて、少なくとも国連の費用によらずに、引き続き住民の支援を続けることにした。われわれは、われわれの参加部隊を国連の運営規則に一歩一歩適合させていったが、国連の内部でもカンボジア国内の状況に対する理解を求めて努力した。というのは、われわれは、国連の平和維持活動のためばかりでなく、ポル・ポト政権の犯罪によって苦しめられたカンボジア国民を救いたいと思っていたからである。当時の平和維持活動部長だったガーナ出身のコフィ・アナンは、いかなる観点からしても変わった国連職員であり、その知性と人間性のゆえに深い印象を与えた。私は、彼とわれわれが直面しているジレンマについて何度も話し合い、国連が示した理解と柔軟性に感謝している。

われわれは、この活動から医療に関してばかりでなく、多くのことを学んだ。われわれは、外国での活動のためばかりでなく、ドイツ国内での戦争のためにも、われわれの衛生支援の能力がいかに不十分なものであるかを知った。

したがって、われわれの衛生支援の再編は、不可避であった。われわれは、作戦に参加するすべての連邦軍兵士はドイツ市民がドイツ国内で受けるのと同様の衛生支援を作戦間に受けることができるというデッシュ博士の原則に基づいて、再編を行うことにした。私にとって、このことは、インフラの整備されていない作戦地域でも最高の野戦病院を維持することになり、実行可能な案の中でももっとも高価なことは明らかだった。このような理由から、たとえばフランスのような他の国は、この案をあきらめた。フランスは、負傷者をできるだけ速やかに国内に後送することにしたのである。しかしながら、私はデッシュ博士の方針を支持した。一つの理由は、第二次世界大戦において、ドイツ人負傷者があまりにしばしば、また長距離を輸送されたことから、高い率で死亡したという記事を思い出したからである。別の理由は、次のようなイスラエルでの経験が強く焼き付けられていたからである。兵士たちは、負傷した場合速やかに医師の手当てが受けられることを知っていれば、より勇敢に戦うというのである。このように、カンボジアでの作戦は衛生支援再編の出発点となり、私は、その中でデッシュ博士とともに、独立性を主張する各軍種のさまざまな抵抗と戦ったのである。

その一方で、私は、人間はいかに残酷になれるかもカンボジアで経験した。人間は人間にとってオオカミであるというのは、真実である。私は、クメール・ルージュが一九九二年のクリスマスに行った殺戮を決して忘れないであろう。今でも、殺戮が行われた現場では遺骨が散乱しており、そこでは子供が足を抱えられて死ぬまで頭を木に打ちつけられて殺されたのである。私は、一九九二年のクリスマスを思い出し、この木の前でこのような犯罪をこの世からなくすために力を尽くすことを誓った。しかしながら、ルワンダやスレブレニッツアにおいて、世界は再びこのような惨劇を経験したのである。チェチェンのような場合、各国は、ロシアに気兼ねしてほとんど何も言わない。そして、このような悲劇に目をつぶり、ドイツ人は子供の買い物のためにチェコのシェブの町にでかけたりする。この事件は、われわれが社会の保護の下で生活する上で、あたかも糾弾する価値がないようにみえるのである。われわれ、ポストモダン時代の国家は、あることを始めなければならない。すなわち、われわれは、人々が集団殺戮の危機にある場合、これに介入しなければならないのである。われわれドイツ人は、その歴史上の責任から、大量殺戮を必要な場合には武力を行使しても阻止すべき使命を負っている。われわれは、人命を防護すべき義務があることと、これが国境によっては制約されないことを理解しなければならない。

その一方で、われわれは、カンボジアでの作戦を通じて、作戦とは予期しないことに備えることであるという昔からの軍事的な経験が平和時の活動においても役立つことを学んだ。われわれは、ドイツの活動はプノンペン以外の地域では実施しないことを初期の段階で決定し、これは議会にも報告された。一九九二年初頭のある日、ＵＮＴＡＣのチーフ・メディカル・オフィサーで、カンボジア派遣ドイツ部隊の司令官である大佐医官のフラップス博士が私に電話をし、負傷したフランス人を救助するために国連のヘリで救援の医療チームをプノンペン市外に派遣することの許可を求めた。彼は、負傷の状況を命にかかわる緊急事態であると述べ、ほかに出動可能な人員はいないことを強調した。これに直ちに同意することは大臣の明確な指針に反することになるが、大臣から直接許可を得ることも不可能だった。私は、彼に再び電話し、実行する許可を与えた。フランス人は救助された。もちろん、私はこの件について大臣に報告し、彼は承認した。当然のことながら、大臣が承認しなかったならば、私は責任をとるつもりだった。その一方で、この時の教訓は、行動規定をあまりに厳格に定めるのではなく、状況に即して対応できるように部隊に行動の自由を与えることであった。われわれは、その後の活動においてこのことを少しずつ改善していった。これは、派遣部隊にとって確かに時間がかかり過ぎたであろうが、われわれはその目標を決しておろそかにしたわけではない。残念なことに、われわれは、ドイツ人兵士のアルント伍長がプノンペンで殺人の犠牲になるという悲しい事件も経験しなければならなかった。もちろん、このような事件はドイツ国内でも起こり得るが、アルント伍長の家族にとっては、カンボジアでの活動が彼の死の原因なのである。私は、家族の心情は正当で、しかも重要であると考える。すなわち、息子、夫あるいは仲間や友人が命を失ったことは、政府と議会によって決定された連邦軍の活動の犠牲となったことを意味するのである。われわれは、その責任を負わねばならない。リューエ国防大臣に対する私の助言は、次の二点からなっていた。第一に、あらゆる噂をまだ芽のうちにつみ取るために、即時に全面的に事実を公表すること、第二に、威厳があり、国民の目に見える形で式典を実行することであった。大臣はこの二点に同意し、活動の停止を求める声がまったく起こらないように努力することを表明した。連邦軍の軍事指導部は、兵士を派遣することが犠牲者を生み出すかもしれないことに口を閉ざしていたわけではなく、まさにその反対であった。この方針も、正しいことが証明された。

カンボジアにおける活動は、全体として成功であり、連邦軍全体が多くの教訓を学んだ任務であった。その一方で、この活動は、特に衛生業務の発展にとって決定的な動機となった。現在、活動に参加する兵士は、負傷した場合、第一級の治療が受けられることを知っている。

アフリカにおけるドイツの平和維持任務——ソマリアでの活動

ソマリアにおける人道問題は、湾岸戦争の余波の中で世界の関心から消え去り、ＣＮＮが取り上げなかったらまったく注目されなかったであろう。人々が飢餓と不幸に苦しんでいる画像は、世界を震撼させた。ソマリアの国家は破綻し、したがって援助は国外からのみ行われている。このような状況から、アメリカ政府は、一九九二年秋に国内政治的な考慮の後で人道的な理由から介入を決めた。

ドイツは、既に一九九二年八月から、ソマリアの飢えた人々に食料を供給する輸送飛行に参加している。ドイツのＣ－160輸送機は、ケニアのモンバサに駐留し、いわゆる「アフリカ・ドロップ」と呼ばれていた救援物資を投下するために、そこからケニアに飛行していた。この方式は、飛行場や滑走路の制約を受けないで救援物資を配分するために、ドイツの輸送飛行隊が初期のアフリカにおける活動の間に開発したものである。輸送機は、投下地点の数メートル上空を貨物の搭載ランプを開放したまま通過し、投下地点で機首を上げると貨物が自然に地上に投下されるのである。

私は、クリスマスに合わせてモンバサの輸送航空隊を訪問したとき、モガジシオに立ち寄った。これは、野蛮な破壊活動をもってソマリアでシアド・バレと戦った反乱勢力を敵と位置づけていた米国の中央軍司令官（ＵＳＣＥＮＴＣＯＭ）とソマリア情勢について意見を交換するためであった。私がアメリカは同盟国のどのような援助を期待するか慎重に言葉を選んで質問すると、ドイツを含むＮＡＴＯ軍のさらなる追加部隊の派遣を要望するという明確な答えが返ってきた。私はドイツの状況を説明し、一九九二年一二月一七日の閣議決定に基づいて、ドイツは一般的に貢献の意思を有しているが、まだこれは具体化されていないと述べた。ＵＮＯＳＯＭの枠組みでの兵站分野の活動には、次の二つの利点があった。第一に、これは国連憲章第Ⅵ章の条件下でのさらなる人道的な活動であり、危険性は低い。第二に、これは、同盟国のアメリカとの湾岸戦争における悪夢を払拭するための第一歩として利用できる。米統合参謀本部議長のコリン・パウエル大将との会談では、この推測が裏付けられた。リューエ国防大臣は、ソマリアでの任務を、これが人道的な活動であり、段階的な貢献という彼の考えに適合することから、拡大された責任をドイツが果たすために、できるかぎり全部の政党が一致して支持することを望んだ。ドイツ政府の構想はより安全な地域への派遣を前提としていたので、国連は、一九九三年四月一二日にドイツの提言を受け容れた時に、活動地域のベレー・ウェインの安全性を保障し、ドイツに対して公式に増強された補給・輸送大隊の派遣を要請した。内閣は、一九九三年四月二一日、派遣を承認した。同日、連邦議会は、これに賛成した。さらに、四月二一日、連邦軍のＵＮＯＳＯＭⅡへの参加のための指示第一号が発出された。そして、四月二八日には現地における最初の接触が行われ、一九九三年五月一二日に先遣隊が到着した。クルド族の救援作戦のために既にイランで活動していたベルンハルト少将が、先遣隊の指揮官となった。その後、一九九三年六月、一、七〇〇人の勢力の部隊がソマリア中部に移動した。航空機による人員の輸送は、まずジブチに移動し、そこからC－160輸送機でベレー・ウェインに飛ぶもので、大量の物資の海上輸送と比べてほとんど問題はなかった。しかし、国連と協力して一、四〇〇人の大規模な部隊に対して六、〇〇〇kmの距離を七ヵ月間にわたって補給し、しかも最終的には海上輸送と航空輸送を併用してドイツの能力だけで帰国させることは、連邦軍にとって大きな経験となった。それ以外にも、より重要な次の二つの要素があった。

第一に、連邦軍は、ソマリアでの平和維持活動の実行形態にみずからを適合させることを開始した。これは、米軍が強調する「フォース・プロテクション」、すなわち参加部隊の自己防護と活動地域の住民の援助を健全に結合させることである。ドイツの兵士は、アフリカの角の炎暑とベレー・ウェインの砂漠の中で、ハルフとカンマーホーフの二人の優秀な指揮官の下で、この任務を立派に果たした。彼らは、ソマリア人の間にドイツに対する親近感を生み出させた。実際、アフリカでの豊富な経験を有するフランス人将校が常に言っていたように、この親近感がなければ、何事もうまく行かないのである。シャベユ川から飲料水を作り、井戸を掘り、ダムや飛行場を建設し、あるいは学校を再建し、医療機関に対する補給などの成果は、ドイツの派遣部隊が挙げた成果である。この際、自己防護は決しておろそかにされたわけではなかったが、その必要性はそれほど高くなかった。連邦軍は、ソマリアで、平和維持活動の方法を学んだのである。

第二の要素は、この活動が、部隊の一体感の醸成に寄与したことである。二回にわたって私がベレー・ウェインを訪問したとき、あらゆる階級の兵士は、差別なく同一の条件下でテントに居住することによって相互の協力関係が促進され、不幸に苦しむソマリアに対してドイツが援助の手を差し伸べ、これに参加していることの満足感を表明した。

もちろん、ソマリアには影の部分もある。これは、より安全な環境での活動というドイツ側の条件によって生まれた。それによって、ドイツ人兵士は、車両を連ねて移動する際、イタリア軍によって防護されるという状況が生じたのである。これは、われわれが「二度と繰り返すことがないように」という希望とともに飲み込んだ苦い薬であった。連邦憲法裁判所の判断が揺れ動いていたことから、これに代わる方法はなかった。その他の問題点は、ベレー・ウェイン地区に展開する四、〇〇〇人の兵力のUNOSOMⅡ参加部隊に対する後方支援という本来の任務が決して撤回されないことであった。モガジシオ周辺の情勢の緊迫化によって、インド軍は、ソマリア西部にではなく、南部に配置された。私は、一九九三年一〇月二日、モガジシオで任務の変更について国連事務総長の代理者であるアメリカ人のハウと部隊の指揮官であるトルコ人のビル将軍と話し合ったが、成果は得られなかった。アメリカは、モガジシオ地区と族長のアイディードに固執し、ソマリア西部と北部における安定化の機会を利用しようとしなかった。アメリカは、一八人の兵士がモガジシオの市内で殺害された後で派遣部隊の撤退を決定したが、――また、ニュースにもならずにもっと多くのパキスタン人が殺されたにもかかわらず――われわれは活動を継続する以外になかった。しかし、国連の計画が変更されたので、われわれはその任務を遂行することができなかったというのは、誤りであろう。その原因の一部は、より安全な環境と、したがってベレー・ウェインにこだわったドイツ側にもある。また、活動が失敗した原因は明らかである。すなわち、ソマリアの他の地域であれば、われわれは国連憲章Ⅶ章に基づく権限の委任を必要としたであろうし、ドイツの現状では、それは実行不可能だったのである。

ソマリアは、政治的に見て国連の失敗の一つとして数えられるであろうが、連邦軍にとっては、軍事的に見て成果のあった活動である。われわれは、いかにしてこのような作戦を遠距離から指揮し、支援するかを学んだ。また、われわれは、非常に遅々としてではあるが、報道機関が国防省よりも先に知るような突発事件が起こり得るし、いかにしてこれを回避するかを学んだ。さらに、われわれは、一人の兵士が活動中に他国の市民を初めて射殺することを経験した。この事件は、他のNATO諸国とは異なり、連邦軍が平和時における軍事裁判制度を持っていないことから、これに対応する必要性があることを示している。この事件の後、射撃とソマリア人の死亡に関する調査委員会が設置され、国防大臣、二人の事務次官、計画部長、報道部長と私がこの委員会に参加を要請された。緊張した雰囲気の中で、元陸軍総監でもあった事務次官の一人は、この兵士を直ちにコブレンツの所轄の検事に引き渡すべきだと主張した。これに対して、私は、この兵士を所属部隊に止めておき、現地で調査することを提案した。私の意図は、兵士たちを不安に陥らせることを防止し、彼の義務として射撃したこの青年をみずからの中隊の保護から引き離さないようにすることであった。

私は、この青年がどのような気持ちであったか良く理解することができる。人の死を目にすることは、決して美しいことではない。もし彼に罪があるとすれば、永遠に罪の意識を背負うことなり、人体に対する最新の弾薬の効果を見ることは、それ自体恐ろしいことである。私は、兵士を尋問のためにコブレンツに移送することは、将来同様の事件が起こった場合に、その処理が遅れることになることを確信していた。そして、その遅れがわれわれの兵士の生命にかかわるかもしれないのである。国防大臣は、私の助言を採用し、私も驚いたのであるが、計画部長に対して私の提言を実行するように命じた。

われわれが当時完全には予測できなかったことは、九〇年代のアフリカがまだ悩んでいた悲劇に対して、ソマリアがどのような破滅的な影響を与えたかである。私は、ソマリアでのできごとがなければ、国連安保理は、ルワンダで数十万人が殺されていることに目をつぶっていたであろうと考えている。しかし、ルワンダを経て、アフリカの悲劇は七〜八民族が関係するより大きなコンゴでの戦争に至ったのである。コンゴ紛争は、数百万人の死者にもかかわらず、ヨーロッパではほとんど注目されなかった。しかし、その規模は、ドイツの歴史上最大の悲劇である三十年戦争にも匹敵するのである。

ユーゴスラビアの悲劇――正常化への第一歩

一九九五年、当時既に五年間続いていたユーゴスラビア紛争によって、武力紛争において軍隊の作戦をもって世界平和に対する責任を果たすという思想が生みだされ、ヨーロッパ諸国の中でドイツが正常化のために第一歩を踏み出した。

私があるインタビューでスロベニアとクロアチアに対するベオグラードの暴力的な処置への対応を聞かれたとき、私は連邦軍総監に就任する前のまだ第I軍団司令官であり、必ずしも政界との関係に配慮する必要はなかった。したがって、私は、まだ連邦軍には救援の準備ができていないことを知らずに、デュブロウニクでの野蛮な事件に対してヨーロッパは結束して必要な措置をとるべきであるという印象を与えることになった。

今から振り返ると、ボンに赴任する前の私の直感と情勢判断に基づいたこの発言は、その後連邦軍の公式見解に従った控えめな態度よりも正しかったと言わざるをえない。ユーゴスラビアの悲劇を観察していた多くの人々は、ミロセヴィッチによってかき立てられたセルビア人の民族主義に対する早期の、断固とした、必要な場合には武力による介入によって、一九九五年までは下火だったがその後一九九八年にコソボで改めて始まった流血の惨事はおそらく避けられたであろうという意見を持っていた。私は、第二次世界大戦における多数のセルビア人の死とユーゴスラビアでの戦争犯罪に責任があるので、ドイツはバルカン半島での平和維持活動に参加すべきではないという通説にあまりに長い間とらわれてきたことを個人的に今では深く後悔している。このような態度には、もっともな多くの理由があった。戦争を経験した世代は、ほとんど全員がこのような意見だったのである。加えて、連邦軍は、このような作戦に対して内部の準備がまだできていなかった。また、特に、九〇年代初頭のドイツの政治情勢に対する冷静な観察があった。もし、このとき軍事的な強制措置にドイツも参加していたら、壁に向かって盲目的に突進するようなものだったであろう。そこには、成功の可能性はまったくなかった。それにもかかわらず、私がおそらくこの悲劇に責任があるスロボダン・ミロシェビッチを知り、その意図を推測したとき、改めて不安が残された。彼は、彼の大セルビア主義が暴力によってのみ、またヨーロッパにおける大きな反対に抗してのみ実現できることをよく知っていたのである。そのために彼が何としても達成しなければならなかったのは、交渉において力を発揮させないように、彼の敵を分離したままにしておくことであった。ドイツのような道徳的な理由に基づく意見は、尊敬に値するとしても、ヨーロッパの不一致とミロシェビッチに行動の自由を与えることに寄与するのである。ヨーロッパが一致していなければ、アメリカを交渉に巻き込み、ロシアのミロシェビッチに対する支援の手を引っ込めさせることはできない。NATO諸国の政治指導者と当時のロシア大統領は、NATOの平和維持部隊がボスニアに駐留して初めて、ミロシェビッチ、ツジマンあるいはイゼトベゴビッチその他の誰であれ、悲劇に直接責任を有する人々に釈明させることができたと私は考えている。彼らは、非常に多くの罪のない人々の犠牲の上に犯罪的な賭けを行っていたのであり、これは明らかにされなければならない。私は、連邦軍総監として、これらの件に関与していた。したがって、私は、状況を誤って判断し、それによって誤った助言を与えたことに責任がある。

非常に多くの同盟国が、ドイツのクロアチアの承認によってバルカン戦争の雪崩を引き起こすきっかけとなったと指摘していることにも、触れなければならない。私は、この見解には同意しない。というのは、ユーゴスラビアの統一は、残酷な抑圧によってかろうじて維持されていたからである。したがって、チトーの死後ユーゴスラビアが崩壊するであろうことは、誰の目にも明らかだった。われわれは、国防省で、既に七〇年代半ばにこのように判断していた。クロアチアの場合の本来の教訓は、国家の自決権を容認するだけではなく、その結果生ずる無防備な国家の防護についても国際的に承認されなければならないということである。ドイツは、クロアチアの場合のこのような結論に対して、まだ用意ができていなかった。ヨーロッパは、最初は威勢が良かったが不一致のままであり、アメリカでは、元ユーゴスラビア大使のラリー・イーグルバーガー国務長官が、ユーゴスラビアの現状は回復されなければならないとなおも考えていた。このため、ミロシェビッチは、行動の自由を持っていると考え、ヴコバーの残酷な破壊を実行し、国際世論によってその責任を追及されることになったのである。

私は、現役時代はもちろん、その後もずっとユーゴスラビア問題とかかわってきた。そして、この紛争が先鋭化すればするほど、ドイツの軍事的貢献問題も緊急性を増している。

ドイツは、既に一九九二年から、サラエボへの救援物資の航空輸送の実施によって、人道援助に参加している。この作戦は、一九九二年六月四日から始まり、一九九六年一月九日まで続いた。この間、ドイツのトランザール輸送機は、約一、四〇〇回サラエボへ飛行し、一〇万トン以上の物資を運んだ。救援物資の輸送に際しては、何度も射撃を受けた。一九九三年二月、それが一機のトランザールに命中し、機内の貨物搭載統制官が重傷を負った。一九九三年三月、ボスニアの住民に対する補給のため、いわゆる空中投下が開始された。アメリカのC－130やドイツとフランスのトランザールがフランクフルトからボスニア・ヘルツェゴビナの上空を三〇〇回以上も飛行し、二〇〇〇トン以上の食料や救援物資を投下した。私は、この飛行を一度経験し、われわれの航空機を狙った対空火器の砲弾が間近で爆発するのを見た。物資を確実に投下するためには、より安全な高度をとることができないので、われわれのパイロットは繰り返し射撃を受けた。私は、飛行を中止し、安全が保障されてからこれを再開すべきかどうかを何度もリューエ国防大臣と話し合った。

われわれは、ドイツのトランザール輸送機に以下の装備を暫定的に、しかも速やかに導入すべきことを認識した。すなわち、GPS受信機、レーダー警報装置とミサイルの追尾を不可能にするためのチャフの装備であり、これらは緊急措置として不可欠であった。トランザールは、そもそもこのような任務のために製造されたわけではなく、当時既に老朽化していたが、その構造的な欠陥はもちろんわれわれではどうしようもなかった。ドイツ空軍が新しい近代的な輸送機を必要としていることは、私が連邦軍総監だった時代に既に明確にされていた。しかし、私がブリュッセルのNATO軍事委員会議長に転出してから六年経っても、未だに新しい輸送機が空軍に導入されていないことは、いっそう残念なことである。その一方で、驚くべきことに、バルカン半島での作戦では、ドイツのトランザール輸送航空部隊の高い士気が示された。これは、湾岸戦争に際して一九九一年に行われたトルコ東部での比較的危険性の低いアルファ・ジェット飛行隊の活動が、国内の政治的混乱の中で、惨めに、士気が低いまま行われたことと正反対である。連邦軍内における平和維持活動への貢献の方向性は、ようやく具体的になってきた。同様に、一九九二年の夏以来、ドイツは、NATOとWEUの協同によるアドリア海における交易と武器輸出禁止の監視を任務とする「シャープ・ガード」作戦に参加している。このため、連邦軍は、一九九二年七月から一九九六年夏まで、二隻の艦艇（フリゲート艦又は駆逐艦）とサルディニアに駐留している三機のアトランティック・ブレゲー哨戒機を定期的に差し出している。これに加えて、これらの部隊の兵站支援を行うために、タンカーと多数の輸送機の運行がNATOとWEUに提供されている。この禁輸のための作戦は、制裁措置とその有効性と同様に議論の余地があるであろう。しかし、実際には、四年間にわたるこの作戦において、七五、〇〇〇隻の船舶が質問を受け、約六、〇〇〇隻が臨検され、一、四〇〇隻の進路が変更され、三隻が拿捕された。これと、アルバニアの港湾における国連のチームによる制裁措置と監視は、セルビアとモンテネグロに対して確実に影響を及ぼしたであろう。これは、純粋に経済的な効果であるが、ベオグラードの政治指導者に対して、政治的な孤立感を与えるものでもあった。興味深いことに、NATOは、戦争に至らない程度の作戦の政治的・軍事的な統制と調整に関する価値ある経験を得たのである。これらの経験によって、その後ボスニアやコソボで引き続き生起した事件への対応が容易になった。その一例として、作戦規定（ROE）の調整と承認が挙げられる。このことは、一六ヵ国、現在では一九ヵ国の異なった法律体系を有するすべての同盟国の合意が必要なことを考えれば、容易なことではない。その一方、NATOは、危機管理において海軍力が不可欠なことを学んだ。また、海軍の側も、危険という視点からはもっとも低く位置づけられるこのような作戦においてさえも、空軍と陸軍に支援された「統合作戦」であることを理解した。

ドイツ海軍は、このような役割を速やかに引き受け、完全に役に立つ仲間になることを学んだ。憲法裁判所における論争のおかげで、ドイツはROEを発出することができなかったので、強制措置が予想される場合に最初は問題があった。ドイツの参加部隊は、その不自由さを味わった。彼らは、二流の軍隊と見なされ、このような制限されたROEでも対応できるような任務しか与えられなかった。このことは、非難されるべき結果をもたらしたわけではない。しかし、彼らは、このような政治的なハンディキャップに責任のない海軍の軍人が他国の嘲笑の対象にされる場合には、怒りをあらわにした。私は、一九九四年のクリスマスにフリゲート艦のニーダーザクセンを訪問した際、ドイツをカッターのチームとしては使えないことを嘲笑したTシャツがある同盟国の艦上で売られていることを知った。このような行為によって傷ついた関係を修復するのは、連邦軍総監からの一本の電話だけで十分であった。

ドイツの政治家と軍人は、アドリア海での経験を通じて学び、ROEが任務に相応して明確に規定されて初めて、作戦を開始できることを認識した。また、われわれは、国家としてみずからの部隊に必要な作戦規定を与えることができる場合にのみ、このような作戦に参加すべきであることを理解した。

私は、ドイツ海軍が大きな勇気をもって新しい任務に取り組み、高い専門性を発揮するとともに、商船の経験を有する予備役将校を編成に入れることによって、特に効果的な海上監視活動を行ったことを強調したい。

ドイツが輸出禁止の監視活動に参加することは、同盟政策上最初に考えられたよりもずっと重要だった。彼らは、ユーゴスラビア紛争でもドイツは責任を負う用意があることを同盟国の仲間に示し、連邦政府は、連邦軍を平和維持任務に参加させるために世論の理解を広げ、深めるための道筋を一歩一歩たどっているのである。連邦軍の兵士にとって、これは小さな一歩ではあるが、実際の作戦部隊をめざすものであった。また、他のNATO諸国の仲間と協同して作戦した経験は、平和時においても、あるいは故郷を遠く離れた地域でも作戦に従事する用意があるという兵士であることの意味をもう一度考えさせるものであった。ドイツ海軍の艦艇部隊は、このことをすでに一〇年間にわたって経験しているので、特に目新しいものではない。新しいのは、平和を強制し、あるいは維持するために、軍隊、したがって潜在的には暴力を行使するという目標を設定したことである。

しかし、ユーゴスラビア本土での活動は、ボスニア情勢の劇的な変化、すなわちボスニアの飛び地であるセルビア人の住む東部ボスニアのスレブレニッツァで虐殺が起こって初めて行われた。西側社会の忍耐が、限界に達したのである。一九九五年の精霊降誕祭の日、フランスは主導権をとり、最初は漠然としていたが、その後具体化されたようにボスニアに派遣するヨーロッパの緊急対応部隊を創設するための会議をパリで開催した。フランスはそれによってこの問題の解決にきっかけを与え、数週間後にはロンドンのランカスター・ハウスで二回目の会議が開かれ、緊急対応部隊を編成し、NATOと国連の指揮下に置くという結論が得られた。ドイツは、野戦病院と偵察機を送ることによってこれに参加した。一九九五年六月末、ドイツ連邦議会は、ドイツの衛生兵をクロアチアのトロギールに送ることと空軍の参加を決定した。ドイツ人兵士をボスニア・ヘルツェゴビナの地に送るべきではないという格言は、無視された。しかし、一九九五年の夏と秋の状況の変化だけでも、この格言の信頼性を揺るがすものであった。一九九五年晩夏、サラエボの虐殺の後で、NATO軍の空爆が行われた。ボスニアとクロアチアは、ボスニアのセルビア人から地上における主導権を奪取し、クロアチアのセルビア人を奇襲的に征服したからである。六月からピアセンザに配置されていたドイツの電子戦・偵察型トルネードは、作戦のために一九九五年七月末にＮＡＴＯの指揮下に入れられた。八月末以降、これらの戦闘機は、ボスニア・ヘルツェゴビナ上空のＮＡＴＯの航空作戦に参加した。したがって、一九九五年八月末から、連邦軍の兵士は創設後初めて武力紛争の渦中に置かれたのである。

ＮＡＴＯ軍の「デリバレート・フォース」作戦は、一九九五年九月一四日に終了した。ボスニア問題の平和的な解決に関する交渉が始まった。デイトン会議の結果、ＮＡＴＯの指揮下で平和履行部隊（ＩＦＯＲ）の設置が決定された。

連邦政府の中では、ドイツがこれに参加すべきことを疑う者は誰もいなかったが、国内政治的には、一九九二年以来形成されてきたボスニア自体での作戦への反対がまだ残っていた。ドイツの国会は、一九九五年一二月六日、約二、五〇〇人の兵力からなる支援部隊の派遣を決定した。この部隊は、クロアチアの作戦地域に配置され、ここからＩＦＯＲの兵站支援を行う任務を持っていた。これは、まだなお制限された作戦形態ではあったが、決定的な障害は取り除かれた。すなわち、ドイツは、地上部隊をもってユーゴスラビアにおけるＮＡＴＯ軍の作戦に参加するのである。これによって、連邦軍は、われわれの同盟国の仲間に復帰したのである。今や、完全な正常化に欠けている一歩は、ただ時間の問題だけであることを誰もが知っている。残りの一歩は、一九九九年までの数年間に比較的迅速に行われた。というのは、私が連邦軍総監を辞任した一九九六年二月までに、そのための前提条件が既に確立されていたからである。すなわち、連邦軍に所属する者は、訓練のための軍隊から作戦のための軍隊への内的な適合を完成し、このような作戦を平和時の任務と受け止めていたのである。

編成の面では、一九九〇年代中期の政治情勢で実行可能な範囲内で部隊の改編が行われた。約五〇、〇〇〇人の危機反応部隊が、二〇〇〇年までに創設されることになった。これらの部隊は、期限付き軍人、職業軍人と一〇ヵ月以上の長期勤務を希望する兵役義務軍人だけで編成された。その目標は、作戦のために連邦軍単独の部隊を使用できるようにすることである。連邦政府と議会は、この計画を承認し、連邦政府は、緊縮財政に陥っていた防衛予算の増加を決定した。特殊戦司令部の創設を含むこの計画は、当時の反対勢力を元気づけただけではなかった。多くの者は、リューエ国防大臣の政治的な意図が、反対勢力を含めて防衛政策の重要な問題に関する基本合意を再び獲得することにあるとして反対したのである。一九九五年から九六年への変わり目に起こったこのような現象は、忘れられてはならない。というのは、現在、連邦軍の急激な改編は一九九八年の政権の交代まで延期されたという歴史的事実に反することが主張されているからである。たしかに、改編は十分に行われなかったが、それは財政的な事情によるもので、改編の基礎となったのは一九九五年の計画であり、これは既に一九九六年には公表されていたのである。このような基盤がなければ、一九九九年のコソボ紛争において、連邦政府は、当時称賛されたような断固たる措置をとることはできなかったであろう。

連邦軍のコソボにおける作戦は、ＮＡＴＯ国家の共同体へのドイツとドイツ連邦軍の完全な復帰を表している。ドイツは、脅かされている生活を防護し、ヨーロッパの平和を再建するために、必要な場合には兵器を使用してでも、その仲間と協同して対処する用意のあることを示した。冷戦時代における同盟国の連帯を享受していた国々は、信じられないほどの短期間に、他国を連帯して支えるという大きな進歩を遂げたのである。

10 新しい兵士の役割

ＮＡＴＯの軍隊がボスニアに進駐した時の様子は今日では忘れられ、冬の厳しい状況の中で河に普通の三倍の長さに及ぶ橋を架けた工兵のめざましい能力についての記憶は薄れてしまった。また、国連の決議に基づいて配置された部隊は、抵抗を排除する能力と決意を持った戦闘部隊だったことも忘れられている。一方、兵士たちは、彼らに求められているのは、戦うことではなく、救うことであることにすぐに気がついた。そこには、戦争に疲れ、無益に破壊された国土で少しばかりの静けさと安定を求める人々がいた。しかし、ここは、国家の権威と秩序がなく、数百万個の地雷が埋められており、そこら中でまだ戦闘が続いていて、敵対する住民グループがお互いにためらわずに暴力を行使することが明白だったので、民間人ではまったく救いにならない土地であった。救援者、救助者や防護者としての兵士の役割は、戦士としての役割よりも重要であった。サラエボの電気や水道の修理に当たったニューヨーク州兵の予備役兵士は、戦車や歩兵戦闘車の乗員よりも重要であった。彼らは、住民の好意を勝ち得、ＮＡＴＯは占領軍であるというセルビアの国家主義者のプロパガンダが嘘であることを証明した。しかしながら、彼らは、戦車がそこにいて、その存在そのものがＮＡＴＯという国家連合の意志に反して再び武力紛争に訴えることが無意味なことを示しているからこそ、救援活動を実行できたのである。このようにして、サラエボでは新しい兵士の姿が形成されつつあり、これは冷戦後のNATO軍のさまざまな作戦においてますます顕著になっている。

私は、冷戦後の時代のさまざまな任務において兵士が大きな成果を挙げてきたことについてすでに述べた。これらの新しい任務とは、「防衛外交」と名付けられた英国における明確な目的を有する兵器の輸出、兵器援助と教育援助であり、これは国防政策の一環として行われたものである。

NATOでは、これらの任務は、域内の安定を継続的に増進させることに役立つので、協力と協同の戦略という幅広い概念に含まれている。しかし、兵士にとってこれらは新しい任務であり、他国と同様にドイツでも、このような新しい任務のために新しい兵士、すなわちもはや戦士ではなく、「マイル・プロテクター」とグスタフ・デーニカーが名付けているような防護のための兵士が必要となるかどうかが繰り返し議論されることは驚くにあたらない。

冷戦の終結は、戦略、編成、軍隊の規模だけではなく、兵士の役割にも大きな変化をもたらした。このような変化は、ヨーロッパの政治情勢の変化と同様に、一夜にして起こったものではない。これらの変化のすべては、まだ今日でも続いている。冷戦の強固な体制は、突然崩壊してわれわれの前に瓦礫をさらした。単純で、確固とした明白なソ連帝国の西ヨーロッパに対する攻撃の計画は、兵士に対して自国とNATOの領域を防衛するというわかりやすい任務をもたらした。陸軍の小隊長のすべては、防衛事態におけるみずからの任務と、戦うべき地形を知っていたし、彼の任務の成否が、戦時における彼の兵士がそれぞれの任務に対応できるようにいかによく訓練されているかにかかっていることを知っていた。同様のことは、空軍と海軍についても当てはまった。現在のような移行期には、もはやこのことは当てはまらないが、個々の兵士にとってはあいまいなままである。そして、最終的な、したがって予想し得る限り永続的といえるような政治的な変革がまだ生起していない移行期においては、軍隊が今やいかなる任務を持っているかを将校に対して説明することさえ困難であり、特に下士官や兵士に対しては東西対立が終結した当初の数年間はまったく不可能であった。それに加えて、ドイツの国外における作戦や連邦軍と国家人民軍の併合をめぐる国内政治上の対立があった。

このため、われわれにとっては、緊急に次の二つが必要であった。第一は、実行可能な、したがって説明可能な任務であり、第二は、教育・訓練の準拠として、任務から導き出された兵士のあるべき姿である。

私はあえて連邦内閣によって承認された任務を将校や下士官が解るように一言で言い表すことは困難だと述べたいが、われわれは、任務に関しては比較的早く明確にすることができた。以前は規則的に任務を行動地域で遂行することが可能であったが、もはやこのような明確性は必然的に失われてしまった。新しい任務のもっとも把握しやすい部分、すなわち東欧に導入されるべき積極的な改革に対して準備することでさえ、これに逆行する事態が生起し、したがってドイツの防衛という任務が再び課せられることになるかもしれず、容易に実行するにはあまりに漠然としていた。

このため、われわれは、兵士たちに今後の変化の不透明さと多くの予測不可能なリスクが、見通し得る将来の状況の特徴であると言わざるを得なかった。その結果、予期しない事態に備えて、できる限り多様で包括的に訓練することになった。

その結果は、しかしながら、より大きな安全をもたらすものであった。というのは、兵士たちは、これまで同様に戦闘のために備えることになったからである。

兵士たちを完全に国連の平和維持活動に備えさせるという考えは、ある政治勢力の間で世界的な混乱への不安から、あるいは理想主義的な人道主義の立場から一定の支持を受けたが、兵士たちに責任を負わせないことと同様に実行に移されることはなかった。しかしながら、冷戦期とは反対に、兵士たちを戦士として訓練するだけではもはや不十分であった。その一つには、戦闘に至る敷居を超えない範囲で行動すべき平和維持活動によって象徴され、もう一つには、あまりに危険が大きいことから民間の救助者を投入できないような作戦地域における救助者としての兵士の役割が大きく浮上してきたからである。最後に、たとえば平和のための協力の枠内で教育者や補助者として行動するなどの、可能性のある兵士の行動を把握することが必要であった。このような任務の態様は非常に幅広いものであったが、武力行使において求められるもの、すなわち伝統的な戦士としての役割と緊密な関係にあった。このような役割は、もっとも基本的な訓練が要求され、それ故もっとも重要なのである。したがって、戦士としての役割に付け加えて訓練すべきものは何か、しかも国土と同盟国を守るための戦士としての訓練を必要不可欠な条件とするものは何かが問題であった。

われわれは、このような道を追求したが、われわれの理論的な検討にもとづいて単独でこれを行ったのではなく、国連の平和維持活動に広範な経験を有しているたとえばイギリス、カナダのような同盟国又はフィンランドやオーストリアのようなわれわれの友好国とこの問題について緊密に連携を取った。われわれが得た忠告は、次のような明白なものであった。戦士としての確固とした訓練は、敵対する両者の間のまったく不確実な状況の中で存在するために必要な安全を兵士たちに与える。戦士としてよく訓練されていれば、兵士たちは自身を守ることができ、緊急の場合に段階的に使用して望ましい方向に強制できる力を保有することになる。

したがって、兵士が戦士であることが、教育・訓練の目標となる。しかしながら、その場合でも一つの変化が必要である。すなわち、みずからの国土を防衛する意志を持つだけではもはや不十分であり、この場合、兵士たちは同盟国の統合された軍隊の中で同盟の域内のどこかで行動することになる。これはNATOの拡大によってすでに決定されている事項でありながら、たとえばドイツでは公にはほとんど議論されていない。そして、それによって、教育・訓練はいうまでもなく、軍隊の編成や移動能力が重大な影響を受けるのである。しかし、社会と兵士は、これらの新しい状況を理解し、受け入れ、それによって同盟地域の境界に部隊を配備すべき危機時に、遅れを生じないようにしなければならない。社会は、自国の防衛が自国の領土から遠く離れた地域から始められ得ることを理解し、最終的にはこれを望ましいと思うことが必要である。それによって初めて、兵士たちは、他国の領土をみずからの故郷と同様に防衛する気持ちを持つことができる。

このような状況は、約五〇年間にわたって自国の領土に吊されたダモクレスの剣（核兵器）の下で暮らしてきた多くのNATO諸国、特にドイツのような国にとって、まさに本質的な変化である。一九九五年の連邦軍改革の構想上の指針は、このような思想的な基盤の上に構築された。したがって、新しい状況における戦士とは、自国の領土外で行動することを例外ではなく、通常の任務とする兵士たちである。しかし、カンボジア、ソマリアや初期のユーゴスラビアにおける行動のように、戦士であるだけでは不十分である。救援者、救助者や防護者としての任務が、これに付け加えられる。これらの新しい役割は、行動地域における住民の困苦を考えれば、容易に理解され、兵士たちは喜んでこれを受け入れ、すべてのNATO諸国の社会の賛同を得るであろう。

しかし、これらの付加的な任務は、兵士たちの訓練に新たな要求を付け加えるだけでなく、一見お互いに矛盾した要求となって現れた。このため、今日に至るまで、NATO諸国のいくつかは、戦士としての役割を明白に重視し、行動地域において平和維持部隊から一人も犠牲者を出さないことを優先してきた。これらの国々にとっては、「部隊防護」が第一であり、それによって、作戦部隊周辺の行動地域において住民を圧迫する危険を冒している。

ドイツは、たとえばイギリスと同様に、意図的にこの道を回避している。われわれの兵士たちは、より安全な環境を創造し、維持するという軍事的な任務とこれを遂行する能力にいささかの疑いも起こさせないことに加えて、国土の再建において住民を力によって援助しなければならない。われわれは、それによって行動地域の人々の信頼と理解を獲得し、依存心も圧迫感も起こさせないことを望んだ。このことは、決意し、実行する能力を抑制的にしか表現できない兵士たちにとって、最初は大きな危険を招くおそれがあった。しかし、ドイツとイギリスの方法は、長期的には戦力の浪費が少なく、成功の可能性も高いであろう。

これらの平和維持活動から、同盟国のアメリカが戦争以外の作戦（MOOTW）と呼ぶ作戦についての経験が得られた。そして、われわれは、経験に裏付けられた計画のための基盤を得た。私は、これらを以下の八項目に区分したい。

一　戦闘任務は生起し得る

戦闘任務を基準として防衛力整備の計画は出発すべきであり、したがって戦闘任務は引き続き教育・訓練の中核でなければならない。もっとも困難な形態の作戦に対して訓練され、近代的な装備をもって戦う敵に対する同盟の防衛が可能な者だけが、いかなる状況にも耐えることができる。さらに、平和維持活動として始められた作戦が、戦闘に発展しないとは誰も保障できない。安定化部隊（SF

ＯＲ）のような危険度の低い作戦や国連の平和維持活動のようなほとんど戦闘がない作戦に特化して訓練された兵士たちは、行動の自由に制約を受ける。このような兵士たちは、したがって、政治的に疑問があり、有益ではないであろう。あらゆる戦闘行動において、敵の能力を遠距離から無力化・無効化することが重点とされなければならない。これは、味方の兵士たちに対する最良の防護であり、紛争を終結させるような武力行使の拡大の可能性をわが方に与えるものである。

二　介入は多国籍で行われる

今日の脅威には、もはや一国では対応できない。そのためには、多くの場合国境を越えた多数の国家による協力が必要である。また、戦闘の必要性に対して一国のみで対応することは、あまりに費用がかかりすぎる。これは、ミサイル防衛を考えれば理解できるであろう。対応の多国籍性は、兵站やある種の訓練においてもますます増大している。さらに、自国の国境や同盟地域外の作戦には、明確な法的根拠が必要である。これを確定することは、ケースバイケースで行われる政府の決定と、場合によっては同盟国議会の承認が必要である。

三　地上軍のプレゼンスは不可欠である

命中精度が高く、遠距離から発射される兵器と電子的手段のみでも、ある国の軍事的能力を無効化し、あるいは少なくとも弱化させることができる。しかしながら、これに要する多額の費用が許される場合であっても、その軍事力を完全に除去することは不可能である。それ以上に、敵の行動の根本的な変化は、現場におけるプレゼンスによって強制する以外にない。このことは、紛争終結のための地上軍の変わらぬ存在意義を示している。何であっても、地上軍を代替することはできない。

平和維持任務の成果は、個々の兵士の行動と多様な状況の中で対応する将校・下士官の能力に大きく依存している。戦闘が終結した後に、戦士から「マイル・プロテクター」すなわち保護者であり、しかも戦闘準備のできた兵士になることを理解するためには、多くのことが必要である。

四　危険はますます不透明になる

戦士たちは、もはや目に見えない高度な危険の脅威を前提として対応できなければならない。細菌・化学兵器による攻撃は、兵士にとって感知することが困難であり、電子戦が行われる場合には、任務の遂行が妨害される。昼夜を問わず戦闘が行われ、兵士は致命的な火力にさらされるが、その敵はまったく見ることができない。しかし、これに加えて将来は人間対人間の戦いも起こり得るであろう。したがって、歩兵戦闘から「サイバー・ウオー」まで、作戦行動の態様がより拡大するであろう。

五　住民が紛争に巻き込まれる

民族対立に起因する紛争は、現在の平和維持任務が示すように、しばしば現地の住民相互の争いに発展する。これが暴力を伴わない場合であっても、このような紛争では、兵士の新しい任務や、多くの場合になじみの薄い法的根拠に対する理解が必要となる。このような作戦の目標は、住民との協力によってのみ達成することができる。このため、住民の支持を取りつけることが必要であり、このことは、軍事目標との対立をもたらすかもしれない。「フォース・プロテクション」という要素は、復興を支援する場合、ますます後方に押しやられることになる。これに加えて、民間の住民の犠牲を回避するという国際法上の要求は、あらゆる作戦において尊重されなければならない。したがって、軍隊は、すべての作戦において、厳しいＲＯＥの下で行動しなければならない。

六　平和を回復するためのすべての作戦には国際的な非政府組織（ＮＧＯ）の協力が必要である

一九九八年、ボスニアにおいては、約一〇〇団体のいわゆるＮＧＯが活動していた。これらの団体は、インフラや公共の民主主義的機構の再建、あるいは住民に対する人道的な援助物資の補給に従事していた。これらの活動は、調整されなければならない。

軍民協力(CIMIC)は、軍事行動における新たな、不可欠の分野である。これに加えて、軍隊は、当初の間しばしば再建をみずから支援しなければならない。パイプライン工兵、電気技術者あるいはインフラ連絡将校は、多国籍のタスクフォースの要員として、戦闘部隊よりも要求が高かった。しかし、特殊技能者だけで行動させることはできなかった。というのは、再建は安全な地域でのみ可能であり、結局戦闘部隊の配置によってこれが可能になったのである。

七 軍事行動は公の議論と統制の対象である

現代のメディアは、正しいにしろ誤りにしろ、各家庭に速やかに言葉や画像の情報を提供する。これらの情報は、一方で軍事行動に責任を負う政治家にとって説明責任の圧力となり、もう一方で作戦における軍隊の行動をメディアによって肯定的に描かれるように統制しようという願望を生み出す。このことから、現地の指揮官にとって問題が生じることがある。軍事行動に関する公の議論は望ましいことではあるが、それによって、個々の軍事行動の明確な政治的目標や明確な軍事的任務の必要性がないがしろにされてはならない。任務遂行のための根拠(ROE)は、任務、法律や規則に基づくものであり、軍事的な必要性から定められている。これは、公の議論に迎合するように規定されてはならない。軍隊指揮官は、何よりも権限と法律を優先するとともに、彼の任務と彼を信頼する兵士に対する責任を有しているが、同時に世論に対して開かれた広範な情報を提供することにも配慮しなければならない。このことは、各種の作戦における安全の確保との矛盾を生ずるおそれがある。

八 直接指揮が可能になる

情報時代は、軍隊の指揮通信の可能性にも変化をもたらしている。リアルタイムの画像情報は、指揮官にあらゆるレベルの現地の状況を知らせてくれる。将来の作戦においては、数千キロも離れた個々の兵士とほとんど自由にコンタクトできるようになるであろう。私は、ＮＡＴＯ軍事委員会の議長として、ブリュッセルからＶＴＣを通じてＳＦＯＲ司令官と話すことができたかもしれないが、ＳＡＣＥＵＲの権限を侵す意志はなかったので実際には行わなかった。情報の流れは、現在では情報の洪水になった。しかし、情報の洪水は、適切な情報を適時に入手することはこれまで同様に困難なことを忘れさせてしまう。指揮の過程における情報処理では、ますます適切な情報の選択が重要になる。政治・軍事指導者の決定は、この選択にかかっている。そうすると、見かけ上広範な情報に接している指導者にとって、彼が彼の指揮下の者に責任ある決定を下すことができると信じたときにさえ、危険が生ずることになる。ほぼリアルタイムの広範な情報は決定的な有利をもたらすかもしれないが、これが大局を見失わせることにならないとは限らない。このことは、創造性の喪失と責任の回避につながるので、すべてのレベルで注意すべきである。

同盟内や国内の部隊の訓練のような軍事力整備計画の方向は、東西対立の終結から一〇年を経過して次第に明確になってきた。冷戦終結後の移行期の不透明さは、消滅しつつある。ＮＡＴＯの解体やさらなる軍縮を求める声は、もはや聞かれない。

ＮＡＴＯと軍隊のいずれも、これまで同様にその必要性を証明してきた。それ以上に、兵士たちは、かつての敵との信頼の架け橋を最初から建設できることを経験した。彼らは、その国民がほとんど気付かないうちに、平和への大きな貢献を果たした。

このことは、米国の批評家がＮＡＴＯの拡大について書いたように、平和の黄昏をもたらしたのではなく、その反対である。ヨーロッパの持続的な平和の曙光が照らし始めた。

九〇年代の末すなわち世紀の変わり目に、ヨーロッパの永続的な平和をもたらす好機が現れた。この好機は、これまで同様に、軍事力によっても防護されなければならない。

平和を創造することは政治の使命であり、それによって軍隊にも任務が与えられる。しかし、その任務はまだ達成されていない。

第Ⅱ部　不確実な世界における平和への道

11 移行過程における危機対処

新しい戦略に関する考察は、紛争の防止と排除のための方法を見出すことが中心となるが、将来の戦略が決定されるまでには、おそらく何年もかかるであろう。緊急に必要なことは、現有の手段をもって不確実で不安定な世界に平和を維持することである。新たな紛争の担い手や新しい暴力的な紛争形態が登場し、これに加えて「大悪魔」アメリカとその同盟国に向けられる狂信的な憎しみが問題をいっそう複雑にしている。さらに今後数年の間、良く知られた通常兵器の使用に慣熟した新しい紛争の担い手として、国家による要請や自らの犯罪的な動機からではなく、自らの責任で行動する非国家主体が登場するであろうし、その際にますます大規模にあらゆる種類の軍事手段が使用されるであろう。

その影響は、以下の二点である。

一　国家があらゆる種類の軍用武器を独占的に所有し、運用する体制が崩壊するように思われる。しかし、このような新しい危険にいかに対応し得るか、国際社会はまだ何の解決策も有していない。

二　軍事的危機が発生する場所を特定することは、ますます困難となろう。良く知られている国家間の戦争に、新しい形態の戦争が加わる。

軍事的にはるかに優れたポスト近代諸国が発達させてきた危機と紛争における新しい能力に対して、非対称な対応がますます大きな役割を果たすであろう。これは望ましいものではないが、ポスト近代の工業国家の増大し続ける軍事的優越がもたらした必然的な帰結である。非対称な対応は、このような先進諸国の介入に際して、その相手が紛争のレベルを、例えば大量破壊兵器を使用して別のレベルに高め、あるいは干渉又はこれを支援する諸国を政治・経済・社会的に不安定にし、例えばすべての民族グループや民族を避難するように誘導し、あるいは強制的に追放するための手段として利用される可能性がある。非対称な対応は、せいぜい軍事力を拘束することしかできないが、軍事力よりも脆弱な近代工業国の民衆やインフラを一般に目標とする。

既に述べたある要素が、これに付け加えられる。すなわち、ポスト近代社会は、暴力を軽視し、暴力の使用をためらう。その政治家は、敵との対決において、近代や前近代までの社会を特徴付けていた思想、つまり暴力がしばしば平和に至ることのできる唯一の言葉であることを認めようとしない。

危機と紛争の性格は変化した。これらはより多様化し、不確実で予測が困難である。これは、国家間紛争と国内紛争とが混じり合った危険な状態をもたらす可能性がある。

暴力による言葉だけがしばしば理解されるとしても、依然として暴力の使用を防止するために役立つ手段があり、これはいかなる形態の暴力の行使よりも重要である。したがって、危機の克服は、危機予防の失敗後にとられる危機反応の段階で、すべての政治分野の使用可能な多様な手段が用意されている場合にのみ成功する。広範な政治的対応が迅速な軍事力の行使に優先しなければならない。軍事力の行使は、常に政治の最後の手段でなければならない。しかし、このことは、他のすべての手段が失敗に終わった時に初めて軍事的なカードを使用することを意味してはいない。危機の克服や終結のための手段として軍事力を行使することは、当然ためらいや不快をもたらすであろうが、最後通告とは最後に使用する手段についてではなく、究極の手段による国家の対応について通告することであると常に認識しておかなければならない。

早期発見と予防

迅速で断固とした行動は、発生しつつある危機の早期発見が前提である。しかし、現在の国際社会がこれに繰り返し失敗しているのは、偵察手段の不足が原因ではなく、情報伝達の体制の不備や、ますます増大するデータの流れを把握・評価・判断する能力の不足が原因である。これに加えて、変化した危機の性格によって、偵察手段の選定において転換が必要である。早期発見のためには、スパイによる伝統的な諜報活動（ＨＵＭＩＮＴ）や電子的手段（ＥＬＩＮＴ）による偵察が新たに重要になる。なぜなら、これによってしか相手の意図を知ることができないからである。画像偵察はこれに比較して重要度が低下するが、これはとりわけ危機反応において、特に目標情報として利用可能な成果を提供できる場合に効果を発揮する。早期発見は、危機対処における最善の手段である危機予防のための前提条件である。

危機の予防は、政治的に好まれる概念である。また、これは、一般に危機対処の目標でもある。このため、予防は、いわゆるブラヒミ委員会の報告においても、カナダ政府によって設置されたあまり知られていない「干渉と国家主権に関する国際委員会（ＩＣＩＳＳ）」の報告においても、第一に挙げられていた。しかし、民主主義国における政治的行動の現実を見た場合、例えば九〇年代のマケドニアにおける平和部隊の予防作戦の成功や、引き続き不安定なままのボスニア・ヘルツェゴビナ諸国で現在行われているＮＡＴＯの予防作戦の成功例があるにもかかわらず、予防が例外に止まっていることに驚かされる。しかしながら、民主主義国は、決定にあたって内政を優先させ、通常は起こりつつある危機に対処しないことが内政上の問題を引き起こす可能性がある場合にのみ行動する。また、代表的な民主主義国の政治行動には、明白に問題の重圧が認められ、これに広範な世論の同意がある場合に、その事態に受動的に対応するという性格がある。

通常の危機対応

このため、危機への迅速な対応が必要な場合でも、結局は高価で、困難で、通常は望ましくない長期的な拘束をもたらすにもかかわらず、通常の場合は国際的又は一国による危機対処が行われるまで放置される。

一方、危機対応は、これに対して政治家が国家的また国際的にまったく、あるいはほんの少ししか準備していない、また時としてまったく準備しようとしない活動分野である。しかし、彼らは危機対応に備える必要がある。なぜなら、彼らは、危機対応の初期に二重のハンディキャップを克服しなければならないからである。すなわち、彼らは、その状態から主動権を取り戻さなければならず、危機が時としてまだまったく現れていないにもかかわらず、国内しか見ていない世論に対してなぜ今行動するのかを説明しなければならないからである。

正当性の根拠

この二重のハンディキャップは、介入の理由がより明瞭であればあるほど、容易に克服することができる。

最も切迫し、それ以上の正当化が不要な理由として、国連憲章第五一条に基づく自衛権の発動がある。これは、これまでも幅広い解釈の余地を持っていたが、二〇〇一年一一月一二日の国連安保理事会の決議第一三六八号によって、私の見方では実質的にさらに拡大されている。この決定は、非国家主体による攻撃を国家による攻撃と同等とし、非国家主体を支援する国家に対しても自衛権を正当化している。解釈の余地と対応の正当化は、国連安全保障理事会の追加の委任がなくても、これにより拡大したのである。

攻撃に対する対応以外で、疑問の余地のない、したがってあらゆる場合に必要な正当化の根拠は、国連安保理の委任である。これによって、国家又は同盟の行動に正当性と法的基盤が与えられ、いわゆる国連憲章第二条の内政不干渉の規定が免除される。

この自衛権と委任の二つの場合に加え、将来においては、軍事的手段と結びついた行動が必要な状況が生起し、しかも国連安全保障理事会が機能せず、その責任を全うできない場合が起こるかもしれない。このため、危機への政治的な対応における例外的な極限状況として、安保理の委任がない場合の武力行使の可能性を残しておかなければならない。安保理の委任なしの武力行使という概念も様々な解釈が可能であるが、そうすることによってのみ、国際社会は、例えば人権の尊重や擁護、あるいは地域の平和と安定が危険にさらされている場合のような、他の手段では収束できない国連憲章の上位原則への顕著な違反に際して、国際的な対応の可能性を残すことができる。国際的な対応の可能性によって、現実の世界の権力者が領土原則を基礎とする国家主権を根拠として自由に国民を支配することを排除することができる。

この国家主権と人権の普遍的価値の間のジレンマの解決は、見通し得る将来には期待できない。カナダ政府によって設立されたＩＣＩＳＳの二〇〇一年秋に策定された報告は、国際法のさらなる発展のための刺激となった。彼らは、委員会の見解として例外的に国連の委任がなくても行動することのできる大枠を示した。この委員会は非常にグローバルな意志決定過程を経てこの見解に達したものの、この成果が世界各国の多数によって直ちに受け入れられることは期待できない。委任のないままの行動も両刃の剣なので、実際には使用されなくても、使用できる理論的な可能性は維持されなければならない。このようにしてのみ、少なくとも平和の破壊者がリスクを予測することを極めて困難にし、紛争を阻止するほんの僅かな機会をえることができる。しかし、この可能性は、非常にまれな例外に止めなければならない。というのは、これが、実際に「最後の手段」、すなわち国際政治における最後の解決策だからである。したがって、これは、常に個々の場合について決定されるべきである。また、行動しないことが地域全体の平和と安定が危険にさらされる明白な危険がある場合にのみ、これが検討されるべきであろう。

そのような介入は、多国間で行われるときに最も効果的である。一国での単独行動を現在いかなる国もほとんど継続することはできないことの現実は別として、単独行動は、帝国主義という非難を避けられず、正義と法に関する道徳的な弱点に直面するであろう。この議論は、国連の承認のない行動の可能性を広範囲に解釈するアメリカ政府に対しても説明されるべきであろう。

自国の軍事力を国内「だけ」に使用する国々は、他の国に対して軍事力を行使するという極端な行動を、少なくとも自国の国益が最小限でも侵害されている場合にのみ実施するであろう。したがって、各国が国益を定義し、少なくともその概要を公表することは、ある国の政治的な義務であり、外交における信頼性や同盟政策における予測可能性の問題であるばかりでなく、危機においてこれに押し流されるのではなく、能動的な主体として行動し得る能力の基本的な前提条件である。明確に定義された国益は、同盟と国家連合における合意の形成を容易にするとともに、ある国の予測可能性を高め、あるいは内政的・社会的な意図の形成を容易にする。さらに、これは、罰せられずに何でも行うことはできないことが確実に相手に伝達される場合には、紛争の防止にさえも寄与できる。自らの国益――そのうちの一つは常に同盟諸国との連帯であり、もう一つは自国の領域における平和と安定の維持である――を基礎としてのみ、危機対処に関する決心、中でも法的に正当で最終的に国民の理解を得ることが可能な軍隊投入の最終決定を行うことができる。

国際的な司法制度の発達、ハーグの国際刑事裁判所の設置やミロシェビッチが初めて国連が設置した国際裁判所で前大統領としての責任を取ることになった事実などを背景に、政治的決定における法的な正当性の重要性が増大している。

危機対応における目標

決定の正当性の根拠は危機における対応の前提条件であり、介入によって達成すべき政治目標を確立することは成果にとって重要である。

政治目標がより明確に確立されていれば、それだけ成功を収めることが容易になる。明確な政治目標の確立によって、この目標を達成するための合理的な戦略を開発し、そのために必要な手段を決定し、これを準備し、さらには選定された方針に対する自国の国民と同盟国による持続的な支援のための強固な基盤を創出することができる。

危機対応によって達成すべき目標に関する見解の相違を、賛成可能な形式的妥協によって表面的に体裁をつくろうことの試みは、当初の政治的決定過程において時間の節約になるかもしれないが、危機における負担にはほとんど耐えられないであろう。敵対行為の終結、武力紛争の阻止、人権の尊重、現状の維持などの決まり文句は、国際機関において理解を得ることは容易であるが、変動する紛争への対応において目標として持続するには十分ではない。これらは、最も重大なものは何かを言うことを常に避けている。すなわち、相手にわが政治的意志を受け入れさせるということである。危機対応の目的は、常に不変であり、――物理的暴力の行使は一連の試みの最後の行動であるとしても――他の手段によって目標を達成することである。クラウゼヴィッツは、その著書『戦争論』の中で、これを次のように表現している。

「力、すなわち物理的な力は、敵にわれわれの意思を強要するという目的を達成するための手段である」（注）

（注）Clausewitz, Carl von, *Vom Kriege*, Ullstein, 1980, 第一編第一章、一七頁（邦訳は、カール・フォン・クラウゼヴィッツ『戦争論』レクラム版、日本クラウゼヴィッツ学会訳、芙蓉書房出版、二〇〇一年、第一編第一章、二二～二三頁）

相手にわが意思を強要するためには、これが可能な限り明確に定義されていることが前提となる。同時に、この目的には、使用する暴力の規模をできる限り小さくすることが含まれている。目的が明確に定義されていると、相手にとって譲歩しても利益を得ることができるかどうかが予測可能となる。同時に、彼は、拒否することは結果として全能力を使用することになるかもしれないことを知る。彼のリスクは、保有戦力の比較が彼の明らかな劣勢を示す限り、あるいは目的を達成できるか否かが不確実な限り、もはや計算が不可能になる。そして、一九九九年のコソボ危機は、政治目的が十分明確に定義されていなかったことによって否定的結果がもたらされた例である。

一九九八年夏の政治目的は、戦闘行動開始前の様々な軍事的選択肢を検討した結果を踏まえたもので、セルビア側を敵対行動の停止と交渉の席へ戻るようにさせることであった。

この目的設定に応じて、段階的航空作戦の諸計画ならびに大規模なセルビアの武力行使に対応するための非常に限定された航空作戦計画が策定され、さらに航空作戦後に予想される戦闘行為の終結と平和維持部隊駐留のための諸計画が策定されていた。この非常に一般的な、したがって合意達成が可能な政治目的は、一九九九年三月二四日の戦闘行動開始の数週間後、すなわち航空作戦実施間にワシントンの首脳会議で変更され、ようやく以下のように簡潔に表現された。

一　戦闘行為の停止
二　すべてのセルビア武装勢力のコソボからの撤退
三　すべてのコソボ避難民の帰還
四　ＮＡＴＯ主導の国際平和部隊による休戦監視。

この明確な基準の前提となった一九九八年夏の政治目的によって、一九九五年ボスニアでの対応と似たような計画がもたらされた。これは、ＮＡＴＯ諸国にミロシェビッチが数回の航空攻撃の後に譲歩し、事態はそれほど深刻な状況にはならないであろうという希望を生じさせることになった。彼の結論は、敢えてＮＡＴＯにおける不一致に賭け、それによって航空作戦が早期に終結されることであったのかもしれない。

これに対して、計画策定の当初にワシントンの目的が容認されていたならば、ミロシェビッチのような良心のない独裁者にも、結局彼の権力基盤が破壊されることになると認識させるように、既に初日から攻撃の目標が選定されたであろう。私は、ＮＡＴＯの介入後数年が経った現在もまだ、一九九九年ワシントンの首脳会議で決定された目的が一九九八年夏にはＮＡＴＯで合意できたはずだと信じている。しかしながら、実際の戦争において得られた体験は忘れ去られてはならない。始めからワシントンで決定された目的を指向し、これに適合した航空作戦が実行されていれば、おそらくより迅速に目的を達成できたに違いない。

しかし、この場合の欠陥についても言及しておかなければならない。このように目的が設定されていた場合でも、他の紛争当事者であるコソボ人には、何の利益にもならないことである。

明確な政治目的を確立する別の利点は、敵に解決策のすべての選択肢を体系的に考察させ、最終的にみずからの費用対効果の分析の結果として、唯一の解決が与えられた条件を受け入れることであると認識させることである。

敵に交渉の選択肢を検討させ、譲歩を強いることは、すべての危機克服における最終的な目標である。ミロシェビッチがワシントンの首脳会議の後にＮＡＴＯの団結を打ち砕くことができず、ＮＡＴＯが必要な場合には厳しい地上戦による終結をも辞さない決意であることに影響を与えることができず、国連で誰の支援も期待できないことを認識したとき、彼にはＮＡＴＯの条件を受け入れる以外の解決は残されていなかった。政治目的を明確に定義することは、もちろん各国ごとのほうが同盟又は多国籍の場合よりも容易である。同盟や多国籍の場合には、現実に存立の危機に直面した場合にのみ、迅速に明確な目的に関する合意が可能である。しかし、危機対応の考えられるシナリオの圧倒的多数は、普通各国ごとの対処ではなく、同盟または多国籍によって対処すべきことを示唆している。したがって、危機への介入に関しては常に次の二つの前提条件が重要な意義を有し、この際、政治目的の確立は決定的な影響を及ぼすであろう。

一　介入の法的基盤

二　みずからの安全との関連性

自衛権に基づくみずからの行動によって危険を国土のはるか遠くで阻止できると考えるとき、国家や同盟は積極的となる。このような行動が一般に容易に正当化されるとしても、介入が行われる地域を領土とする国家からは、おそらく常に違法な攻撃であると避難されるであろう。国連の委任さえも、そのような対応の障害となることは珍しくない。この理由からも、介入の目的を明確に定義することと、介入が国家主権の拡大や領土の占領を目的とするのではなく、この地域の平和に対する危険の除去と安定が目的であると強調することは絶対に必要である。また、このことは、危機対応において、介入がしばしば、また広範囲にわたってほとんど必然的に既存の国家秩序を破壊するので、介入地域では当初は相当の期間にわたって介入が継続される必要性が生ずることを意味している。

したがって、危機対応には危機の終結後の配慮が不可欠であり、これは既に危機対応の目的を設定する時に明かにされるべきであろう。

このことは、中でも、介入に続く復興と国家秩序の再建に参加する政治的意思も物理的能力も持たない国々又は同盟は、介入すべきではないことを意味している。その例はロシアであり、ロシアはチェチェンに自律的な安定を生み出すための政治力も経済力も明らかに有していなかった。このことを、ロシアは考えるべきであろう。また、このことは、不明確な政治目的と不十分な能力による介入は、安定の代わりに一地域全体に不安定をもたらすことを示している。これは、ある国家による単独の対応の短所をより具体的に証明するものである。

このため危機対応における行動の政治目的には、少なくとも以下の要素を含むべきであろう。

一　介入の原因となった止めさせるべき相手の行為の明示
二　介入を不要とするような相手の行動の明示
三　介入により達成しようとする状態の明示
四　一般的区分による介入の明示
五　介入を正当化する根拠
六　介入の終結条件としての平和と安定の再建のための計画的措置

危機対応としての介入に関する政治目的のすべての要素をどの範囲で、どの程度詳細に公表すべきかについては、具体的な状況と場合に応じて決定されなければならない。

このようにして設定された政治目的は、多様な方法と手段によって達成することができる。これも、また政治的が決定しなければならない。

しかし、これに加えて、政治的に対応しようとする者は、危機対応の過程に関する明確なイメージを持っていなければならない。

危機対応の経過

危機対応は、危機を事前に穏健化し、予防するためのあらゆる試みが失敗したときに始まる。危機対応は、相手が主導権を握っている状況から開始される。したがって、みずからの行動における最初の段階では、主動権を取り戻すことが目標となる。

このことは、介入の用意がある側は、その最初の行動の前に、目標が達成されるまで対応を拡大する用意と能力を有することを明確に示す必要があることを意味している。簡単に言えば、介入することとは断固として行動することなのである。

国家、同盟又は多国籍の連合がこれに対して用意がない場合、危機対応に乗り出すべきではない。なぜなら、その場合、相手に戦場における勝者となる絶好の機会を与える大きなリスクを冒すこととなるからである。

しかし、対応を拡大する用意があることとは、介入決定後の実行を実行組織、例えば軍隊に責任を委任することを意味しない。危機対応は、あらゆる段階において政治的行動のままであり、戦争でさえも介入の究極の形式であって、決して政治的行動の終了を意味しない。クラウゼヴィッツは、どんな戦争理論家よりも明確に政治優位の絶対的必要性を表現して、彼の著書『戦争論』の中で次のように述べている。

「これに対して、われわれは、戦争は他の手段を交えた政治的交渉の継続であると主張する。ここで、他の手段を交えたというのは同時に、次のことを主張するためである。政治的交渉は、戦争自

体によって中断されるのではなく、……」（注）

（注）前掲書、第八編、第六章、B、六七四頁（邦訳は、前掲書、三三八頁）

したがって、危機対応は、常に介入と軍事的強制力の使用が不必要な状態に戻すことを意味する。危機対応の経過は、基本的に次の四段階の過程である。

第一段階は、「威嚇を背景とした外交（diplomacy backed by threats）」と呼ばれ、危機予防の失敗後、一般に相手の威嚇までを含むすべての圧力を使用して譲歩させる政治的・外交的努力から成り立っている。

第二段階は、圧力だけでこの目的を達成することができないことが明らかになるやいなや開始される。これは、「軍事力を背景とした外交（diplomacy backed by force）」と呼ばれている。この段階は、しばしば明確な軍事的介入の脅迫によって始まり、平和的解決のためのすべての努力が失敗した時には、戦争の敷居を超えない範囲の軍事的介入が行われるが、相手の譲歩を強要することを目的としている。

第三段階の「外交を背景とした武力行使（force backed by diplomacy）」は、相手の権力機構を広範囲に破壊することにより、相手に譲歩を強要することを目的としている。この段階自体を戦争と同一視してはならない。なぜなら、その目的は、敵国の持続的領有又は占領でも、まして軍事能力の完全な殲滅でも決してないからである。

この段階においては、政治責任者と最高司令官のよく調整された協力を確実にすることが特に重要である。軍人は政治的な前提条件を厳守しなければならないが、政治の指令する作戦の遂行には十分な行動の余地が必要である。政治家は、統制を放棄することなくこの行動の余地を与えなければならない。同時に、政治家は、相応の知識も体験もないままに軍の指揮をとる試練に耐えなければならない。経験がないことは、政治家の命により作戦を国際機関に説明し、あるいは監視しなければならない外交官にとって、しばしば大きな困難を生じさせる。

危機対応におけるこの重要な段階に、最も困難で、しばしば最も長く続く第四段階の「復興を背景とした外交（diplomacy backed by reconstruction）」が続く。その目的は、復興、経済の復活と国家秩序の再建による自律的な安定の再構築である。この段階の最後に、介入の行われた地域からすべての外国軍の撤退が行われる。

危機対応への参加を決定した国家や同盟は、介入を決定する前に、ここで述べた過程全体を明確に理解するために十分な助言を得ることが必要である。彼らは、四つの段階のすべてを実行する政治的意思とそのために必要な能力を保有している場合にのみ、第一歩を踏み出すべきである。現代の危機対応においては、「素早い介入、素早い撤退」は不可能である。これは、通常永続的で自らの経済に重荷となる責任を負うことを意味している。最初の威嚇の言葉を発する前に、このことを熟慮する必要がある。

危機対応の手段

危機対応は、相手が介入側の設定した政治目的を受け入れるまで決して安穏な状況を迎えることができないと最初から理解した場合にのみ、迅速に成果を挙げることができる。

相手は、実行すべきことと全体として期待できることを知っていなければならないが、介入する側がいかなる措置をどの時点で行うかは、不確実なままでなければならない。危機対応においては、相手が介入側の国家や同盟の全能力を予測しなければならない必要性が大きければ大きいほど、相手を譲歩させ、したがって危機対応を迅速に、しかも成功裏に終結させる見通しが大きくなる。これに対して、国家や同盟が対応処置の拡大をためらっている印象を与えた場合、相手に勝利の切り札を持たせてゲームをすることになる。この場合、相手側は、報道を通じて国民の介入の支持を切り崩し、同盟の内部に存在する不和を利用して団結を破壊し、それによって介入を阻止することが可能になる。

したがって、介入の成功には、すべての対応が下記を指向していなければならない。

——相手側に、勝つことができないという確信を広げる。

——予想される損害の程度の不確実さを増大させる。

——同盟や多国籍間の団結を維持し続ける。これは、危機対応における成功の鍵である。

危機対応における行動

国家や同盟が危機対応においていかに行動するか、つまり、いかに、いつ、どれくらい現有の手段を使用するかは、具体的に、あるいは行動の準拠として記述することは不可能である。これに関しては、常にそれぞれの状況に応じて、場合によっては各段階の具体的な状況に応じて、関係するすべての要因を比較検討することによって決定できる。考慮すべきことは、暴力の行使だけに頼るよりも、可能な限り広範な手段を用意し、巧妙な、相手側の国民の心に指向したアメとムチの、すなわち報償の提供と威嚇を組み合わせた方が、譲歩させるために効果があることである。軍事力の行使は政治の最後の手段であり、したがって最後の手段として使用しなければならないという定型的な解釈は、避けるべきであろう。そのように行動する者は、迅速な成功を達成する選択肢を自ら奪い、解決策のない状況へ入り込む危険を冒すことになる。

選択すべき行動にとって重要なことは、設定された政治目的と具体的な危機における重要な前提条件だけである。これには、とりわけ正当性の考慮、国家又は国際的な枠組みで取り扱われるべきかという問題並びに自国民と国際世論の支持の大きさが含まれる。

最後の観点は、現在の情勢においては特別な意義を有している。事実上、国家のすべての行動は公開されている。危機対応における行動の公開性は、政治的行動に関する意義や軍事に限定した効果において、行動の選択肢を排除し、または妨害するような影響を及ぼし得る。情報は、このような理由から危機対応の一手段である。情報は、取り扱いに最高の注意を必要とし、また、コソボにおいてＮＡＴＯが達成したものより良い成果を挙げるための新しい方法なのである。

軍事行動の制限

危機対応を実施する条件、とりわけ、危機対応はまさに戦争ではないという事実は、軍事的作戦計画の立案と実行の原則の多くは、適用できないかまたは限定された範囲でしか適用できないことを意味している。相手を奇襲することは、軍事作戦の原則の一つである。しかしながら、危機対応では、奇襲は少なくとも戦略レベルにおいてはほとんど達成されないであろう。既に、武力行使の明らかな威嚇によってしばしば最後の瞬間に譲歩を獲得することを試みるという事実だけでも、この原則に反している。もしこの試みを実行しない場合、それによって戦略的な奇襲は広範囲に放棄される一方で、自国の世論の支持を失うリスクを冒すであろう。軍事的作戦計画の立案において守るべき他の原則は、軍事力の集中使用による迅速な勝利の獲得である。しかし、危機対応において、この原則はほとんど顧みられない。世論は、時として最小限の軍事作戦で政治目的を達成するためにあらゆる努力を払うことを望むであろう。したがって、軍事作戦では、通常敵意を喪失させるような強力な打撃を実施することができず、紛争を通常長期化させる軍事力の規模の段階的な増大を行うことになる。このことは、譲歩する機会を相手から奪い去る一方で、硬貨の裏側として、連合の団結を破壊し、それによって劣勢にもかかわらず勝利を得る軍事的な利点と政治的機会を相手に提供することを意味する。

もちろん、軍事作戦は、多国間の団結を阻害するという理由だけでなく、いずれにしても国際人道法の制限義務に配慮するとともに、市民が予測し得ない副次的被害の犠牲にならないように計画されなければならない。最後に、介入の根拠が参加国の国益と完全には一致しない場合、同盟または多国籍の作戦の特異性によって、作戦が制限されるかもしれない。さらに、国家の法律は、軍事作戦の特定の部分へ個々の国家の参加を禁止することができる。対人地雷の使用は、その一例として役立つであろう。参加国の不一致は危機対応では例外というよりも常に起こり得ることであるが、このようなすべての場合に、介入の成功を決定する唯一の要素は参加国の団結である。軍事的な考察は、これに従属しなければならない。

各国が自国の派遣部隊をいかなる条件でも決して連合軍司令官の指揮下に入れようとしない事実は、時としてさらなる問題となるかもしれない。コソボ危機の連合国の航空作戦で生起した目標選択の計画における遅延の多くは、航空作戦終了後のプリスティナ飛行場をめぐる摩擦のように回避できたものであり、まさにその証明である。

このような制限は、危機対応におけるあらゆる形態の武力行使に当てはまるが、第三段階の「外交を背景とした武力行使」では特に重要である。

したがって、政治目的の設定では、戦争において通常追求されるようなある国家の打倒は排除される。その結果、この段階では損害が不可避であるにもかかわらず、相手側の部隊の抵抗があっても政治目的を達成するまでその国で作戦を継続する必要があり、この際物資や特に民衆を広範囲に防護しなければならないのである。そして、その目標は、もちろん長期の占領ではなく、ましてその国土の征服でもない。

政治目的が明確で、作戦の法的根拠が非常に明白で別の解釈の余地がなく、それに基づいて策定された作戦計画とこれに付随するＲＯＥが非常に正確に作成されていて各国は補足的な指示を出す必要がない場合、危機対応における軍事作戦は最も効果的に遂行できる。今まで決して達成されなかったこの目標に少なくとも近づくための重要な前提条件は、戦争と危機対応の差を見失わず、それに応じた計画を作成することである。それに加えて、作戦に参加する国々の法律は、人命の評価に関してほぼ同一であるか、一致していなければならない。この条件は、予想される同盟の限界を超えた協力に直面した場合に重要である。チェチェンにおけるロシア治安軍に対して明らかに行われていた交戦規定の解除は、いかなるＮＡＴＯ加盟国においても考えられないように私には見える。テロリストに対する直接戦闘におけるロシアとの協力は、したがってチェチェンのＲＯＥを基盤としてはほとんど不可能であろう。

危機の後始末

危機対応は、介入の成功で終わるのではなく、これに必ず危機の後始末が続かなければならない。

危機の後始末の開始によって、責任が完全に他の主体に移行することがあるが、重要なことはそれぞれの目的が異なることである。危機対応では、危機を緩和し、紛争を防止あるいは終結させることが重要である。危機の後始末では、紛争が新たに勃発することを阻止し、最後にはすべての外国軍がその国土から撤退できるようにするのである。危機の後始末の前提条件は、安全なことである。なぜなら、安全な環境においてのみ自立した安定を生み出す措置ができるからである。そして、危機の後始末では、もはや危機の徴候に対する対応ではなく、危機の原因を除去することが重要なのである。

介入と危機の後始末の責任が分離される場合、既に述べた条件が曖昧にされてはならない。危機の後始末の責任を負う者は、この忍耐と努力を要する任務を引き受け、耐え続ける政治的意思と物理的能力を有していなければならない。最近五〇年の例では、この場合、数年よりもむしろ数十年にわたる関与が重要なことが証明されている。この例はまた、移行過程を保障する部隊が数十年にわたって国土に留まる場合にのみ、持続可能な成果がもたらされることを示している。これが将来変わるかどうかは、何とも言えない。したがって、危機の後始末は確かに最も困難なことではないものの、危機対応における確かに困難な部分の一つである。また、危機の後始末は華々しくはないが、実際に不可欠である。それによって、原因が取り除かれ、安定が生み出されるからである。

戦闘行動終了後の紛争地域では、まず、暫定政府が自らの業務を遂行できる安全な環境を整備する必要がある。暫定政府は、例えば刑法、訴訟法、暫定法等などから暫定議会設立準備や暫定通貨にいたるまでの必要な手段を備えたすべての部門で構成されていなければならない。これが、最初の措置である。このため、最初の平和部隊が配置された直後に、相応の民間組織も国内に導入すべきである。しかし、コソボやボスニアにおいては、制度や組織が並立し、その結果大きな調整の必要性が生じたことをみると、このような経験が生かされていないと思うであろう。そして、統一された簡明な指揮の原則など一度も考慮されていないのではないかという疑問が浮かぶ。紛争当事者が分離され、場合によっては武装解除されている比較的短期間に限って、安全な環境を創出する任務を有する者の手に、すなわち軍隊の司令官に全責任を委ねることが実際に考えられないのであろうか。それによって、彼は、非常に短期間だけ、「独裁者」になるのである。

一方、その直後の段階では、再建が焦点となり、安全保障に関する軍事的責任が次第に警察に委譲され、軍事部門は国連の行政官の指揮下に入れられる。私は、今が簡明の原則に基づいたこのような解決策について考慮する絶好の時であると思う。

その他の措置は、その任務に不可欠な資源を有する暫定行政当局の設置とその任務に応じて行使する権限の明確化であろう。公正な資金を求める嘆願が永遠に続くことは、その機構の作戦地域における能力を低め、国際社会の信頼を低下させることになる。

国連軍の指揮官や事務総長特別代理が数年来要求してきた各種の決定が下された場合、多くの障害は取り除かれるであろう。これらの障害を克服するために、作戦地域の責任者は、多くの労力と時間を要している。依然として欠けているものは、様々な国際組織の協力によく見られる「時には協力し、時には対立する」組織からお互いに協力し合う組織に改善する政治的意思である。さらに、各国が指揮権の委譲（ＴＯＡ：Transfer of Authority）やＲＯＥの決定に際して、国連やＮＡＴＯのような国際機関に対する彼らの留保条件を大幅に放棄する場合、武力紛争後の平和構築の作戦における複雑な任務は、よりうまく、より少ない摩擦で解決されるかもしれない。

危機の後始末では、軍事的対応だけでは決して十分でないことが示されている。危機地域における対応は、全社会的な任務である。ここでは、まず軍隊が、後には警察がより安全な環境を提供しなければならない。しかし、再建の任務は、兵士よりもこれに適した勢力によって引き継がれなければならない。その運用が、基本的に軍隊ほど高価ではないからである。その一方で、当初の段階では、兵士が再建に際して実質的な貢献を果たし、あるいは果たさねばならないことがあり得るが、政治・行政や司法の再建の任務はもちろん、公共の秩序の維持や犯罪からの防護は、決して兵士の任務であってはならない。

危機対応は既に述べたように各段階の過程の一つと見ることができるので、危機克服の過程全体が考慮されなければならない。危機予防、危機対応と危機の後始末というそれぞれの段階は、相互に影響を及ぼす全体の一部である。危機対応は、確かに予見し得る将来においておそらく最も頻繁に使用される手段であるが、優先的に開発し、完成させなければならないものではない。優先されるべきなのは、危機への備えと早期の紛争発見手段である。なぜなら、火災よりも火の粉を消す方が何倍も簡単で、また安いからである。

火の粉は、将来、この不安定な世界で数多く出現するかもしれない。このため、以下の二つの条件が、紛争阻止の成功のために特別な意義を有している。

一　危機や紛争を既にその発生時に発見する能力を改善する。これは、今日世界各国があらゆる種類の情報を豊富に使用していることを見れば、容易に解決できる問題である。

二　国家主権を理由に人権が著しく傷つけられ、あるいはそこから全地域の平和と安定に対する危険が発生することを阻止する——あるいは、そのために必要な法的根拠を創出する——政治的意思を生み出す。

この二つの挑戦を受け入れ、あるいは真剣に考慮する国家や同盟は、可能な場合、長期的には危機対応がますます例外となるような状況に到達できるかもしれない。

これに対して、短期・中期的には、危機の影響を自国または同盟の領域からはるか遠くで阻止するために、危機対応に参加することは不可欠のままであろう。政治的行動は、圧倒的に内政によって左右され、あるいは世論調査でさえも政府の行動を規定する。そのために、行動をためらう、あるいはグローバルにネット化された世界において自らの領域とその直接的な近傍に行動を制限することは、近視眼的であるだけでなく、最終的には国民の安全を危うくする。

適時の断固とした危機対応は危険を減少させることができるが、そのためには以下のことが必要である。

――危機克服のための明白で自国の利益に対応した目標の設定
――予想される介入のための明確な根拠と国民が納得できる正当性
――危機対応において設定した政治目的を貫徹する断固とした態度
――紛争の原因の除去と自立した安定の達成まで危機の後始末を継続する能力と意思

この外に、中・長期的には、現在非常にしばしば、また非常に人を誤解させている「人道的介入」という用語で呼ばれているものに明確な基盤を確立するため、一般的に受け入れられている国際法の発展が絶対に必要となろう。ＩＣＩＳＳはこの概念を「防護すべき責任」と置き換えることを提案し、これを国際法の発展のための提案と結び付けた。しかし、この置き換えには、数年よりもむしろ数十年がかかるであろう。より良い法的基盤と時代に適した国家主権の解釈を要求することは、引き続き国際的な議題でなければならない。国家主権は、その国民に尊厳と自由の中で、また法の支配の下での生活を可能にする国家の義務と責任と見なされなければならない。この責任を果たしていない国家は、国連憲章に示されている人種と民族の共生という原則を犯している。これは、介入を正当化する理由となる。したがって、危機対応と介入の可能性は依然として国際政治の手段であり、それによってリスクに関する不確実性が生み出され、世界の平和の破壊者が危機を武力紛争に発展させることを防いでいる。

しかし、軍事的手段は、ここで考えられた紛争の多くにおいて当初は適切な手段ではなく、これらはいずれにしても最後の手段であり、常に十分な法的根拠に基づいて運用されるべきことが強調されねばならない。

ＮＡＴＯのような同盟は、ヨーロッパ・大西洋地域の安定の拠り所であるとしても、これらの問題すべてを単独で引き受けることは不可能であろう。したがって、このような理由からだけでも、ヨーロッパに平和と安定をもたらすために、相互に協力することができ、必要なときに行動できる国連、ＯＳＣＥ、主要七ヵ国（Ｇ７）、ＥＵやＮＡＴＯのような効果的な安全保障機構が必要なのである。

12

平和のための機構

冷戦の終結以来、東西は、安定を約束する安全保障機構を探究した。これに関して多くが書かれ、多様な考えが提案されたが、新しく形成された世界において情勢の展開に追随できず、やがて捨て去られた。二〇〇二年においても、ヨーロッパだけのための、あるいはおそらく最も孤立的な大陸である北アメリカを含めた全体的、効果的で持続的な安全保障機構はまだ存在していない。

国際連合

唯一のグローバルな組織は、国際連合である。国連が改革を必要としていることは、広く認められている。しかしながら、改革の範囲と細部については議論の余地がある。改革を推進しているコフィ・アナン事務総長は、各国の、あるいは国連事務局の改革への意欲のなさや頑固さと対立している。このため、国連の改革は近い将来には期待できない。まさに私が述べたように、国連が三つの社会的発展段階を象徴しているという事実も、改革の意図と対立している。国連の中では、ポスト近代、近代と前近代の世界が公式に同等の権利を有して隣り合って座っている。彼らが普通は緊張状態にあるか、一部は公然と武力紛争を実施しているのに、国連の場では協調できるかもしれないと期待することは幻想である。これに加えて、国連加盟国は法的には確かに同等の権利を有しているが、事実上は有していないのである。これも、徹底的な改革の障害となっている。以下の二つのグループを見ただけでも、これは明らかである。

安全保障理事会の常任理事国は、多くの問題における意見の不一致にもかかわらず、彼らの拒否権が侵害されることなく堅持されるべきであるという一点では、意見が一致している。現在の世界では国連がなくてもやっていけるという見解をしばしばより明確にしているアメリカ合衆国は、その拒否権を自国の争う余地のない優位の理論的帰結と理解している。アメリカは、他の四ヵ国の常任理事国を確かに下位のリーグに属する競技者とみなしているが、拒否権が核兵器の保有とともに唯一残された他国に対する自らの優越した地位の象徴であることを理解している。このため、アメリカは、拒否権に手を触れず、国連と安全保障理事会の改革に対してどちらつかずの控えめな態度をとっている。他の四ヵ国の常任理事国は、非常に疑わしい方法で現在もまだ核兵器の保有を正当化し、このような地位を変えさせるかもしれない挑戦には何の関心もない。

国連で実際に影響力を保有しているもう一つのグループは、彼らよりも広範囲にはるかに現実の力関係に基づいた権限を有している発展途上国のいわゆるグループ77である。この中には、様々な種類と規模の国々が含まれるが、少なくとも次の一点では一致している。すなわち、彼らにとって、国家主権は軍事力をもって護るに値する獲得物なのである。主権国家に対する内政干渉――そのような公式の非難はこれまで何度も行われている――は、これらの諸国にとって根本悪であり、激しい戦いをもって獲得した主権を放棄して単に植民地主義に回帰することを意味している。彼らは、現実の力によって評価される彼らのわずかな影響力を理解しており、したがって国連の改革に反対している。国家主権の制限とみなされる可能性のある変革に対しては、これらの諸国が普段はむしろ羊のように平和に振舞っていたとしても、荒々しいライオンとなるであろう。

第二次世界大戦末期の世界に生まれた組織である国連の改革が遅れていても、このような環境条件の下では、予見し得る将来においてほとんどその可能性はない。

したがって、国連は、紛争を予防的に阻止する任務に対して、将来においても非常に不完全にしか対応できないであろう。これは、国連にその気がないからではなく、その加盟国である世界の各国が強力な世界的組織を望んでいないからである。

国連は、さらに別の問題も有している。国連は、介入を容認することが困難である。なぜなら、介入が戦争に非常に似ているからである。そして、国連は戦争を正当化できず、また正当化を望まないからである。さらに、国連は、技術的にも介入を指揮できる状態にはない。国連は、いわゆるブラヒミ・パネルの提案に従って、今日の平和維持に必要な形式、すなわち「強力な平和維持」を実現することができるし、あるいは実現すべきである。そして、いずれにせよその機会はますます少なくなるとしても、伝統的な平和維持任務も実行しなくてはならない。

このようなことから、安全保障は、その任務が世界的なものであったとしても、地域的な組織によってのみ形成することができる。

ヨーロッパにおける地域的組織

以下の組織は、ヨーロッパにおける基本的な安全保障を形成することができ、また形成しなければならない。

――欧州安全保障・協力機構（ＯＳＣＥ）

――欧州連合（ＥＵ）

――北大西洋条約機構（ＮＡＴＯ）

欧州安全保障協力機構（ＯＳＣＥ）

ＯＳＣＥは、国連憲章第八章の意味における地域組織であるという大きな利点を有している。これは、バンクーバーからウラジオストックまでの地理的な広がりを有し、事実上ヨーロッパの安全保障に必要な国家のすべてをその加盟国に数えることができる。安全な環境条件を事前に用意することがまだ地域的役割にまかされているとしたら、ＯＳＣＥは、危機においても対応可能な組織として強化すべきであろう。しかし、既に述べたように、われわれの将来の安全保障には、地域的な環境の改善以上のことが必要である。したがって、ＯＳＣＥのみに依存することはできない。ＯＳＣＥは、その非常に異質な加盟国とその決定機構を考えれば、危機において遅滞なくこれに対応し、あるいは特に予防的な行動能力を持つことはないように見える。このため、ＯＳＣＥは、むしろ危機の非常に早い段階におけるもっぱら政治・外交手段として、また平和破壊者との広範な協調の下に武力紛争へのエスカレーションを阻止するための手段として考慮すべきであろう。さらに、ＯＳＣＥは、危機の後始末に適した活動ができる。というのは、国家機構を再建するまで安全な環境を創出する役割を果たすことができるからである。最後に、ＯＳＣＥは、地域的組織として少なくとも一時的には国連の権限委譲の対象となり得る。このＯＳＣＥの長所は、危機の克服においてこれまで以上に活用されなければならない。しかしながら、ＯＳＣＥの強みは、上部機構としての機能にある。ＯＳＣＥを独自で行動する機構を備えた組織として拡大することは、時間と費用の浪費であり、ＮＡＴＯやＥＵと重複するものとなるであろう。

したがって、ＯＳＣＥは、有効な機能を有する機構を探究する際に、純粋にヨーロッパのための枠組みとして、特に危機の早い段階においてこれを利用することを提案したい。しかし、ＯＳＣＥは、将来の挑戦や将来の危険の世界的な性格への解答にはなり得ない。

欧州連合（ＥＵ）

ＥＵの大きな成果は、数百年にわたって相互に激しく戦った国家間の戦争を持続的に排除した一つの地域をヨーロッパ内に成立させたことである。ＥＵの継続的な拡大によって、この過程を深化させ、確固としたものにしなければならない。そのためのＥＵとその加盟国の負担は相当のものである。今後一〇年間にトルコを含む加盟候補のＥＵへの統合が成功すれば、ヨーロッパにおける持続的な平和にとって偉大な成果であり、歴史的貢献といえるであろう。

さらに、ＥＵは、二〇〇三年中頃までにヨーロッパの憲法の性格を規定するような提案を作成すべきヨーロッパ議会を創設する野心的な企画に着手した。その後、各国の首脳は、この提案に関して二〇〇四年までに決定しようとしている。この憲法には、ヨーロッパの外交・安全保障政策の基本に関する内容を含ませることができるし、含ませるべきであろう。したがって、安全保障政策の分野で新しい発想が生み出されることは、少なくとも議会に関する作業が行われている間はほとんど期待することはできない。その上、ＥＵの一部は、二〇〇二年以来共通の通貨によって統合されているのである。このことは、統合を深化するであろう。また、これによって、EUの一部は、中期的に少なくとも一部の領域において超国家的同盟と同様に行動することができるであろう。通貨統合への参加は、時間の経過とともに、政治的協調体制を進展させるであろう。通貨統合によって、欧州連合全体としての発展のための推進力が生み出されるが、その反面、通貨統合は今後ユーロ圏内に受け入れられる他のEU諸国の願望に反することがあるかもしれない。

その一方で、最後の決定的な問いは、共に発展するヨーロッパが世界の中でいかなる地位を占めようとしているかであろう。この問いは、まだ明確に回答されていない。

考えられる一つの道は、自らの野心に動かされて世界的な主役をめざすことであり、それによってヨーロッパは遅かれ早かれほとんど必然的にアメリカとの衝突へ進むことになるであろう。この展開は、双方の側にとって不利であろう。したがって、この展開は両者の利益のために回避されなければならない。

このようなことから、世界に対して関心を持ち、世界的な責任を担う地域大国のヨーロッパには、別の道が残されている。もちろんこれは、「同輩中の第一人者」の意味における指導的な大国のアメリカにも適合したものである。協同で対処すべきか、あるいはヨーロッパが独自に対処すべきかのアメリカとヨーロッパの間の地理的な任務区分はまだ行われていないが、現在の情勢は、特に欧州安全保障・防衛政策の分野でこの方向に向かっている。このようなアメリカとEUとの間の役割分担では、おそらくヨーロッパが東・南東ヨーロッパとアフリカの大部分に責任をもち、さらに、例えば中東のようにアメリカとEUの共通の利益にかかわる地域では、両者の団結を示すことが要求されるであろう。

そのような戦略には、アメリカが別の方面で拘束されているか、その地域で行動することを望まない場合に運用される規模と能力の限定されたＥＵの介入部隊の創設が適している。それによって、ＥＵは、――政治のあらゆる分野での対応能力を前提として――限定された世界的な責任を負うことができ、アメリカと同等の協力相手となる。アメリカは、余りに多くの破綻国家の国内紛争に巻き込まれ、ますます行動能力を低下させるであろう。ＥＵは、南・南東ヨーロッパとアフリカの大部分における安定要素になり、ＥＵとアメリカが共通の利益を有するところでは、共に行動することになろう。

これは、大西洋間の同盟を強化し、安定させる措置である。危険が世界的な性格に変化したことを考えれば、ヨーロッパにとって望ましい、支払い可能な支出であり、また実現可能な解決策である。この方向に発展しつつあるＥＵは、もちろん、ＮＡＴＯの将来についても配慮しなければならない。なぜなら、ＥＵは、二〇〇二年二月にマケドニアに関する責任を決定しただけでなく、遅かれ早かれ全バルカン地域に対する責任を負うことになるからである。また、それによって、現在のＮＡＴＯの事実上第一の役割を担うことになる。

大西洋条約機構（ＮＡＴＯ）

ＮＡＴＯは、現在ヨーロッパにおいて完全に機能する唯一の安全保障手段である。しかし、ＮＡＴＯの軍事力は、一九九一年以来の様々な適応過程にもかかわらず、相変わらずヨーロッパの防衛を優先させている。一九九九年の戦略概念は、もちろん同盟は危機や紛争が発生したその場所で対応することを既に明確にしていた。それどころか、ＮＡＴＯは、二〇〇一年九月一一日以降、同盟の防衛事態を宣言し、無条件に共同防衛態勢を取ることを明らかにしたので、事実上グローバルな同盟となったと言うことができるであろう。いずれにしても、これは、同盟の防衛事態の明確な宣言であり、「域外」問題はこれによって最終的に解決されている。

ＮＡＴＯは、現代の歴史において疑いなく最も成功した防衛同盟である。ＮＡＴＯは、東西対立から生まれたが、今や既に冷戦後の十数年の長い期間を健全な状態で生き延びた事実だけでも注目に値する成果である。最近の一世紀の歴史を振り返れば、多くの同盟が同盟の目的を達成した時に解体された期限付きの目的同盟であったことが示されている。歴史において、脅威に対する防衛のために創設された同盟が、その脅威が消滅した後にも生き残った例は一つもない。これは、ＮＡＴＯが最も成功した同盟であることの明確な証拠である。ＮＡＴＯは、今やその五三年間の歴史において、多くの危機を体験し、いかにして加盟諸国の団結を維持するかという問題と繰り返し戦ってきた。冷戦間には、この解決策は比較的容易に見出すことができた。というのは、生存を脅かす存在として感ずることのできるソ連の脅威の重圧によって、団結が維持されたからである。ソ連の脅威の重圧は、フランスを例外とすれば、各国の遠心的な力を打ち消した。そのフランスは、ＮＡＴＯを通じてのみ、ドイツを統制するためにアメリカをヨーロッパにつなぎ止めておくことができることをよく知っていた。しかし、フランスは、そのための代償を決して支払わず、アメリカの覇権を認めるつもりもなかった。その一方で、ケドルセ街のフランス外務省は、冷静な考察によって、アメリカが寛大な覇者であり、西ヨーロッパを団結させ、アメリカの防御の下で五〇年間の平和と繁栄を享受できたことを認めなければならない。それでも、感謝の気持ちは、決して政治の要素とはならないのである。なぜ、フランスだけがその例外でなければならないのだろうか。

ワルシャワ条約とソ連の解体した一九九一年から今日までのＮＡＴＯの発展は、新たな、ほとんど信じられないような成功の歴史である。ＮＡＴＯは、一体となった自由なヨーロッパを創出するという同盟の本来の政治目的に相当した新しい「存在理由」を見出すことに成功した。ＮＡＴＯは、ヨーロッパ内の、またヨーロッパのための集団的安全保障の同盟となったが、その集団防衛の中核的機能は維持し、さらに安定の投射と積極的な危機克服への準備によって平和の維持に努めている。

これは、一九九九年四月、ワシントンの首脳会議で一九ヵ国の加盟国首脳が承認した戦略概念の核心的な文言である。すなわち、ＮＡＴＯは、確かに地域的・防衛的な同盟であり続けるが、その戦略概念によって、ＮＡＴＯ部隊の運用が通常の場合にはもはやＮＡＴＯ諸国の領域に限定されないことも明らかにしたのである。通常の場合、ＮＡＴＯは、その領域外でもリスクを遠くで阻止するために作戦を実施する。また、ＮＡＴＯは、さらなる加盟国の増大や、平和と協力のためのパートナーシップを通ずるロシアとウクライナとの関係強化によって、その地域の安定と平和を一歩一歩拡大する意図を明らかにしている。

ワシントンでの戦略概念の決定によって、アメリカの同盟国の軍隊の近代化計画、すなわちＤＣＩの実行の遅れを取り戻し、あるいはアメリカ政府の根強い反対の末に許容されたＥＵの強化を推進するための基盤が構築された。

しかし、二〇〇一年九月一一日の事件によって、ＮＡＴＯは、この同盟が想定していなかったような事態に直面した。五二年の長期にわたって、ＮＡＴＯは、その存在が常にヨーロッパのためのアメリカの保証だけに意味があると見られていたにもかかわらず、今やアメリカに対する攻撃にも対処しなければならないのである。ＮＡＴＯは、適切・迅速に反応し、ワシントン条約の第五条に基づく同盟事態の発動を無条件に宣言した。しかし、アメリカ領土の上空におけるＮＡＴＯ－ＡＷＡＣＳ機の運用は、アメリカ国内に肯定的な反響が見られたにもかかわらず、現在まで基本的に政治的表明のままに止まっている。その一方で、NATOは、世界的な対応に不可欠な手段を保有していないので、このような状況には限定的にしか対応できないことが明らかになった。

アメリカは、NATO諸国と、中でもロシアを含むその他の諸国をもって、テロリズムに対する戦争のための連合を結成した。NATOは、アメリカがもはや必要としない同盟であることを世界に示したのである。二〇〇一年九月一一日によって、NATOは、同盟事態の発生を宣言することを迅速に決心し、これは確かにもうひとつの成功ではあったが、同時にこの日は、次の、まだ終わっていない同盟の危機の始まりであった。

危機は、その成功と同様にNATOの歴史の一部である。危機は、しばしばアメリカとヨーロッパの利害が異なっていることの現れであった。また、これは、ある事件や状況の背景となる地理的な差異に基づくものであった。あるいは、アメリカとヨーロッパの行動における文化の違いがこれに付け加えられた。ヨーロッパの同盟国は、長い歴史の体験から、友好国との調整の後に始めて決定することに慣れている。したがって、彼らは、武器を手にする前に、先ずあらゆる外交的手段をとる傾向がある。

これに対して、アメリカは、むしろ静かに決心を準備し、その後問題をできるだけ迅速に解決するよう行動する。このため、アメリカは、ヨーロッパと同様に軍事力の使用を政治の「最後の」、例外的な手段と見なしているにもかかわらず、基本的にヨーロッパよりも迅速に軍事的手段を使用する態勢にある。また、冷戦後無敵の優越を誇るまで成長したアメリカの軍事力は、そのようにさせることを容易にさせている、なぜなら、誰もアメリカに軍事的に打ち勝つことができないからである。アメリカは、少なくとも時間的・地域的に限定された作戦において、基本的に誰の助けも必要としていない。

さらに、アメリカには、同盟国との関係において常にひとつの役割を演じてきた基本的な確信がある。それは、「神自体の国」への確信である。アメリカは、祖先が後にした没落するヨーロッパに対する意識的な対立概念として生まれた国である。そこから、アメリカ的覇権外交に常に宣教師的な特徴を帯びさせている使命感が生ずるのである。

次に、決して忘れてはならないのは、複雑な同盟には立ち入るなというワシントン大統領の遺言が依然としてアメリカの政策を決定していることである。これが、時には強く、時には弱く、常に「アメリカ第一主義」の政策へと導いている。すべてのアメリカ政府は、まずアメリカの利益を確認し、これを貫徹することに努力する。付け加えれば、彼らはこれをその同盟の政府と共同で行う。国際的なパートナーが強い場合は従順に振る舞い、弱い場合はパートナーに方針を主張する。しかし、これが始まると、アメリカは通常、実際はアメリカのパートナーの弱さの結果である単独行動主義に陥る。したがって、ＮＡＴＯの現在の危機においても、アメリカの単独主義によって大西洋間の溝が深まることをヨーロッパの側が嘆くだけでなく、はるか以前に失われた過去のヨーロッパの栄光に頼り、アメリカに弱者の地位ゆえの特典を与えなければならないと信じている多くのヨーロッパ人の傲慢な態度も改めねばならない。このような理由で、ＮＡＴＯは能力を獲得するためにもっと行動すべきだというアメリカの要求に対して、ヨーロッパは、どちらかというと理不尽に抗議したのである。その一方で、ヨーロッパは、いつものようにその抗議が総体的で、みずからの欠陥に目を瞑るものであり、喧嘩別れが何かよい結果を生み出すことはないことを良く知っているのである。

現在ヨーロッパが危険を冒していることは、現実にはやがて共同作戦において言うに値するほどの貢献を果たすことができなくなることを意味している。これは、国防支出を見れば誰の目にも明らかである。アメリカでは、国防支出が増大傾向にあり、常に国内総生産の三％以上を維持しているが、ほとんどすべてのNATO諸国では減少傾向で、ほぼ二％しかない。ドイツは、ヨーロッパの最後尾であり、贅沢には喜んで支出するのに、国防には一％よりほんの僅かに多くしか支出していない。アメリカのNATO同盟諸国への警告は、国家首脳たちによる共同の厳粛な軍の近代化の宣言と同様に、ほとんど役立たなかった。このため、アメリカにおいては、NATOによる真の援助がほとんど期待できないという確信が増大するであろう。アメリカは、安全保障政策に関して、一度も単一の同盟の一員ではなかった。しかし、今度は、それがどんな陣営であったとしても、同盟は役に立たないとの確信が形成されたように思われる。したがって、テロに対する戦いを必要な場合は単独で戦い抜き、誰にも少しも口を出させないという決意はいっそう強固になるのである。

その一方で、長期間の世界的なテロリズムや非対称紛争との戦いは、なおも決着がつかず、アメリカ単独では勝利できないことを良く理解しているアメリカ人も多い。迅速ではあったが、まだ決して安全ではないアフガニスタンでの成果がもたらした思い上がりは、特にアメリカ国防省に席のある単独行動主義者に見られる。しかし、このような思い上がりは、圧倒的に優越したアメリカでさえも同盟国が必要なことを理解している慎重な多国間主義者によって間もなく置き換えられるであろう。

しかしながら、アメリカでは、NATOの将来に関する議論が始まっている。そして、NATOの長所を強調したベルリンにおけるブッシュ大統領の声明にもかかわらず、これは今後も続くであろう。

この議論は、以下の三つのモデルから成り立っているようにみえる。

——モデル1：NATOは老朽化してその役割を終えた。そして、将来は役割分担となる。その中では、アメリカが戦闘に任じ、ヨーロッパが紛争の資金を負担する（アメリカが戦い、国連が補給し、EUが支払う）。

——モデル2：NATOは中心的な同盟のままであるが、新たな役割分担となる。すなわち、アメリカは戦闘任務を担当し、同盟諸国は介入後に不可欠な平和維持部隊を配置するのである。

——モデル3：NATOは、二〇〇二年一一月のプラハ首脳会議で、テロリズムに対する戦いがその中核的役割であることを決定——戦略概念では既にこの解釈が認められているので、これは革命的なものではないであろう——し、新たな近代化計画を導入した。その実現によって、同盟諸国が、アメリカに代わってテロリズムとの世界的な戦いにおいて主役を担当できるようになる。

第四のモデルは、NATOをもっぱら現在までの集団防衛に限定するというヨーロッパが採用できるかもしれない案であるが、まったく合意の可能性はない。アメリカから見れば、この案は、アメリカに共同防衛の主要な負担を負わせ、新たにNATOに加盟する七ヵ国を含めてヨーロッパに引き続き便乗者としての行動を許すものと見えるであろう。この場合、アメリカは、同盟の真の利益を得ることなく、ただ追加的な義務だけを負うことになる。これに加えて、このモデルは、まさに同盟がロシアとの新しい関係を構築しようとしている状況に適合していないのである。したがって、この第四のモデルは、首脳会議の準備において検討の対象にならないであろう。

残された三つのモデルを考察すると、まずモデル2が、これまでのように今後も可能な案として同盟諸国に容認されるであろうことが直ちに明らかになる。しかし、この案は、やがて必ず同盟に緊張と負担をもたらすであろう。なぜなら、アメリカの同盟国にとってこれは高価なので、急速に損失をもたらし、アメリカの行動に言うに値するほどの影響も及ぼさないことになる。さらに、このモデルは、アメリカにヨーロッパの頭越しにロシアと協調させることになる。

これがさらに明らかなのは、モデル1の場合である。これは、まったく影響力がなく、あまりに高価である。これは、湾岸戦争間のドイツのモデルであった。ドイツ国内でも、どこか他のところでも、これを繰り返すことを勧める意見はほとんどない。その上、これは、遅かれ早かれNATOの終末をもたらすであろう。このような力の空白をいまだ完全に平和ではないヨーロッパに作ることは、アメリカの利益にも、ヨーロッパの利益にもなり得ない。

したがって、モデル3だけが、ヨーロッパに一定の範囲の対話と影響力を提供することができる。これは、もちろんさらなる努力を必要とするが、危機を打開する方策の一つである。ヨーロッパが実行可能な道である限り、これは検討に値しよう。

ブッシュ大統領によって発表された新年度予算のような国防予算の上昇率は、ヨーロッパにおいては、直前に立ちはだかる非常に困難なEUの拡大という任務のために実行できない。また、ヨーロッパ人は、一般に平和であると感じている状況の中では――戦争中であると自ら感じているアメリカ人の感覚との基本的な差であるが――その必要性を理解できないのである。

アメリカの同盟国の軍隊の近代化計画と同様に大きな努力を必要とする別の案は、アメリカと似たような、ただし小規模な軍隊を整備することであるが、これも合意の機会はほとんどないであろう。

したがって、同盟国に、彼らの努力に対するいわゆる報酬として、より多くの対話と政治的影響力を許容する道が見出されなければならない。しかし、この案は、第一に、NATOがアメリカの思考の中心に残り、それによって危機の克服において優先的な選択肢となり、第二に、介入部隊の創設においてヨーロッパの同盟国の、またEUの努力が役立つことを確実にしなければならない。このために適切な方法を見出すことは、NATOとその同盟諸国にとって、プラハ首脳会議の準備における重要な要素となるであろう。

したがって、プラハ会議では、新しい加盟国をめぐる拡大よりも、大西洋間の関係、世界的なリスクの防衛におけるNATOの役割やNATO軍の近代化がより徹底して議論されなければならない。この場合、ヨーロッパのNATO諸国が、まずその軍を近代化するのか、あるいはみずからの極小化を容認するのかの決意が問われている。しかし、同盟国軍隊の近代化は、アメリカがこれまで以上にアメリカの技術を共有させる場合にのみ可能なので、アメリカもまた、これを決心しなければならないであろう。それによって、プラハ首脳会議は、その真の結果として、直接的な領域を超えて行動できる同盟へとNATOを変革することになるであろう。しかし、NATOは、プラハにおいてさらに二つの疑問に対する解決策を見出さなければならない。すなわち、NATOは、さらなる加盟国の受け入れを決心し、これらの国々とロシアとの関係を発展させなければならない。このために、二〇〇二年三月のレイキャビクにおける外相会談で第一歩が踏み出され、五月二八日のローマにおける首脳会談で厳粛な決定が行われたのである。

新しい加盟国の受け入れが、望まれている。なぜなら、ヨーロッパの安定という任務、すなわち一体としての平和なヨーロッパという構想はまだ達成されておらず、NATOではワシントンの決議によって期待が高まっているからである。加盟国は専ら政治的視点から決定されるであろうが、このことは、将来の加盟国が当初は安全保障の生産者であるよりもむしろ受益者であるにもかかわらず、同盟がより広い地域の防衛責任を受け持つことを意味している。したがって、首脳会談では、NATO

の軍事能力に関する議論がさらに必要とされるであろう。この議論がなければ、ＮＡＴＯは空虚な担保を与える危険を冒すことになる。しかし、軍事力の強化は、安定よりもむしろ不安定を産み出すであろう。ヨーロッパの二〇世紀の歴史が、これを証明している。私は、プラハにおいてＮＡＴＯが少なくともバルト三国とスロヴェニアを受け入れるように望んでいる。スロヴェニアは、本来ならば既に一九九九年に加盟資格があったであろう。また、バルト三国は、ヨーロッパの自由な民族の一員として、その故郷を永続的に見出すべきである。そして、バルト諸国の受け入れによって、ロシアとの新たな関係を成功させることも容易になるであろう。この決議は、ＮＡＴＯがＮＡＴＯ内部の問題に関して誰にも共同決定権を与えないことを示している。その前提の下で、新しい二〇ヵ国、すなわち一九のＮＡＴＯ諸国とロシアの間の関係を、レイキャビクで明確に決定されたように、共通の利益のために共同で決定できるように利用することが可能となろう。それによって、ヨーロッパの安全保障の問題の中で決定的な役割を演ずるというロシアの正当な願望は、ＮＡＴＯの、ロシアに対してではなく、ロシアと共に安全保障を探究するという願望とまさに対応することになる。ＮＡＴＯは、ＮＡＴＯの問題に対するロシアの共同決定を制限することによって、その防衛同盟としての性格を維持してきた。ＮＡＴＯは、既に「二〇ヵ国で」危ない綱渡りをしているものの、加入国を限定することによって、ＯＳＣＥのような機構にはならないであろう。ＮＡＴＯは、この共同決定の問題で、誤った妥協に陥ってはならない。その限界は、既に決定されている特定の明確に定義された分野における決定過程へのロシアの参加である。その一方で、ロシアでこのような決定が行われる場合、ロシアはまさにこの分野でＮＡＴＯを共同決定に参加させることが望ましい。

私は、ＮＡＴＯがプラハでさらに強化されて生き伸びるであろうと確信している。なぜなら、大西洋の両岸で唯一の同盟としての政治的価値を理解し、不可欠のものであると評価するからである。しかし、ＮＡＴＯは、プラハにおいて、ここに挙げた問題だけを議論するのではなく、ヨーロッパ内部と周辺を安定させる役割をまだ終えていないとみなしていることも明らかにすべきである。自由で一体となったヨーロッパという最終目的はプラハではまだ達成されないので、ＮＡＴＯの扉は開けたままにしておくべきである。ＮＡＴＯは、もちろんゆっくりと、プラハに続く安定化の段階を進めるべきである。その中で、ＮＡＴＯは、バルカンと中央アジアを重点とした平和のためのパートナーシップを形成し、より大きな機動性を目的としてその組織を改編するという大戦略の意味における戦略の構築を推進することができるであろう。

ＮＡＴＯは、プラハ会議で強化され、今後も生き延びてゆくであろう。なぜなら、アメリカは、ＮＡＴＯがヨーロッパにおけるアメリカの経済競争に影響を与え、競争を通じて覇権をもたらす唯一の理論的可能性を有することをよく理解しているからである。アメリカは、新しい覇権の誕生を放置しようとしないので、ＮＡＴＯに影響を及ぼすことが最善で確実な方法である。その一方で、ＮＡＴＯは、アメリカの覇権を許容しているので、アメリカをヨーロッパに引きつける同盟であり、そうあり続ける。ヨーロッパとカナダは、彼ら自身、目前の役割をアメリカと共にのみ克服することができ、決してアメリカなしでは克服できないことと、グローバル化した危機の時代における安全保障がアメリカなしでは得られないことを正確に理解している。このため、彼らも、ＮＡＴＯを不可欠であると考えている。アメリカとその同盟国の両者は、結局、ウィンストン・チャーチルが同じような意味でかつて述べたように、連合国とともに戦争をしなければならないのは非常に腹立たしいが、それでも連合国なしにまったく単独で戦わなければならないよりは何倍もよいと考えているのである。

プラハでの首脳会談共同宣言は、いつものように快い響きのものになるであろうが、今回はこれが実行に移された場合にのみ、NATOは新しい繁栄の時代を迎えることになるであろう。ヨーロッパは、ブッシュ大統領のベルリンにおける声明の意味を理解し、プラハへの道を適切に歩んでいる。すなわち、彼は、彼の父親が既に一九八九年マインツで提案したように、ヨーロッパが協力相手としての能力を獲得することを条件に、この決定に際しても協力相手となることを提案したのである。

その結果は、すぐに明らかになるであろう。なぜなら、NATO加盟国は、司令部の基本的な機構を大幅に改善して機動性を向上させ、NATO軍を近代化して相互運用性を向上させなければならないからである。そのためには、大きな努力が必要である。

ブリュッセルの総司令部は、NATOの能率を高め、危機における指揮を適切にするために、二つの戦略司令部と地域的レベルの司令部を維持することを勧告している。それによって、NATOは、一つ以上の危機に対応するための柔軟性を備え、長期間の作戦における持続力を確保することができる。地域レベル司令部の下には、九〇年代に決定された二つのCJTFの形でさらに実行レベルの部隊を編成することが望ましい。これらの部隊は、迅速に運用可能で、完全な即応態勢にあり、その規模はモジュール化されていて任意の大きさに編成することができるように構想されている。この部隊は、アメリカ軍との統合を予定するが、アメリカの戦闘部隊を除いても作戦できなければならない。CJTFは、それによって同時にヨーロッパの介入部隊の中核を形成することができるであろう。また、CJTFは、まだNATOに加盟していないヨーロッパ諸国の部隊で補強すれば、EUの部隊として作戦を遂行することができる。しかし、このCJTFには、現在は残念ながらヨーロッパに欠けているいくつかの決定的な能力を付与しなければならない。このため、プラハでは、これを義務として定めた決定がなされなければならない。私の視点からは、それは些細なことであり、しかも直ちに実行できるものである。空中配備の地上偵察システム（連合地上監視システム：ACS）、航空・海上輸送能力の改善やスタンド・オフ能力を有する精密兵器はこのような能力の一例である。NATO－AWACS部隊をモデルとしてこれらのシステムを多国間の部隊で編成すれば、財政支出は耐え得るものであり、併せてNATOの団結の強化に貢献するであろう。

しかし、この種の決定があったとしても、プラハの後でもNATOが過渡期の同盟に止まるという事実は変わらないであろう。というのは、抑止と防衛の関係についてさらに検討が行われるので、新たな情勢への戦略概念の適応が必要となるからである。一体となった平和なヨーロッパという目的が達成されるまで、いつの日にか残りの欧州諸国をNATOやEUに加盟させる新たな拡大過程の継続があるかもしれない。不安定なコーカサスや中央アジアを考えれば、そのための重要な措置として、欧州・大西洋協力理事会（EAPC）の実効性を高めるための一歩が推進される必要がある。ロシアとの関係はさらに発展させるべきであり、いつの日かヨーロッパが行動能力を保持すれば、新たな大西洋間の宣言を発表することさえ可能になるであろう。その時まで、NATO条約は現在のままにしておく方がよく、繰り返し注意深くこの条約の簡明な条文を読むべきであろう。

このような各種の組織に関する考察から得られる結論は、幻想を排したものしか残されていない。つまり、地球規模の不確実性という現状に対してどれも無条件の対応能力は有していないのである。予防的な紛争の阻止という、現在の切迫した政治的役割を引き受けることのできる手段はない。したがって、世界は、しばらくの間暫定的な解決策とともに生きなければならない。同時に、現有の組織を変更し、改善することに努める一方で、これらの組織をもって実際の危機において作戦を行い、問題の解決を図らなければならない。これは、決して素晴らしい見通しではない。しかし、依然として実行までに数十年も必要とする将来像の開発に固執し、この不安定な世界で何も行動しないよりもずっとよい。それでも、以下の二つの役割に関する提案には、早急な対応が必要と思われる。

一、国際連合の対応能力を改善する。

二、ヨーロッパにおいて、NATO、EU、ロシアとアメリカを結びつけることによって、これらを統制するための機構を創設する方策を見出す。その機構の役割は、危機に際して勧告し、関係する諸国と組織に影響を及ぼす可能性のある緊急の危機の克服において、その指揮を担当するのに最も適した組織を決定することである。

EAPCがこれに相当すると、異論を唱えるかもしれない。しかし、四六ヵ国の加盟国を有する理事会が危機において指導的な決定をするのに適しているかどうかは、当然疑われるであろう。したがって、私は、むしろNATO事務総長、EU委員会代表、アメリカ国務長官とロシア外相からなる委員会を考慮すべきであると考える。このような委員会は、例えばEAPCのような理事会に助言し、そこで決定させることができるような方針を策定することができる。

付言すれば、これは考えられる一つの案に過ぎないが、危機克服の核心的条件に適した、すなわち迅速な決心を可能にする案である。いかなる方法を選ぶかは、欧州・大西洋地域の政治家によって決定されるべきである。なぜなら、中国を含むまでに拡大したG8にこのような指導的役割を委任するという代替案も考えられるからである。

現在の危機において行動できるＮＡＴＯやＥＵのような組織を、この時代の環境条件に適応させることを決して忘れてはならない。さらに、その手段、特に軍隊は、政治が設定する任務を遂行できるように構成されなければならない。

【解説】ドイツ連邦軍と安全保障政策

――冷戦期と冷戦終焉後の変化――

小川　健一

本書の著者であるクラウス・ナウマン（Klaus Naumann）の生まれ育ったドイツと日本は、第二次世界大戦において同盟を結び米国をはじめとする連合国を相手に戦ったが、力及ばず敗れ、両国共に連合国に占領され、軍隊は解体された。そして、それぞれ紆余曲折はあったが、主権を回復して再軍備を果たし、西ドイツと日本は共に西側諸国の一員として冷戦を戦った。冷戦期には、両国共に第二次世界大戦の負の遺産を背負っていたということで、周辺諸国の反応を窺い、国際社会において政治的・軍事的に積極的な役割を担うことはできるだけ回避した。そして、国力を経済分野に集中することによって驚異的な経済復興をとげ、世界の大国として両国共に見事に復活した。しかしながら、冷戦が終焉して安全保障環境が大きく変化すると、両国共に意に反して、世界の平和と安定のために国力に応じた責任を果たさない国というレッテルを貼られ、大きな批判を浴びた。現在までドイツ及び日本は共に、世界の中でその国力に応じた責任を果たそうと努力し、一定の役割を担うようになってきた。

このように、第二次世界大戦の前後からのドイツ（西ドイツ）と日本は、国際社会において、同じような運命を辿っているように見える。しかしながら、その政策を詳細に見ていくと、随分と異なることが多い。特に、軍事面においてはそれが顕著である。西ドイツでは冷戦期の再軍備において、憲法である基本法に明確に規定し、ＮＡＴＯという集団防衛組織の縛りを受けて、軍隊を創設した。冷戦後の海外派兵においても、連邦裁判所が合憲と判断し、一定の制約を明確にした上で、積極的に連邦軍の兵士を世界各地に派遣している。

ドイツ連邦軍の軍人として冷戦を戦い、冷戦終焉後の連邦軍の新たな役割を模索してきたナウマンの回顧録である本書を読むと、この日独の違いが浮き彫りになるであろう。この日独の違いは、地理的・歴史的な違いや、長い間培われてきた国民気質の違いなど、多種多様な要因から生まれたものであろう。しかしながら、過去の日本の安全保障政策を見つめ直すということや、今後の日本の安全保障政策を検討していく上で、違いが生ずる様々な要因を踏まえたうえで、ドイツの政策と比較することということは、日本にとって意味があると思われる。

ナウマンは連邦軍総監時代の一九九二年一一月に、統一後のドイツの安全保障政策の転換を方向づける文書（通称ナウマン報告書）を纏め、ドイツが「普通の国」として世界の平和と安定のために貢献できるように、連邦軍総監として、またＮＡＴＯの軍事委員会の議長として力を尽くしたのだが、本書はまさに、統一後のドイツの安全保障政策についての現場からの生の証言である。本書は冷戦後のドイツ及びヨーロッパの安全保障政策を検証する上でも貴重な一次資料であるが、過去の、今後の日本の安全保障政策を考える上でも大いに参考になると思われる。しかしながら、ドイツと日本では安全保障政策の前提になるものが大きく異なることが多い。そこで、冷戦後のドイツの安全保障政策について理解を深めることができるようにするため、まず、ドイツ連邦軍の創設過程や制度、ドイツの安全保障を語る上で不可欠なNATOについての説明をする。そして本書の主題である冷戦期のドイツの安全保障政策の軌跡について、ナウマンの回顧録を読み解く上で、理解が容易になるようにするため、東西ドイツの統一の概要、冷戦終焉後に模索され現在も構築中であるヨーロッパの安全保障体制、ドイツ連邦軍のNATO域外への派兵の変遷について時系列で説明を加えていきたいと思う。

一　クラウス・ナウマンの略歴

クラウス・ナウマンは、第二次世界大戦の勃発した一九三九年五月二五日にミュンヘンに生まれた。彼は、敗戦後のドイツの占領、ドイツ分断を伴う独立という激動の時代に少年期を過ごしたが、高校を卒業した一九五八年にドイツ連邦軍に入隊した。ナウマンは砲兵将校に任官したが、初級将校時代には、砲兵部隊の火力統制幹部、機械化砲兵大隊の人事担当及び作戦担当の幕僚として勤務した。第一三五機械化大隊の砲兵中隊長を務めたあと、数多くの将校の中から選抜されてドイツ連邦軍のエリートを養成する指揮幕僚課程で教育を受けた。教育の終了後、旅団の作戦参謀、第五五機械化砲兵大隊長、第三〇機械化歩兵旅団長などの部隊での職務を歴任した。

ナウマンは第一線での部隊勤務とともに、エリート将校としては不可欠な、参謀次長の副官をはじめとする連邦軍総監部などの軍中央で勤務するとともに、ベルギーのブリュッセルに在るNATO本部にドイツの常任軍事代表として派遣された。NATO常任軍事代表委員会では、軍政部会、核戦略部会、軍備管理部会の部会長を務めた。一九八三年には英国の王立国防大学へも派遣され、将来、各国の政治指導者・軍事指導者になるような人々と机を並べて安全保障に関する教育を受けるとともに、彼らとの交流を深めた。

一九八六年四月に准将に昇任すると、国防省の計画担当の副部長を務め、少将に昇任すると、国防省の軍事政策部長と連邦軍総監部第Ⅲ部長を歴任した。そして第一軍団長を経て、一九九一年一〇月にドイツの軍人の最高位である連邦軍総監に就任した。ナウマンは連邦軍総監として統一後のドイツの安全保障政策の転換を方向づける報告書を纏めるなど、ドイツが「普通の国」として欧州の、世界の平和と安全に貢献できるよう力を尽くした。そして、一九九六年二月にNATO軍事委員会の議長に選出され、一九九九年にその任務を全うするまで、冷戦終焉後に大きく変化したヨーロッパの安全保障環境の中で、NATOが平和と安全を確保するための新たな役割を確立するために、NATO各国の軍事指導者の意見を纏めて、政治指導者に助言する重要な役割を果たした。

二　ドイツ連邦軍の創設とその組織

一九四五年五月八日に無条件降伏文書に調印し、第二次世界大戦で敗北したドイツは、米英ソ仏の四ヵ国によって分割占領され、一切の軍事力の保有が禁止され、軍隊も解散させられた。一九四八年六月に米英仏の三ヵ国の占領地域における通貨改革が実施されると、ソ連がこれに反発して西ベルリンを経済封鎖し、これに対抗して米英両国が西ベルリンへの大規模な空輸作戦を実施し、戦争の一歩手前まで進んだ。しかし、一九四九年五月から六月にかけて、パリで外相理事会が開催され、ヨーロッパ及びドイツ分断という現状維持が、米ソを含む主要国によって承認された。これにより、米英仏の西側三ヵ国が占領する地域がドイツ連邦共和国（西ドイツ）として一九四九年九月七日に、ソ連の占領する地域がドイツ民主共和国（東ドイツ）として一〇月七日にそれぞれ成立した。

一九四九年に西ドイツは主権の回復を果たしたが、ポツダム協定の規定により非武装化は継続されていた。しかし、一九五〇年六月に朝鮮戦争が勃発すると、西側諸国において共産主義勢力に対する脅威認識が高まり、西ドイツの再軍備が真剣に検討されるようになった。

西ドイツ国内においては、アデナウアー初代連邦首相の下で旧国防軍の一五人の高級将校が集まり、軍隊の創設のための基本構想が策定された。この基本構想に基づき、責任者の国会議員の名に由来した「ブランク機関」が連邦国防省の前身として設置され、新国軍の設置準備を進めた。しかし、基本構想の策定に関わった一五名の高級将校はブランク機関に入ることが許されず、旧軍の伝統との決別が明確に示された。

米英仏の三ヵ国間には、西ドイツの再軍備に関して様々な議論があった。特に、近代に入ってからもドイツとの戦争を繰り返したフランスでは、西ドイツの再軍備に対する抵抗感が根強く存在していた。フランスは、アメリカの進める西ドイツ再軍備とＮＡＴＯ加盟案に対し、超国家的な欧州軍を構成する欧州防衛共同体構想を打ち出したが、フランス国内の反対によりこの構想は実現しなかった。このため、フランスも西ドイツの再軍備とＮＡＴＯ加盟を認めざるを得なくなり、一九五五年五月九日に西ドイツのＮＡＴＯ加盟とドイツ連邦軍の編成が認められた。ドイツ連邦軍はナウマンが入隊する僅か三年前に誕生したのであった。

当時の西ドイツでは、ワイマール憲法下でヒトラー政権の出現を許してしまった反省から、再軍備にあたって軍隊を国家や社会に民主的に統合する必要性が広く認識されていた。このためドイツ連邦軍では、軍内部及び外部の両方から軍隊の国家・社会への民主的統合がなされた。

内部からの民主的統合は、「内面指導」と呼ばれるもので、民主主義における市民の自由の要請と、軍事的効率をめざす組織に属する兵士の義務とをバランスさせることを狙いとしており、兵士一人一人が戦う目的と戦う相手を理解し、確固たる精神基盤を持つことが要求されていた。ドイツ連邦軍の兵士の理想像は、「制服を着た市民」であると規定されていたのである。

外部からの軍隊の国家・社会への民主的統合は、兵士の権利を保証することであり、軍人は基本的には、他の国民と同じく、集会・結社に参加する自由や意見の自由表明といった一定の社会的権利を保証された。

ドイツ連邦軍には、ナウマンのような志願兵と徴兵による兵役義務兵の二種類の軍人がいる。志願軍人は、生涯兵役に服する職業軍人と一定期間兵役に服する任期制軍人に分かれる。兵役義務兵は、本人の意思にかかわりなく義務的に入隊させられる者であり、満一八歳以上のすべてのドイツ人男子が兵役義務者に該当する。ただし、良心上の理由から武器をもって戦うことに反対する者は、一定の要件の下に兵役を拒否することができ、兵役の代わりに福祉施設での仕事など非軍事的な代替勤務を果たすことになっている。

このようなドイツ連邦軍の冷戦期の役割は、東側の共産主義勢力が軍事侵攻してくることを抑止し、侵攻があった場合には対処することであった。連邦軍の出動地域は、主としてドイツ及び欧州のＮＡＴＯ領域内に限定されていた。有事の連邦軍の行動は、事前に綿密に計画され、準備されていた。冷戦の最盛期のドイツ連邦軍は、三軍あわせて四九万五、〇〇〇人の兵力を保有していた。そのうち陸軍は、NATOの西ヨーロッパの中央部を防衛する主力部隊であった。陸軍は一二個師団、三個軍団で構成されており、主力戦車四、〇〇〇両と火砲一、二〇〇門などの装備を有していた。空軍は一〇万六、〇〇〇人で作戦機四七〇機を保有し、NATOの統合防空軍の一翼を担っていた。海軍は三万六、〇〇〇人で主要水上艦艇二〇隻、潜水艦二四隻を保有し、バルト海の防衛を受け持っていた（数字はいずれもミリタリー・バランス一九八二／八三年）。図1が冷戦期のドイツ連邦軍の組織である。

　第二次世界大戦の以前のドイツでは、絶対君主制の名残として、軍に対する指揮権は国家元首に付与されていた。しかしながら、第二次世界大戦の反省を踏まえて、再軍備の際に国家元首の軍に対する指揮権は放棄され、平時には連邦国防大臣、有事には連邦首相が軍の指揮権を有すると基本法で定められている。また、軍に対する議会統制も確立されている。ドイツ連邦

図1　冷戦期のドイツ連邦軍の組織（各種資料より筆者作成）

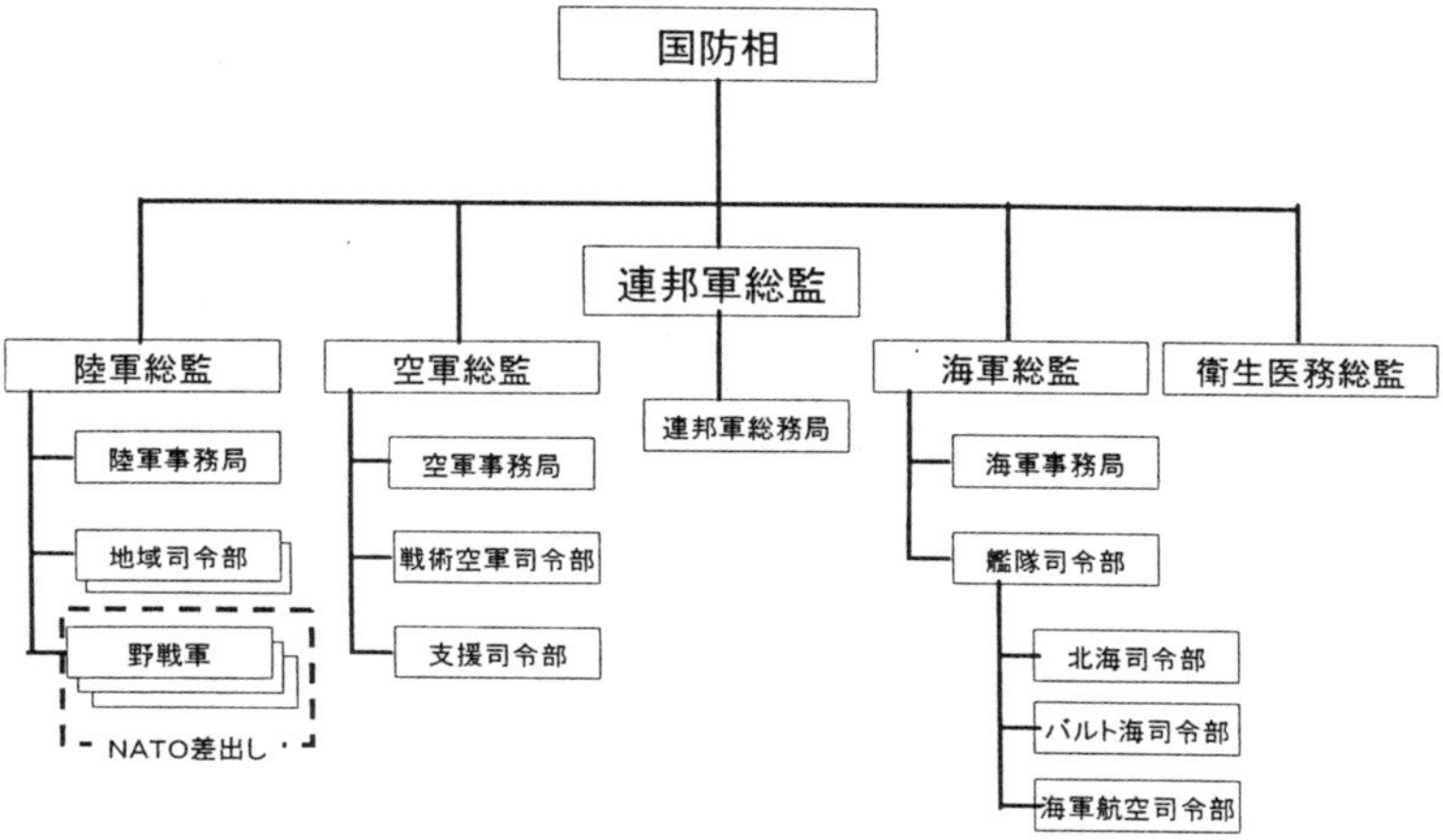

軍は、陸・海・空の三軍体制であり、それぞれの最高指揮官は、陸軍総監・海軍総監・空軍総監であるが、これらの総監（衛生医務総監を加えて四総監と呼称する）に対する指示権を有するのが、ナウマンが一九九二年に就任した連邦軍総監である。連邦軍総監は、国防大臣に代わってその監督権を各軍に行使することができる軍の最高責任者であり、国防大臣及び連邦政府に対しては軍事顧問という立場で軍事的な助言を行う。

冷戦期には共産主義勢力の侵攻への抑止・対処を主任務にしていたドイツ連邦軍であるが、共産主義勢力が消滅し冷戦が終焉すると、新たな存在意義を模索しなければならなくなった。一九九〇年代にドイツ軍をどのようにするかについて様々な議論が起こり、紆余曲折はあったが、二〇〇〇年六月に連邦軍の改編構想が閣議決定され、「二一世紀に確実に適応し得る連邦軍」への改編に着手している。

冷戦の終結により現在のドイツは、歴史上初めて、周囲を潜在的脅威国によって直接囲まれていない状態を経験している。しかし、旧ソ連の一部の共和国や中・東欧諸国に存在する未解決の社会的・人種的・宗教的紛争などは、テロや国境を越えて活動する組織犯罪と結びついて、ドイツ及びヨーロッパの安全保障に大きな懸念事項となっている。ヨーロッパ内部及び周辺において、政治的・社会的不安定が深刻化し、混乱状態に陥ったならば、大量の避難民がドイツに流入する等、ドイツの安定を損なうような恐れもある。さらに、9・11テロのような非対称的な脅威も、ドイツで発生しないという保証は何もない。

このような不特定・不確実な新たな脅威に対応するために連邦軍の改編が進められているのであるが、その方向性は、従来までの陸・海・空の三軍種及び中央衛生機関等の編成を維持しつつ、新たに統合支援軍を設立して、全体の部隊構成を軍種横断的に介入部隊、安定化部隊及び支援部隊の三つのカテゴリーに区分して整備し、運用するものである。介入部隊は、軍事能力を有する敵と対峙する平和執行任務等の高強度の作戦に投入される部隊であり、その兵力は三万五〇〇〇人である。安定化部隊は、中・低強度の長期的関与が必要な平和安定化任務等を実施する部隊であり、その兵力は七万人である。支援部隊は、介入部隊及び安定化部隊の作戦準備及び作戦遂行を包括的に実施する部隊であり、その兵力は一四万七、五〇〇人である。このような部隊構成の枠組みの中で、NATO・EU・国連等が実施する多国籍の平和維持活動等に参加するために準備している（数字はいずれもドイツ国防白書二〇〇六年版）。

三　ドイツの安全保障とNATO

西ドイツと東側諸国の国境線は約一、七〇〇キロであり、東部国境から西部国境までの距離、即ち侵略を受けた際に抵抗するための縦深はわずか三〇〇キロに過ぎなかった。このような地形で強大な東側諸国の軍勢を西ドイツが単独で支えきれないことは火を見るよりも明らかであり、このため、冷戦期の西ドイツには、米英を含む六ヵ国から三六万人の軍隊が駐留しており、西ドイツはアメリカを中核とするNATOと一体となった国防態勢を構築していた。西ドイツの安全保障を語る上で、NATOの存在は欠くことのできないものである。

NATOは、一九四九年四月に調印された北大西洋条約に基づいて設立された集団防衛組織である。NATO設立の目的は条約の前文に掲げられている「民主主義の諸原則、個人の自由及び法の支配の上に築かれた国民の自由、共同の遺産及び文明の擁護」のためである。しかしながら、初代のNAT

O事務総長であった英国のイスメイ卿の述べた、「アメリカ人を引っ張り込み、ロシア人を締め出し、ドイツ人を押さえ込んでおく」という言葉が、NATOの本当の目的を最も端的にあらわしているであろう。

NATOの特色は、加盟国それぞれの主権が尊重されていることである。このため、NATOの最高意思決定機関である理事会から、ナウマンが議長を務めていた軍事委員会、代表として派遣された常任軍事代表委員会などの下部委員会に至るまで、その意思決定方式はコンセンサス方式であった。コンセンサスによる意思決定方式は、意思決定に時間を要し、決定内容も各国が合意することのできた最小限の共通事項であるという欠点を有しているが、ひとたび決定が下されたならば、加盟国が自らの意志と責任において同盟の義務を果たしうるという利点も有している。この意味で、NATOは自由で民主的な西側世界の在り方を象徴しているといえよう。

これに対し、NATOと冷戦期に対峙していたワルシャワ条約機構は、総司令部がモスクワに置かれ、総司令官がソ連邦国防大臣第一代理と兼務であり、司令部の業務がソ連国防省の指導や、兼務の幕僚によって行われ、総司令部の下にもソ連と加盟各国との連合司令部は存在していなかったことからもわかるように、ソ連が東欧圏を間接的に支配する道具に過ぎなかった。ワルシャワ条約機構においてのソ連と他の加盟国の関係は、ソ連によって加盟国の安全保障政策が決められ、ソ連によって各国の軍隊がコントロールされているといった、従属的な関係であった。

冷戦期のNATOの任務は、北大西洋条約第五条に示されている「武力攻撃に対する共同防衛」であった。NATOは集団防衛を実施するために、平時から米軍をヨーロッパに駐留させ、司令部機構を常設し、共同防衛計画を作成していた。

図2　NATOの主要組織（*NATO Handbook 2001*, p. 517.）

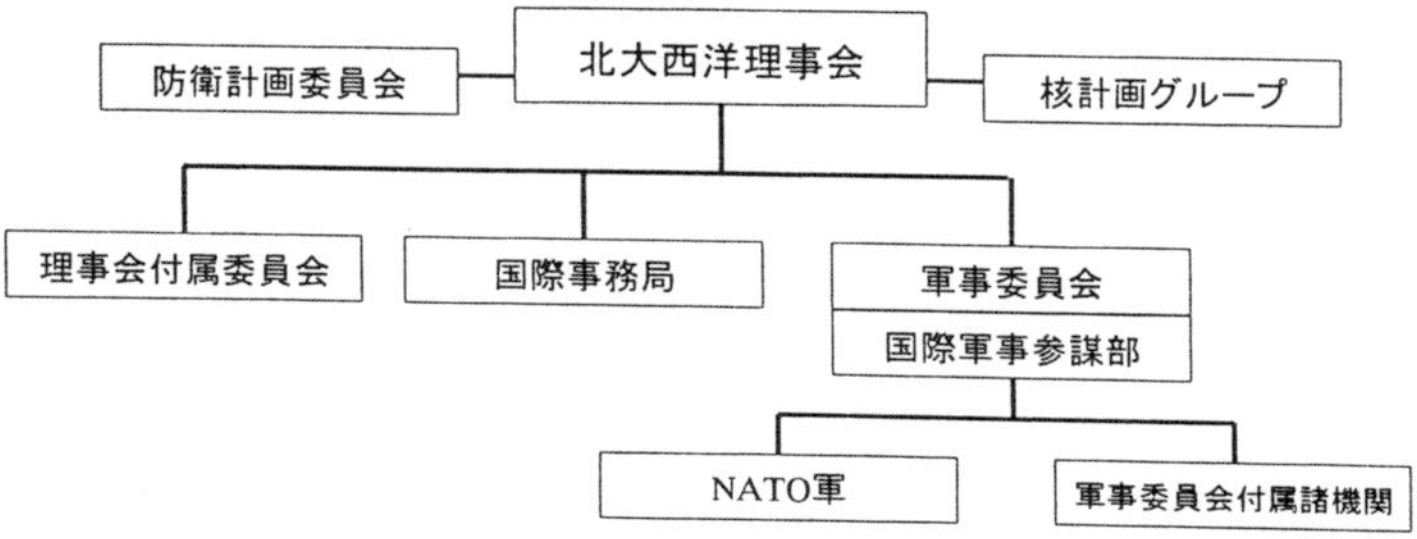

図2は、ＮＡＴＯの主要組織である。

理事会はＮＡＴＯの最高意思決定機関であり、加盟国の外相が年二回、常任大使が週一回の会議を開くほか、重要な案件等があり必要な場合には、加盟国の首脳が集まって会議を開く。この理事会の業務を補佐するために国際事務局が置かれている。国際事務局には、ＮＡＴＯ若しくは加盟国の政府が選出した局員が勤務しており、事務総長が国際事務局に対して責任を負っている。事務総長は欧州の政治家が務めることが不文律で決められており、ＮＡＴＯの理事会や上級の委員会の議長を務め、各国政府と事前に協議する等、ＮＡＴＯのスムーズな運営のための役割を担っている。また、軍事問題を協議する場として防衛計画委員会が、核問題を協議する場として核計画グループがあり、各国の国防大臣が年二回、常任大使が週一回の会議を開いていた。

ＮＡＴＯにおける最高の軍事機関として、ＮＡＴＯの共同防衛に必要と考えられる措置について理事会に対して報告や勧告を行うのが、ナウマンが議長を務めていた軍事委員会である。軍事委員会はアイスランドとフランスを除く加盟国の参謀総長によって構成されている。軍事委員会の議長は各国の参謀総長の中から選出され、その任期は三年である。軍事委員会は、理事会、防衛計画委員会及び核計画グループの政治統制下にあり、また、NATOの主要連合軍司令官に対して、軍事問題に関する指導を行う。軍事委員会は少なくとも年二回、その他必用に応じて開かれる。また、各国の参謀総長は常任軍事代表を指名しており、常任軍事代表委員会が軍事委員会の常続的機能を担っている。また、軍事委員会の任務を補佐するために、国際軍事参謀部が置かれており、加盟国から派遣された軍人が、各国の国防省や参謀本部などと調整・協議を行いながら軍事問題の細部について詰めていく。

　NATOは一部を除き常設の軍隊は保有していない。しかし、平時から司令部は存在しており、加

図３　冷戦期のNATOの司令部機構
（Kaplan, *NATO and the United States*, p. 144.）

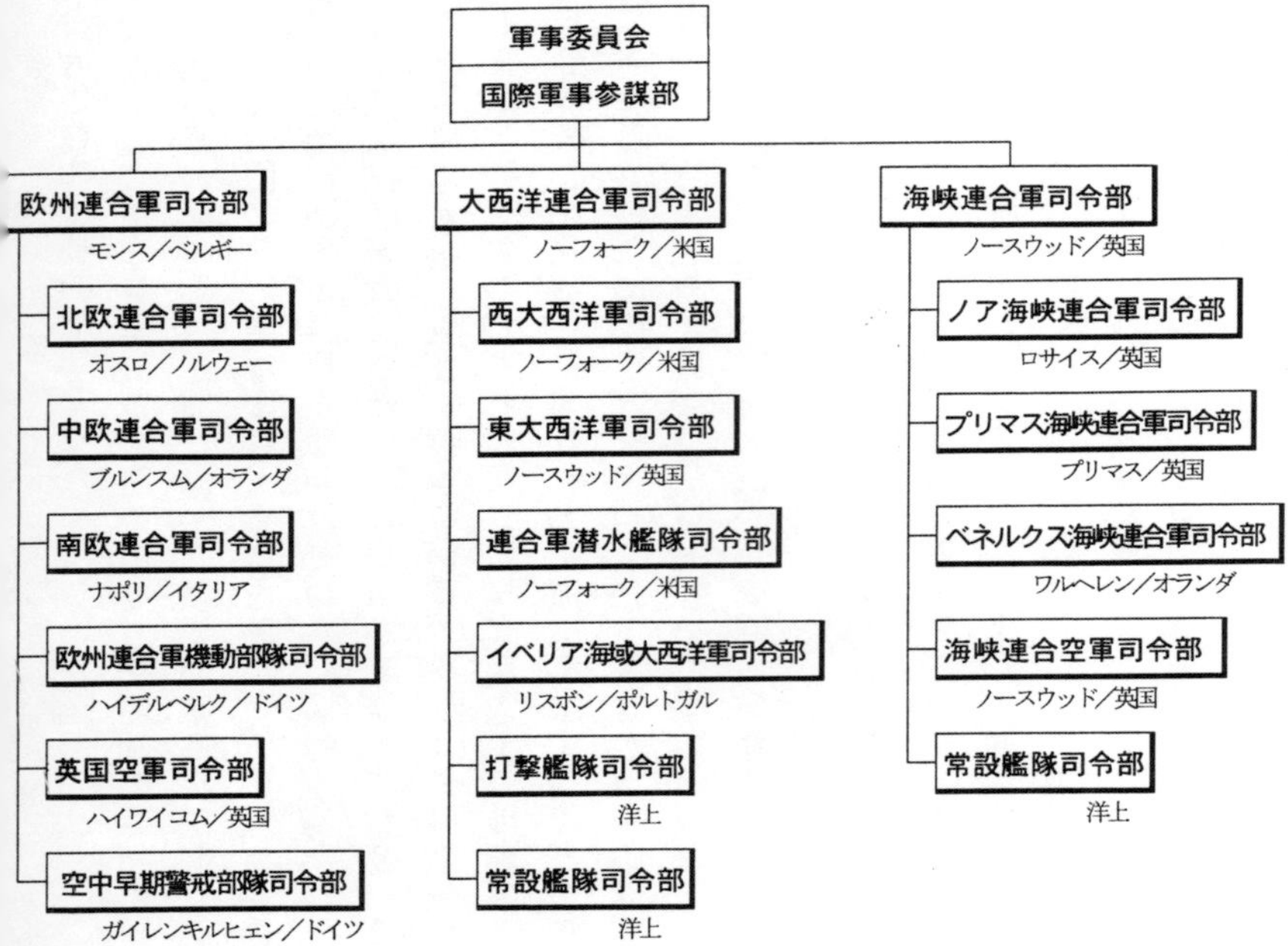

盟各国は要請に応じて軍隊を司令部に差し出し作戦を実施する。各司令部には、加盟各国から派遣されていた幕僚が勤務している。

図3は冷戦期のNATOの司令部機構である。

冷戦期には、三個の戦略連合軍がそれぞれの地域を担当しており、これらの戦略連合軍は、地域割りで幾つかの戦域連合軍を保持し、戦域連合軍もまた隷下に準戦域連合軍や軍種連合軍を保持し、その下に作戦単位である軍団・師団が存在するというような、典型的なヒエラルヒー構造であった。しかしながら、このような固定的な司令部機構では、冷戦終焉後の新たな脅威には対応できないということで、一九九〇年代に司令部機構の見直しが行われ、二〇〇二年一一月にプラハで行われた首脳級理事会において、司令部機構を地域別から機能

図4　現在のNATOの司令部機構
（NATO公式ホームページより筆者作成）

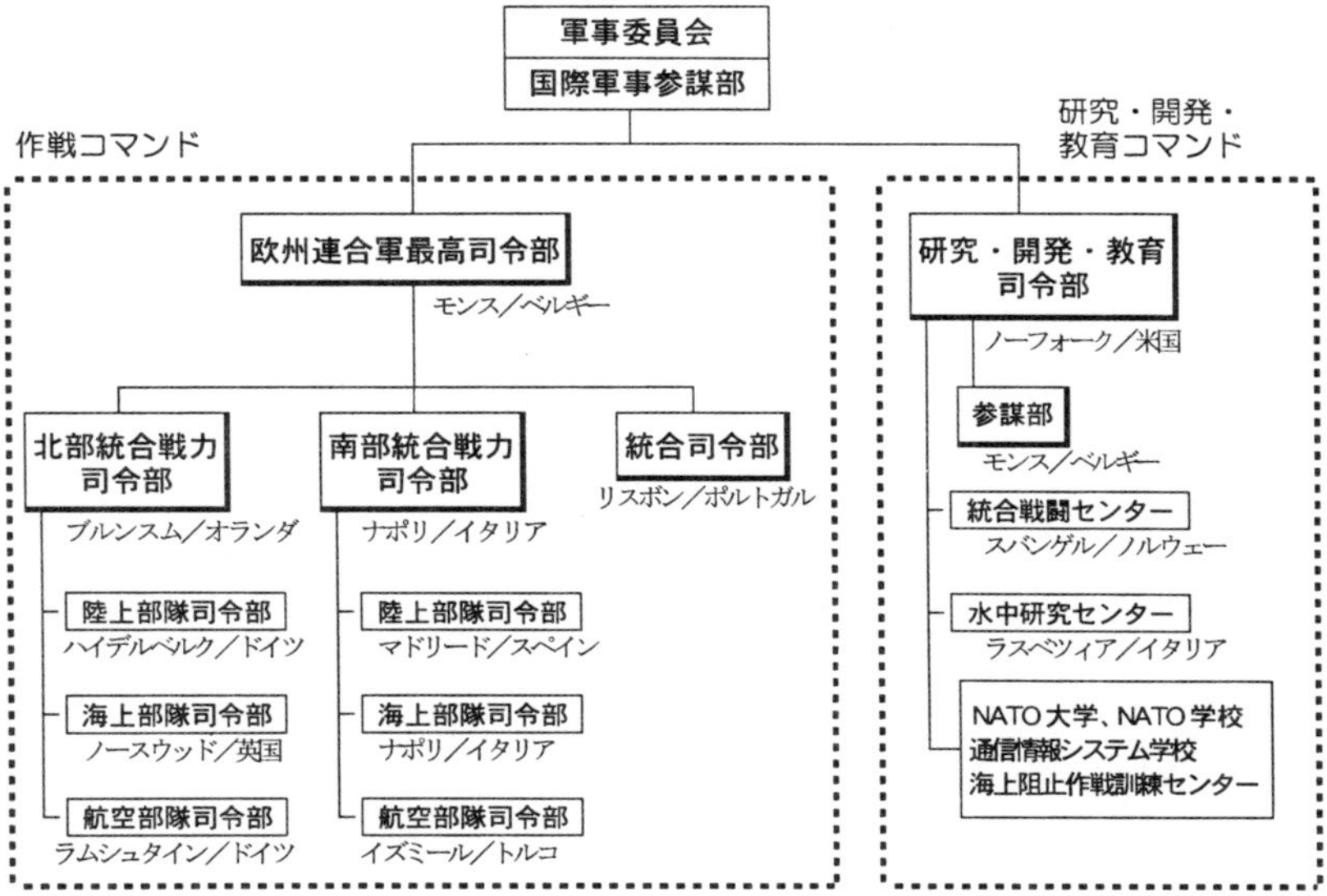

別に抜本的に見直すことが決定された。現在のＮＡＴＯの司令部機構は図４の通りである。

四　冷戦期の西ドイツの安全保障政策

冷戦期の西ドイツの安全保障政策は、西側同盟の一員としての立場を明確にして自己の存立基盤を固めた上で、西ヨーロッパにおける地域統合を促進して安定化・発展を図り、対ソ連・東欧関係を改善して東西間の緊張緩和を目指すというものであった。

一九四九年から六三年の間、連邦首相であったアデナウアーは、第二次世界大戦の敗北の克服と、東ドイツ追放民の受け入れ、戦後経済復興、主権回復に取り組んだ。西ドイツは東西対立の最前線に位置しており、陸続きで東側諸国と長い国境線で接しており、また、東ドイツ内に西ベルリンが「陸の孤島」として孤立していた。アデナウアーは、このような西ドイツの安全保障環境の中で東側諸国からの軍事侵攻に対処するために、西側同盟の一員としての立場を明確にする冷戦期の西ドイツの安全保障政策の礎を築いた。アデナウアー政権の間に、ヨーロッパ経済共同体及びＮＡＴＯへ加盟し、ザール地方の西ドイツへの復帰により対仏和解も実現した。しかしながら、東ドイツに対しては、国際法上の承認を阻む「ハルシュタイン・ドクトリン」により対決姿勢を露にしていた。

アデナウアーの後継者であるエアハルト、次いでキージンガーが連邦首相であった一九六三年から六九年までは、ハルシュタイン・ドクトリンを基本としながらも、周辺諸国との間の関係改善に取り組んだ時代であった。イスラエルとの関係を修復し、東欧諸国との外交関係を構築したのである。

一九六九年に社会民主党と自由民主党の連立政権が誕生し、ブラント、次いでシュミットが連邦首相に就任した。東側諸国と緊張関係に立ち続けることは、長い目で見れば西ドイツにとって得策ではないと判断したブラントは、ソ連・東側諸国と対話を促進し、関係を改善することを目指した「東方外交」という路線を打ち出した。この路線にそって、一九七二年に東ドイツとの間で基本条約が締結され、一九七三年には東西両ドイツが国連にそろって加盟した。この東西の緊張緩和の中で、ヨーロッパの相互安全保障について討議するため、一九七五年七月にヨーロッパ各国及び米国、カナダの三五ヵ国の首脳が参加して、欧州安全保障協力会議（ＣＳＣＥ）がヘルシンキで開催された。ＣＳＣＥは、その後に制度化され、常設の事務局も設置された。ＣＳＣＥは冷戦期の東西の対話の場を提供し、ＣＳＣＥを通して信頼醸成を構築するための様々な活動が続けられた。ＣＳＣＥの東西冷戦の終焉に貢献した役割は地味ではあるが重要であったと言えよう。

冷戦期は一貫して「西側同盟国」の一員としての立場を明確にし、「ＮＡＴＯの優等生」と呼ばれるような対米協調の外交政策を採っていた西ドイツであったが、一九七〇年代の中期にソ連が新世代の中距離核ミサイルの開発・配備に取り組みだすと、米国のソ連との戦略核兵器交渉に対して声高に異議を唱えはじめた。米国とソ連は一九六二年のキューバ危機を契機に平和共存の道を模索し始め、一九六六年に戦略核兵器の制限交渉（ＳＡＬＴ）を開始した。この交渉は一九七二年五月に妥結され、双方が保有することの出来る長距離の射程を有する戦略核兵器の数の上限が決められた。しかしながらソ連は、戦略核兵器の制限交渉を行う一方、米国本土には届かないが、欧州全域を射程範囲に収める新型の可動式複数弾頭中距離核ミサイルの開発を進めていた。シュミットは、ＳＡＬＴにより米ソの戦略核能力は中和されるが、一方の欧州では、戦域核・戦術核・通常戦力の全ての面で東側諸国が優位に立つことになり、西欧の安全は著しく損なわれると判断した。シュミットは米国に対して、ソ連の中距離核ミサイルの配備を断念させるための交渉を開始するよう主張すると共に、欧州に米国のパーシングⅡや巡航ミサイルなどの中距離核戦力（ＩＮＦ）を配備するよう求めた。いわゆるＩＮＦの二重決定である。米国とソ連のＩＮＦ交渉は難航を極めたが、一九八七年一二月にワシントンで米国のレーガン大統領とソ連のゴルバチョフ書記長がＩＮＦ全廃条約に調印した。この条約により、一九九一年六月までに米国八四六基、ソ連一八四六基の中距離核ミサイルが廃棄された。

ＩＮＦ全廃条約により、西欧諸国に脅威を及ぼす中距離の核戦力の問題は沈静化したが、西ドイツにとっては、主に西ドイツのみに脅威を及ぼす短距離の核戦力の問題が浮上してきた。米国及び英国は、短距離核戦力（ＳＮＦ）であるランス・ミサイルの近代化が東側諸国と戦うためには必要であると認識し、これを推し進めようとした。一方の西ドイツにとってＳＮＦは、その配備が西ドイツに集中し、そこから生じる被害も西ドイツのみに限定されることから、米英が推進しようとする近代化には反対であった。西ドイツ政府内にも、米国をはじめとする西側諸国はソ連との間で戦術核兵器の全廃交渉を開始すべきだとの意見も出てきた。一九八〇年代末期に米英と西ドイツはＳＮＦの近代化をめぐり激しく対立した。西ドイツの政府内においても合意形成が困難を極め、ゲンシャー外相とシュルツ国防相が対立するなど、西側同盟及び西ドイツ内に大きな亀裂が生じた。しかし西側同盟にとって幸いであったのは、戦うべき相手が自ら突然崩壊したことであった。冷戦の終焉と共に、ＳＮＦ問題も消滅し、一九九四年にヨーロッパにあった米国の戦術核兵器はすべて撤去された。もし冷戦が継続していたならば、ナウマンは連邦軍総監としてＳＮＦ問題で頭を悩ましていたに違いない。

五　東西ドイツの統一

冷戦期に西ドイツは、自由・民主主義、市場経済を基礎とする国家体制を確立し、西側の一員として着実な発展を遂げて行った。これに対し東ドイツは、東欧諸国の中では群を抜いた成長を遂げていたが、共産党による一党独裁、計画経済、西側社会との隔離政策のもと社会の硬直化が進み、政府への市民の不満がふくれ上がっていった。一九八〇年後半からのソ連・東欧での民主化の動き、一九八九年夏以降の東ドイツ国民のデモ及び西ドイツへの大量移住に起因する圧力等を背景に、一一月九日、ベルリンの壁が事実上崩壊した。これを契機にドイツ統一への動きが急浮上した。一九九〇年三月一八日には東ドイツで最初の（そして最後の）人民議会初の自由選挙が実施され、早期統一を選挙公約に掲げたキリスト教民主同盟を中心とした大連立政権が成立した。これによって東西ドイツ統一への動きがよりいっそう加速した。一九九〇年五月一八日には、両ドイツ間で「通貨・経済・社会同盟創設のための国家条約」が署名され、「ドイツ統一達成のための条約」も八月三一日に署名された。これに並行する形で、東西両ドイツに対する責任を負っていた四ヵ国、つまり米国、ソ連、イギリス、フランスが、「ドイツに関する最終規定条約」（通称、２＋４条約）によってドイツ統一の外交と安全保障政策上の条件に合意した。これらによって、一〇月三日に、基本法の第二三条を適用して、東ドイツが西ドイツに加入する形で統一が達成された。

ドイツ統一の過程において、ドイツは一貫してＮＡＴＯ残留を主張したものの、統一ドイツの軍事的ステータスは最後までソ連との関係で懸案となったが、結局ソ連も統一ドイツのＮＡＴＯ残留を容認した。しかしながら、西ドイツに駐留していたＮＡＴＯ軍（米、英、ベルギー、オランダ及びカナダ）及びフランス軍は、統一後に大幅に兵力を削減した。一方、東ドイツに駐留していた旧ソ連軍は、一九九四年八月に撤退を完了した。この旧ソ連軍撤退に要する費用の多くはドイツが負担した。旧ソ連軍部隊の撤退にかかわる輸送、撤退し国内に戻った軍人のための住宅建設、撤退した軍人の再教育に要する経費など、四年間に一二〇億マルクもの莫大な費用をドイツが分担したのである。

一九九〇年の時点で東西ドイツ併せて一〇〇万人以上の兵力を抱えていたが、ドイツ統一に関連して、一九九四年末における平時の兵員規模を三七万人（陸軍二五万五、〇〇〇人、空軍八万二、〇〇〇人、海軍三万二、五〇〇人）にすることを国際的に公約した。かつての東ドイツ軍であった国家人民軍は解散させられたが、一九九〇年一〇月時点で軍務についていた九万人の軍人のうち半数近くは一時的に連邦軍に吸収された。このうち、将校六〇〇〇人、下士官一万二〇〇〇人及び兵八〇〇人が、任期二年の任期制軍人として採用され、国家人民軍での素養、訓練、在任期間、経歴等を考慮して、連邦軍における階級及び補職が決められた。このうち、将校三〇〇〇人が職業軍人として、下士官七六〇〇人、兵二〇〇人が長期任期制軍人として選抜された。また、退役する軍人に対しては、民間への転職のための大規模な再教育・訓練プログラムが施された。東ドイツが保有していた兵器の大部分が連邦軍に引き継がれたが、これらは廃棄されるか、もしくは厳しい輸出規制の下で、売却されるか、無償で提供された。この「軍隊の統合」は、大きな成功であり、他の分野における統一の手本と受け止められた（数字はいずれもドイツ国防白書一九九四年版）。

六　冷戦終焉後の欧州の安全保障体制

冷戦終結後、NATOとワルシャワ条約機構という東西の対立構造は崩壊したが、民族対立や宗教に起因する地域紛争が相次ぎ、またテロ、大量破壊兵器の拡散等、新たな脅威が注目されるようになった。ヨーロッパにおいては、EUを中心としてヨーロッパ諸国が主導的に安全保障を担っていこうということから、欧州安全保障防衛政策（ESDP）の構築が模索されてきた。しかしながら、自前の軍事力を有しないEUでは、ユーゴスラビア（以下ユーゴと記す）紛争などの事態に有効に対処することが出来なかったので、次第にNATOを中心とする安全保障体制の構築がなされ、中・東欧諸国もNATOに加盟した。また、冷戦期にNATOと対立したロシアも、一九九〇年代半ばから、NATOとの間で関係改善を進め、NATOとロシアの間の協力関係も制度化されている。さらに、対話の場を提供することで冷戦の終焉に貢献したCSCEも、冷戦終焉後に機構化されヨーロッパの安定のために一定の役割を果たしている。

（1）EUを軸にしたヨーロッパの安全保障体制の模索

ヨーロッパ諸国においては、ヨーロッパ諸国自身でヨーロッパの安全保障・防衛態勢を構築していこうとする「欧州防衛アイデンティティ」が冷戦期から存在していた。冷戦の終焉を機に欧州統合の機運が高まり、一九九二年のマーストリヒト条約では、欧州共通外交安全保障政策（CFSP）という制度の創設が規定され、フランスなどを中心にしてEUを軸にしてヨーロッパの安全保障体制を構築していこうという動きが強まった。しかしながら、ユーゴ紛争において、自前の軍事力を有せず、専ら対話・調停等の外交的手段により紛争の沈静化を図ろうとするEUでは、本格的な武力紛争には効果的に対処できないということが露呈した。このためヨーロッパ独自の軍事能力構築を推進するE

ＳＤＰも、あくまでもＮＡＴＯの枠内で制度化するという方向転換を余儀なくされた。

このようにＥＵ主体の安全保障体制の構築が方向転換する中で、ドイツも当初は独仏協調を機軸としつつ、ヨーロッパ独自の安全保障体制を主導しようとする傾向が窺えた。しかしながら、１９９０年代半ば頃からは、ＮＡＴＯが中核となり、ＥＵやその他の国際機関・制度が補完して、重層的な安全保障体制を構築するという枠組みが確立されている。

（２）ＮＡＴＯの東方への拡大

一九九〇年七月、ＮＡＴＯのロンドン首脳級理事会において、ＮＡＴＯとワルシャワ条約機構はもはや敵対関係にないという認識の下、ＮＡＴＯは、ヨーロッパ諸国とカナダ、米国の共同防衛のための組織にとどまらず、ヨーロッパの全ての国との協力関係を築くための組織になるという冷戦終焉後のＮＡＴＯの方向性が打ち出された。このための第一歩として、中・東欧諸国に対してＮＡＴＯ本部へ常駐代表を派遣することを要請した。一方の中・東欧諸国の側でも、一九九〇年末からのソ連のバルト諸国への圧力及びバルカン半島での民族紛争に由来する不安定化などの脅威から平和と安全を確保するために、ＮＡＴＯに対して安全保障上の保護を求める動きを強めた。中・東欧諸国の要望を受け、一九九一年一〇月に米国のベーカー国務長官とドイツのゲンシャー外相は、中・東欧諸国とＮＡＴＯとの間での協力関係を制度化することを共同提案した。この共同提案から一九九一年一一月に生まれた制度が、中・東欧諸国とＮＡＴＯとの間で、安全保障問題について協議・協力を行う北大西洋協力理事会（ＮＡＣＣ）であった。しかしながら、ＮＡＣＣはあくまでも協議のための制度に過ぎなかった。冷戦終焉後に不特定・不確実な脅威が顕在化しているヨーロッパの安全保障環境において、

NACCは具体的な対処行動を取ることは出来なかったので、中・東欧諸国の間ではNATOに加盟することによって安全保障を確保したいという声も出てきた。

一方の米国においても、ユーゴでの地域紛争等の新たな脅威が顕在化していく中で、中・東欧諸国がNATOに加盟することは、ヨーロッパの全域が安定化し、将来の脅威の芽を摘み取ることができるとともに、中・東欧諸国の軍事的資産をヨーロッパの安全保障のために用いることが出来るようになるため、一石二鳥であるという考えもでてきた。しかしながらロシアにおいては、依然としてNATOがかつての自国の勢力範囲に影響を及ぼすことに強い抵抗感があり、英国などヨーロッパ諸国の中には、ロシアとの摩擦を懸念する声も存在した。

このような中で、NATOの危機管理・平和維持活動の能力を強化しつつも、ロシアとの対立を招く拡大を回避するという妥協的な側面を持つ「平和のためのパートナーシップ（PfP）」という制度が一九九四年一月に創設された。PfPは、NATO軍と非加盟国の軍隊との間で共同軍事演習を行ったり、相互運用性の確保のための計画を通じて、NACCに欠けていた新たな脅威に対処するための能力を向上させることを目的とした制度である。PfPは、非同盟・中立諸国も含めてヨーロッパ全ての国に参加を求めていた。また、PfPはパートナー国が自ら必要なものを選択するという自己区別化が可能な制度であったため、NATO加盟を早期に希望する国から、将来のNATO加盟を見据えている国、またはNATO加盟を目標としていない国までPfPに参加することになった。ロシアもNATOとの間で一九九四年六月にPfPの枠組み文書に署名し参加している。

NATOはパートナー国に対して集団防衛の義務を負わないが、パートナー国が領土保全、政治的独立又は安全保障面で直接的脅威を感じた場合は、パートナー国との協議に応ずることとなっている。

このＰｆＰは、ボスニア和平履行部隊（ＩＦＯＲ）や平和安定化部隊（ＳＦＯＲ）、コソボ国際安全保障部隊（ＫＦＯＲ）等、ＮＡＴＯが危機管理・平和維持活動を実施する際に、パートナー国からの参加を得ることによって、ＮＡＴＯの資源の節約に貢献するとともに、パートナー国に対してＮＡＴＯが安全保障を提供することによって、ヨーロッパの安全保障環境を向上させ、不安定要因を除去し、新たな脅威の顕在化を阻止することに寄与した。

ＮＡＴＯへの加盟を目指す中・東欧諸国にとってＰｆＰは、「ＮＡＴＯ加盟のための道程」という意義があった。ＮＡＴＯもＰｆＰへの積極的な活動が加盟の条件の一つという方針を打ち出した。また、ロシアも中・東欧諸国のＮＡＴＯ加盟に対して積極的な反対を表明しなくなった。このため、一九九七年七月のマドリード首脳級理事会において、ポーランド、チェコ、ハンガリーのＮＡＴＯへの加盟が招請され、一九九九年三月に三ヵ国はＮＡＴＯに加盟した。二〇〇二年一一月のプラハ首脳級理事会では、バルト三国、スロバキア、スロベニア、ブルガリア、ルーマニアの七ヵ国に対する加盟招請がなされ、二〇〇四年三月にこれら七ヵ国は加盟を果たした。

（3）ＮＡＴＯとロシアの関係改善

冷戦終焉後、ＮＡＴＯはロシアとの協力関係の構築を模索したが、ロシアは当初ＮＡＴＯに代わってＣＳＣＥによる欧州の安全保障体制の構築を主張しており、ＮＡＴＯの解体を求めていた。しかし、この可能性がなくなるにつれてロシアは、ＮＡＴＯがロシアの特別な立場を認めた上での関係構築を要求した。ＮＡＴＯとロシアは、一九九四年六月にＰｆＰの枠組み文書に署名し、「ロシアが欧州の安定と安全保障に向けて広い範囲で大きく貢献出来るであろうことを認識し、ＮＡＴＯとロシアが協力することの重要性を確信する」と述べた。しかしながら、NATO内の一部では、ロシアに対する脅威認識は依然として消えておらず、また、一方のロシアにおいても、CSCEやNACCの枠組みを重視するとしており、認識の違いが存在していた。

この認識の違いは、ユーゴ紛争の解決にロシアが関与するに伴って変化が生じてきた。一九九五年にロシアがボスニア和平のコンタクトグループに加わり、IFOR及びSFORにも特別協定を締結して参加したのである。これらの動きを受けて一九九六年一二月の外相級理事会で、ロシアとの協力関係を確立するための交渉の開始が決定され、NATOのソラナ事務総長とロシアのプリマコフ外相の間で交渉が進められ、一九九七年五月にNATO＝ロシア基本文書が締結され、NATO＝ロシア常設合同理事会（PJC）が設置された。

一九九九年三月、コソボ紛争の解決のためにNATOがセルビアに空爆を行ったことにより、NATOとロシアの協力は一時中断した。しかし、二〇〇一年に発生した9・11テロの際に、ロシアが欧米との協力姿勢を打ち出したことにより、二〇〇一年一二月の外相級理事会でロシアとの協議、協力、共同決定、共同行動のための新たなメカニズムを策定することが決定され、二〇〇二年一一月の首脳級理事会において、NATO＝ロシア理事会（NRC）がPJCに替わり設立された。

（4）CSCEのOSCEへの発展

冷戦期に東西間の対話の場を提供したCSCEであったが、冷戦終焉直後にはこのCSCEを軸にしてヨーロッパの安全保障体制を構築していくべきだという意見も、ロシアなどを中心に唱えられた。しかし、CSCEはECと同じく、自前の軍事力は有しておらず、また対話のための機関であった組織が、力の存在が依然重要な要素である安全保障領域において、中核を担うことは無理な話であった。

しかしながら、冷戦期にＣＳＣＥが対立構造の終焉に一定の役割を果たしたように、現在においても重層的な安全保障制度の中で重要な役割を果たしている。ＣＳＣＥは、一九九五年一月に欧州安全保障協力機構（ＯＳＣＥ）に改称されたが、軍事・経済・人権といった包括的な分野において、紛争当事者に対する早期警告、事実調査等を実施する予防外交や、紛争予防を基本とした活動を行っている。ＯＳＣＥは、ヨーロッパにおける平和・安全・公正・協力の推進を目的として、国連に次ぐ多国間フォーラムとして、ＮＡＴＯのように強制力は有しないが、今後とも果たすべき役割は大きいと思われる。

七　冷戦後のドイツの安全保障政策

冷戦期のドイツ連邦軍はＮＡＴＯ軍の一員としてヨーロッパ防衛義務を果たしていたが、活動が許されるのは基本的には「防衛」のみであり、活動範囲もＮＡＴＯの領域のみとされていた。しかし冷戦が終焉すると、東西対立を起因とする世界的な戦争が発生する可能性は大幅に低下したが、民族紛争や国境紛争を起因とする地域紛争が世界各地で発生し、表面的には安定していた冷戦期とは異なり不安定な状態へと変化してきたことから、ドイツ連邦軍はそれらの新しい脅威への対応が問われることになった。

一九九〇年八月のイラクのクウェート侵攻によって発生した湾岸戦争では、ドイツは基本法を盾に湾岸地域への連邦軍の派兵を拒否し、イラクと国境を接する唯一のＮＡＴＯ加盟国であるトルコに航空機を派遣するにとどまった。総額一五〇億マルクの資金協力を実施したが貢献不足と非難されたコール政権は、連邦議会の事前承認を得ることで国連指揮下の戦闘行動へドイツ連邦軍が参加することが可能になるよう基本法を改正することを決意した。一九九一年一〇月にドイツ連邦軍の総監に就任したナウマンも、一一月に統一後の安全保障政策を方向づける「ナウマン・ペーパー」を発表した。これはドイツが世界の平和と安定に貢献することが出来る「普通の国」に変身するための構想であった。ナウマンは、世界の市場へのアクセス及び資源の確保がドイツにとって死活的な国益であり、ドイツ連邦軍の任務も、「国土の防衛」から「国益の防衛」に移行しなければならないと述べていた。これは、ドイツ連邦軍が「国土防衛軍」から「危機対応軍」へ変身することを意味していた。

ユーゴでの紛争が激しくなると、一九九二年七月に国連は新ユーゴに対する経済制裁を実施することを決定したが、ドイツもこれに協力するため、アドリア海に駆逐艦と哨戒機を派遣した。さらに、一九九三年四月、国連安保理決議に基づくボスニア上空の飛行禁止空域監視に協力するため、ＡＷＡＣＳのパイロット要員を派遣した。ヨーロッパ地域のみならず、一九九三年七月、第二次国連ソマリア活動へドイツ連邦軍の工兵部隊一、七〇〇人が参加した。

コール政権の域外派兵に対して、社民党は人道的援助の枠を超え、基本法で禁止されていると解釈されるＮＡＴＯ域外での戦闘行動であるとして違憲訴訟を行った。しかしながらドイツ連邦憲法裁判所は、一九九四年七月に、ＰＫＯ協力のための戦闘行動への参加を含むＮＡＴＯ域外へのドイツ連邦軍の派遣は合憲とする判決をくだした。基本法は相互的集団安全保障制度への参加を認めており、連邦軍兵士は国連平和維持軍が武力行使を容認されている場合でも、これに参加することは合憲である。ただし、域外派兵の前提条件として、連邦議会の過半数の賛成が必要であると規定した。

連邦憲法裁判所の合憲判決以後、ドイツは積極的に連邦軍兵士を平和維持活動に参加させている。一九九五年一二月にボスニアのデイトン和平合意が成立すると、安保理決議に基づき、NATO加盟一五ヵ国、パートナー一五ヵ国、非パートナー三ヵ国から派遣された五万三、〇〇〇人の部隊がNATO主導で編成されたが、この中にはドイツ連邦軍の四、〇〇〇人も含まれていた。

また、一九九九年のコソボ紛争では、米国、英国、フランス、イタリアとともに、ドイツ連邦空軍のトルネード戦闘機一四機も七八日間の空爆作戦に参加し、五〇〇回以上の出撃を数えた。連邦空軍のみならず、コソボからアルバニアへ流出した難民の人道援助を行うために連邦陸軍の三、〇〇〇人もアルバニアへ派遣された。一九九九年六月からは、安保理決議に基づきNATO主導で編成された三七ヵ国からなるKFORが、敵対行動の防止・停戦維持、難民等の帰還並びに人道援助に必要な安全の確保、治安及び秩序の維持の活動を行っているが、ドイツ連邦軍の六、〇〇〇人も参加している。KFORでは、一九九九年一〇月から二〇〇〇年四月までの間、ドイツ連邦軍のクラウス・ラインハルト将軍がKFOR司令官を務めた。

さらに二〇〇一年八月にNATOがマケドニアでの紛争を沈静化させるために、マケドニア住民の武装解除を実施する作戦を三、〇〇〇人規模の部隊で実施したが、この部隊の中にはドイツ連邦軍の五〇〇人も含まれていた。

二〇〇一年九月に発生した9・11同時多発テロに対しては、NATOの一員として攻撃を受けた米国を支援する集団防衛の義務を果たすため、海軍艦艇、航空部隊、NBC防護部隊など三九〇〇人が出動し、対テロ戦争の一翼を担った。また、NATOが欧州域外で行う初めての活動であるアフガニスタンにおける国際治安支援部隊（ISAF）へも、二〇〇二年一月から部隊を派遣しており、二〇〇二年一二月から二〇〇三年三月までの間、オランダ軍と共にＩＳＡＦの指揮をドイツ軍が執っていた。

このように、危機や紛争に対する迅速な対応への貢献としてドイツが武装した連邦軍を派遣するのは、ＮＡＴＯ、ＥＵ、あるいは国連の活動の枠内で、他の同盟諸国やパートナー諸国と共同でこれを実施する場合に限られている。しかしながら、連邦軍創設五〇周年にあたる二〇〇五年には、アフリカの角における「恒久的平和」の枠内での反テロ闘争からバルカン（ＫＦＯＲ、ＥＵＦＯＲ）またはアフガニスタン（ＩＳＡＦ）における平和維持活動、国連スーダンミッション（ＵＮＭＩＳ）、さらには様々な人道的援助にまで、六、〇〇〇名を超える兵士が世界の一〇ヵ所の活動に派遣されていた。ドイツが初めて兵員を外国に送った一九九二年のカンボジア派遣以来、一五万二、〇〇〇名の連邦軍兵士が平和と安定化のため戦争地域に派遣されているのである。ドイツ連邦軍は危機予防と紛争解決を目的とする国際派遣団に、最も大規模な部隊を派遣している軍隊のひとつであるといえよう。

訳者あとがき

川村　康之

本書は、Klaus Naumann, *Frieden – der noch nicht erfüllte Auftrag*, Hamburg, Mittler, 2002. の翻訳である。本書は、第Ⅰ部と第Ⅱ部の二部構成になっている。「日本語版への序文」にもあるように、第Ⅰ部には、冷戦の末期と移行過程において一六ヵ国の旧NATO諸国の数千人の軍人が果たした貢献が記述されている。彼がいうように、ヨーロッパの和解に果たした彼らの偉大な貢献は、ドイツの社会にはあまり知られていない。四〇年以上におよぶ敵対関係にあり、お互いに戦いに備え、ワルシャワ条約機構の諸国では西側の体制に対する憎しみさえ抱いていた人々が、一〇年に満たない信じられないほどの短期間に協力相手となり、一部は同盟国にさえなったことは、本当に驚くべきことである。

その一方で、第Ⅰ部には、著者がドイツ連邦軍総監・大将という最高責任者として、またNATO軍事委員会議長という最高位の軍人として、冷戦の突然の終結と冷戦後の新しい情勢にみずから対応したことが記述されている。その中には、旧東ドイツの国家人民軍の解体とドイツ連邦軍への統一と吸収、ソ連軍の撤退、NATOの東方への拡大以前の接触過程、西側と東欧諸国の間の和解の進展などが含まれる。これらは、歴史上の大きな転換点におけるドイツとヨーロッパの安全保障政策に関する第一級の資料にほかならない。

これに対して、第II部に記述されているのは、ドイツの安全保障政策に対する著者の提言である。その内容は、非常に不安定で、不確実な世界における平和を模索するものであり、したがって、本書の題名である『平和はまだ達成されていない——ナウマン大将回顧録』は、第II部の記述内容に由来している。この中では、いわゆる9・11事件後の時代が、新しい戦略が確立されるまでの移行過程として捉えられている。このような状況は、本書がドイツで出版されてから五年以上が経過した二〇〇八年の現在でも、基本的には変わっていない。

しかしながら、本書がドイツで出版されてから過去五年の間に、世界が劇的に変化したことも事実である。このため、特に本書の第II部は、記述されているすべてではなく、現在でも変化していない情勢に基づく議論や現在の安全保障政策上の中心となっている議論に限定して翻訳することとした。それによって、ヨーロッパ・大西洋を中心とした視点で書かれている部分を削除し、日本の読者にも興味深い内容に絞ってコンパクトな形で紹介できるからである。また、著者には、このような事情から、五年間という時間の経過と削除した内容を補完するような、特別な序文の執筆を依頼した。ナウマン退役大将は、翻訳の話が出てから五年間という長い間忍耐強く日本における出版を待ち、しかもわれわれの要望に快く応えて、長文の「日本語版への序文」を執筆してくれた。

ここで、オリジナルな第II部の構成と日本語版の第II部の構成の違いについて述べておこう。第II部は、**11**章から**18**章までの八個の章で構成されており、日本語版ではその内の**15**章「移行過程の危機対処」と16章「平和のための機構」のみを訳出した。このように、日本語版の第Ⅱ部は2つの章で構成されているが、それぞれの章は、第Ⅰ部に引き続く章の番号とし、11章がオリジナルの15章、12章がオリジナルの16章に相当する。

15章は、11章の「不安定な世界」、12章の「主体」に引き続き、13章の「様々なリスクを包含する新しい世界」と、14章の「新しい時代における戦略の探究」を受けて、新しい戦略が決定されるまでの移行過程における危機対処という意味で、「移行過程の……」となっている。また、15章の記述内容は、アフガニスタンとイラク戦争以前の時点であることに注意が必要である。15章は、日本の国際貢献の現実的問題として現在論議されている政治問題そのものを取り上げており、わが国の安全保障に関する議論にとって参考になる内容であろう。

16章の「平和のための機構」は、わが国ではまだ解答が得られていない問題であり、極東における将来の安全保障機構の議論に資するであろう。16章の記述は、EUやNATOの最終的な拡大の前のものであることに注意が必要である。

翻訳は、第Ⅰ部を川村康之が、第Ⅱ部を中村新三郎が担当し、全般を郷田豊が監修した。なお、訳文の統一は川村が行った。

また、ドイツ連邦軍、EUやNATOについては、日本の読者が十分な知識を有しているとは限らず、しかも冷戦以後の変化が大きく、まだ流動的な状態にあるので、本書の理解を容易にするために、本文とは別に解説論文を付け加えることにした。執筆者は、防衛大学校の若手教官であり、すでにNATOに関する論文を発表している小川健一である。

ナウマン将軍は、退役後の二〇〇一年にドイツ・クラウゼヴィッツ学会会長となり、当時の日本クラウゼヴィッツ学会の郷田会長の招待によって日本を訪問し、日本クラウゼヴィッツ学会の会員と親睦を深めている。また、二〇〇四年には、ドイツ人として初めてKFOR司令官となったクラウス・ラインハルト退役大将がナウマン将軍の後任としてドイツ・クラウゼヴィッツ学会の会長に就任している。また、二〇〇七年四月からは、元NATOのドイツ軍事代表であったクラウス・オルスハウゼン退役中将がドイツ・クラウゼヴィッツ学会会長であり、引き続き日本クラウゼヴィッツ学会と緊密な関係を維持している。このような経緯から、日本クラウゼヴィッツ学会訳としてこのたび本書が出版されることになったものである。本書の出版によって、わが国の安全保障に関する議論が活発化し、さらに深まることを期待するものである。

著者紹介

クラウス・ナウマン　Klaus Naumann

退役大将、博士。

1939年生まれ。

1991年ドイツ連邦軍総監、1996年NATO軍事委員会議長。

2001年ドイツ・クラウゼヴィッツ学会会長（2004年まで）

訳者紹介

日本クラウゼヴィッツ学会

1979年設立。カール・フォン・クラウゼヴィッツの業績を顕彰し、あわせて日本におけるクラウゼヴィッツ研究の促進を目的とする。
　連絡先：〒113-0033東京都文京区本郷3-3-13　芙蓉書房出版気付

郷田　豊（ごうだ ゆたか）

前日本クラウゼヴィッツ学会会長。
1927年生まれ。陸軍士官学校在学中に終戦（60期）。1971年ドイツ連邦軍指揮大学修了。元空将補、元防衛研究所研究室長。
著書：『クラウゼヴィッツの生涯』（日本工業新聞社、1982年）ほか。
訳書：クラウゼヴィッツ『戦争論』レクラム版（共訳、芙蓉書房出版、2001年）ほか。

中村新三郎（なかむら しんざぶろう）

元空将補、元防衛研究所研究室長。

1941年生まれ。1963年防衛大学校卒業。1977年ドイツ連邦軍指揮大学修了。

川村　康之（かわむら やすゆき）

防衛大学校教授。日本クラウゼヴィッツ学会会長。元１等陸佐。

1943年生まれ。1967年防衛大学校卒業。1983年ドイツ連邦軍指揮大学修了。

編著：『戦略論大系②クラウゼヴィッツ』（芙蓉書房出版、2001年）ほか。

小川　健一（おがわ けんいち）

防衛大学校准教授（３等陸佐）。

1969年生まれ。1993年防衛大学校卒業。1999年筑波大学大学院修了（地域研究修士）。2006年防衛大学校総合安全保障研究科修了（安全保障修士）。

論文：「戦略文化と政策決定」（『年報戦略研究』第４号、2006年）ほか。

Published in Japan by
Fuyo Shobo Shuppan Co.,Ltd.

平和はまだ達成されていない
——ナウマン大将回顧録——

2008年4月22日　第1刷発行

著　者
クラウス・ナウマン

訳　者
日本クラウゼヴィッツ学会

発行所
㈱芙蓉書房出版
（代表　平澤公裕）
〒113-0033東京都文京区本郷3-3-13
TEL 03-3813-4466　FAX 03-3813-4615
http://www.fuyoshobo.co.jp

印刷／協友社　製本／協栄製本

ISBN978-4-8295-0421-5